绿色建筑 BIM 设计研究与工程实践

BIM Design Research and Engineering Practice of Green Building

易 嘉 著

同济大学 出版社
TONGJI UNIVERSITY PRESS
·上海·

内 容 提 要

本书作为"绿色建筑设计研究与工程系列"图书的第 2 辑,结合具体的工程实践,阐述了 BIM 技术在工程设计方面的具体应用,并探讨了 BIM 设计出图、各专业协同与项目管理等几个专题的内容。全书共有 6 章和 4 个附录,包括:绿色建筑 BIM 设计综述、BIM 技术在建筑施工图正向设计中的应用、BIM 技术在全专业综合设计项目中的应用、项目管理与 BIM 设计协同、BIM 技术在绿色建筑节能设计中的应用、绿色建筑 BIM 设计展望,以及附录中列举的典型 BIM 工程项目操作指引和当前我国现行的国家 BIM 标准与地方 BIM 相关标准目录。

本书力求以实际工程案例配以相应的 BIM 设计模型和施工现场照片,图文并茂、深入浅出地为读者介绍 BIM 设计的流程及要点,以及笔者在设计、项目管理过程中的经验之谈,致力于成为一本能指导工程实践的、"接地气"的参考书,为刚进入该领域的工程师指明方向,使他们对于 BIM 设计的脉络有所了解,也为同行之间的交流提供了一些参考观点。

需要说明的是,本书不是 Revit 软件使用手册,全书仅对其中一些关键操作加以解释,详尽的软件操作方法可查阅软件厂商的官方标准教程。

本书作为一本朴实的入门读物,相比于资深的工程人员,更适合在平凡岗位上奉献专业技术服务的工程师阅读,同时也可供相关专业的绿色建筑从业人员参考使用。

图书在版编目(CIP)数据

绿色建筑 BIM 设计研究与工程实践 / 易嘉著. -- 上海:同济大学出版社,2024.4
  ISBN 978-7-5765-1095-9

  Ⅰ.①绿… Ⅱ.①易… Ⅲ.①生态建筑-建筑设计-计算机辅助设计-应用软件 Ⅳ.①TU201.4

  中国国家版本馆 CIP 数据核字(2024)第 058471 号

绿色建筑 BIM 设计研究与工程实践

BIM Design Research and Engineering Practice of Green Building

易 嘉 著

责任编辑	马继兰
助理编辑	邢宜君
责任校对	徐春莲
封面设计	完 颖

出版发行 同济大学出版社 www.tongjipress.com.cn
      (地址:上海市四平路 1239 号 邮编:200092 电话:021-65985622)

经 销	全国各地新华书店
排版制作	南京月叶图文制作有限公司
印 刷	上海安枫印务有限公司
开 本	787mm×1092mm 1/16
印 张	17 插页 6
字 数	379 000
版 次	2024 年 4 月第 1 版
印 次	2024 年 4 月第 1 次印刷
书 号	ISBN 978-7-5765-1095-9
定 价	138.00 元

前　言

自 1975 年美国佐治亚理工学院查克·伊士曼(Chuck Eastman)博士提出相对完整的建筑信息模型(Building Information Modeling，BIM)概念之后，正如电力、计算机技术一样，BIM 技术现今已发展为一种覆盖面十分广泛的通用目的技术。所谓"通用目的"指的是技术概念的适用性广，可以应用于多个不同场景(设计阶段、施工阶段、运维阶段等)、不同行业(建筑行业、市政设施行业、工业制造行业、工程经济行业等)、不同专业(建筑专业、结构专业、机电专业、景观专业等)。基于 BIM 技术的广泛性和复杂性，工程师在有限的时间内不可能全方位掌握 BIM 技术，因此，对 BIM 技术认知的最好方式是"管中窥豹，可见一斑"，即通过 BIM 技术在某个相对独立的场景或行业的应用来把握 BIM 技术的脉络，进而顺藤摸瓜，不断扩展技术认知边界，以期获得更宏观的视野和更全面的技术能力。

本书以 BIM 技术在建筑行业设计阶段的应用为切入点，从工程项目的源头——设计角度，阐述了 BIM 技术的要点，书中所列的工程案例均是笔者在近年的工作中参与设计或项目管理的实际工程，其中大部分已经建成，另有少部分为在建工程。对于已建成工程案例，书中配有设计模型截图与竣工实景照片作为对比，有利于加深读者对于 BIM 技术落地的感性认识，每个工程项目案例之后亦附有笔者的个人体会和经验小结，可谓"温故而知新"，使每个新项目都是站在上一个项目的"肩膀"上，基于上个项目的经验再出发，有助于循序渐进地拓展 BIM 技术的认知图景。

书中关于 BIM 技术和项目管理的延伸思考，包括经济学、计算机软件工程等非建筑领域的观点，大多来自笔者近年来在技术教学或者专题讲座交流时的所思所想，希望能开拓读者的视野，激发工程师的想象力，为创造性地解决问题燃起星星之火。

需要特别说明的是，由于项目建造过程的长期性、复杂性和不确定性，本书中所引用的工程案例及相关数据是实际项目推进过程中采集的数据，可能与项目最终交付时有所差异。此外，本书对于工程项目案例的建议和观点，也仅代表笔者的个人见解，与项目参建各方协商后的最终决策也并不完全相同，谨提请读者阅读时注意。

在著书过程中，十分感谢 Autodesk、盈建科等公司的软件技术支持，解决了设计过程中所遇到的多种疑难杂症,为采用 BIM 技术的项目设计提供了有力的保障,同时还要感谢施工现场默默无闻、辛勤劳作的工人师傅们,他们是将工程从图纸变成现实的前锋射手,没有他们的奉献,项目无法取得成功。

由于作者的水平和实践经验有限,书中难免存在疏漏或不足之处,望读者批评指正,具体意见可发邮件至 752847651@qq.com 讨论,以期共同进步,笔者将不胜感谢!

2023 年冬至　于上海　同济园

目　录

第5章 BIM 技术在绿色建筑节能设计中的应用

第6章 绿色建筑 BIM 设计展望

第 1 章

绿色建筑 BIM 设计综述

BIM

学而时习之，不亦说乎？

——《论语》

1.1 BIM 技术概论

按照《建筑信息模型应用统一标准》（GB/T 51212—2016）[1] 标准中的术语，建筑信息模型（Building Information Modeling，BIM）是指在建设工程及设施全生命周期内，对其物理和功能特性进行数字化表达，并依此设计、施工、运营的过程和结果的总称。BIM 技术的基本思想是在计算机上进行建筑设计时，不再是对线段、弧线、圆等基本图元进行操作，而是对带有属性信息的建筑构件进行操作，同时构件之间的相互关系也被数据库记录，进而可用于生成分类汇总明细表、反向修改构件定位等操作。

BIM 不是指一种软件，而是一种通用技术，正如"电"发展出了现代工业和电子科技，带来了多种通用技术，"电"不是指某座发电厂或者某只电灯泡；类似于"用 BIM 软件的族（Family）功能"等的描述不够精确，有些 BIM 软件的参数化构件的名称并不是"族（Family）"，且构建方式和约束条件也不尽相同，只有 Revit 软件才有此称谓。实现 BIM 技术的软件较多，本书中若未指明，则均为 Autodesk Revit 软件。

1.1.1 BIM 技术实施的四种模式

建设单位是建设工程生产过程的总集成者，也是项目的所有利益相关方中唯一涵盖建筑全生命周期各阶段项目管理的总协调者，其应用需求在于通过 BIM 技术控制投资、提高建设效率，同时积累真实有效的竣工运维模型和信息，为运维服务提供保障。BIM 应用管理模式分为业主自主、设计主导、施工主导、咨询辅助四种，各有特点，如表 1-1 与表 1-2 所列。

表 1-1　BIM 应用管理模式特征对比

BIM 应用管理模式	初始成本	协调难度	应用扩展性	运营支持程度	对业主的要求
业主自主	较高	大	最丰富	高	高
设计主导	较低	一般	合同相关	合同相关	较低
施工主导	较低	一般	合同相关	合同相关	较低
咨询辅助	中	小	合同相关	合同相关	低

表 1-2　BIM 应用管理模式的适用情况

BIM 应用管理模式	特点	适用情况
业主自主	1. 业主方自建 BIM 团队，专业技术要求高； 2. 项目建设期结束后，参建人员转为后期运营或团队解散作他用； 3. 项目需求指令传达路径短	适用于规模较大、专业较多、技术特别复杂的大型工程项目（如上海中心大厦等超级工程）
设计主导	1. 合同关系相对简单； 2. 可以结合设计修改、优化模型，自备出图能力； 3. 对设计方的 BIM 技术实力有考验（既要了解 BIM 技术，也要有相当的专业能力）	适用于 BIM 技术应用相对成熟的项目（如地下车库管线综合、中等规模和复杂程度的建筑或建筑群的 BIM 正向设计和管线综合等）

（续表）

BIM 应用管理模式	特点	适用情况
施工主导	1. 设计前期难以介入（除非是 EPC 总承包）； 2. 模型局限在施工过程，对前期设计优化效果小； 3. 现行制度下，模型修改还需经过设计单位确认	适用于设计、采购、施工（Engineering Procurement Construction，EPC）工程总承包项目等
咨询辅助	1. 对于 BIM 技术本身有较好的认知，但对专业设计能力有待完善和提高； 2. 团队人员调配灵活性大； 3. 现行制度下，模型修改还需经过设计单位确认	适用的项目范围、规模大小较为广泛

1.1.2　BIM 设计综述

BIM 设计是指运用 BIM 相关软件完成建模、专业设计、多专业协调、出图及后期设计服务的总称。以上有关 BIM 设计的表述是包含了建设工程设计阶段的宽泛内容，不单是狭义的翻模或者碰撞检查，此两项工作只是设计阶段工作的一部分而非全部。部分工程师对于 BIM 技术的认知囿于狭隘的专业设计和建模分工的定式思维影响，将 BIM 建模和专业设计视为完全分离的两种不同工作。事实上，应将 BIM 技术视作一种常规的设计技术，与 AutoCAD、SketchUp、Photoshop 等软件类似，都是在完成创造性的工作，而不是被动地翻模、碰撞检查，只有跳出对 BIM 设计狭隘的认知范畴，才能以勤勤恳恳的态度去学习和应用 BIM 技术，而不是将"效率低"或"出图效果不好"等软件功能缺陷作为逃避学习的借口。回首往昔，当 AutoCAD 刚步入设计院时，何尝不是问题百出？出图的效率和图面效果何尝不是亚于手工制图？但是如今，还有哪个设计院会交付手工绘制的施工图？

1.2　BIM 技术标准概述

BIM 技术标准体系可分为国家层面、行业协会层面、地区层面、企业层面四大类。与一般建筑设计标准不同，BIM 设计标准多数不具有强制性。

1.2.1　BIM 技术标准体系

BIM 技术标准体系相关信息如图 1-1 所示。

在此，需特别关注"企业标准"，因为与 CAD 平面制图不同，能实现 BIM 技术的软件很多，不同软件的模型存储格式、构件参数化归类方式、表达方式不尽相同，应用的场景也各有不同，进而导致不同类型项目的模板文件有所差异，因此很难有一套通用的项目实施标准。一般情况下，可以以某个国家层面（包括行业协会）的标准为"母版"，结合本企业的项目操作模式、人员建模习惯（如管线综合配色）等差异化因素，制定可指导实际项目操作的企业标准，而不是机械地照搬照抄国家或地方标准。

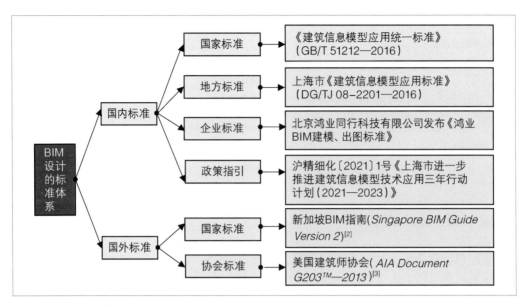

图 1-1 BIM 设计的标准体系

1.2.2 BIM 设计相关标准

按照应用目的的不同，BIM 技术标准可分为通用标准（或统一应用标准）、设计类标准、施工类标准三大类。

1. 通用标准

通用标准（或应用统一标准）包括模型结构与扩展原则、数据互用的原则、模型分类和编码规则、模型存储数据框架及数据模式等，侧重于 BIM 技术应用的、与具体实现软件无关的规定，既有原则性的要求，也有细致的、格式化的分类编码代号，适用于设计、施工、运营维护等多个阶段。

2. 设计类标准

设计类标准侧重于制定设计阶段的模型创建规则、模型分类与精度、构件编码原则等要求。设计阶段包括概念方案设计、初步设计（技术设计）、施工模型设计、施工深化设计、竣工移交模型设计共五大阶段；其中更侧重于前 3 个阶段的设计，这 3 个阶段的模型精度等级要求达到 LOD100~LOD300，主要包括比较精确的构件尺寸及定位、材料信息、表面纹理信息等，这些基本都是由设计单位完成，可被称为"办公室设计"或"理想主义设计"。而后两个阶段的施工深化设计和竣工移交模型设计则与施工阶段重叠，也可交由施工单位完成，可称之为"落地设计"或"现实主义设计"。

3. 施工类标准

施工类标准侧重于施工阶段建筑信息模型的创建、使用和管理，模型的精度等级应达到 LOD300~LOD400，包括补充构件供应商及价格信息、高精度的构件尺寸和定位、施工模拟、预制构件深化设计、预制加工生产、竣工移交模型等内容，特别是对于装配式钢筋混凝土结构、钢结构、木结构等高精度要求的构件，施工阶段的深化设计显得至关重要。需要指出的是，预制构件的施工深化设计工作并非绝对意义上应由施工单位完成，也可以作为设计阶段的一部分交由设计单位完成，关键在于施工方与设计方的紧密协作，充分考虑到施工条件、施工工艺、施工水平等现实的因素进行针对性的深化设计，而不是闭门造车。

4. 全国及地方的 BIM 技术标准

全国及地方的各类 BIM 技术标准目录清单详见附录 D，以下仅列出建筑行业中主要的设计标准：

（1）主要国家设计相关标准。

《建筑信息模型应用统一标准》（GB/T 51212—2016）；

《建筑信息模型分类和编码标准》（GB/T 51269—2017）；

《建筑信息模型设计交付标准》（GB/T 51301—2018）；

《建筑工程设计信息模型制图标准》（JGJ/T 448—2018）。

（2）主要地方设计相关标准。

安徽省《民用建筑设计信息模型（D-BIM）交付标准》（DB34/T 5064—2016）；

北京市《民用建筑信息模型设计标准》（DB11/T 1069—2014）；

北京市《民用建筑信息模型深化设计建模细度标准》（DB11/T 1610—2018）；

广州市《民用建筑信息模型（BIM）设计技术规范》（DB4401/T 9—2018）；

河北省《建筑信息模型设计应用标准》[DB13（J）/T 284—2018]；

江苏省《江苏省民用建筑信息模型设计应用标准》（DGJ32/TJ 210—2016）；

深圳市《建筑工程信息模型设计交付标准》（SJG76—2020）；

重庆市《建筑工程信息模型设计交付标准》（DBJ50/T—281—2018）；

成都市《成都市房屋建筑工程建筑信息模型（BIM）设计技术规定（试用版）》。

1.3 对 BIM 技术的认知误区

造成 BIM 技术推广缓慢的诸多因素中，认知误区是一个重要的因素，只有当工程师们消除误解并端正态度，才能以开放的心态去接纳和应用 BIM 技术。以下列出工程实践中看待 BIM 技术的三种典型偏见，并加以分析。

1.3.1 偏见 1：学习和使用 BIM 技术耗时费力，投入与产出比例失衡

按照《全国建筑设计周期定额（2016 版）》[4] 的施工图定额设计周期，7 层以下的多层住宅设计周期约 1 个月，19 层以上的高层住宅设计周期约 1.5 个月，幼儿园教学楼设计

周期约 1 个月，独立式汽车库设计周期约 1.25 个月，考虑到房地产开发的快节奏，通常项目会压缩设计工期 5 个工作日，再扣除法定双休日，则一个常规项目的设计工期为 15~20 个工作日。

以下列举了笔者负责的 13 个建筑单专业 Revit 正向施工图设计项目中的净工期统计，统计时段为自接受方案设计的条件图开始，直至施工图首次出图报送审图为止，包含了统计时段内所有专业间配合、随项目需求或方案设计而修改、内部校审意见修改、自行深化设计修改的总工期；扣除了编写设计说明、节能计算和设计的时间，扣除了所有其他事务占用的工期，扣除了项目中途暂停的无效工期，如表 1-3 所列。可见这 13 个项目的平均工期约为 13 个工作日，最大工期约为 19 个工作日，与采用 AutoCAD 设计的工期不相上下，且笔者也是边探索边进行项目设计，并非一蹴而就成为 Revit 熟手。因此，工程师完全不必要顾虑 BIM 正向设计的生产效率问题。

一般而言，刚开始使用 Revit 时，一个项目施工图设计总工期多于常规 AutoCAD 作业的总工期，要通过 1.5~2 年持续不断的实践，才能逐步得到高于 AutoCAD 的"设计效率"。此处所指的"设计效率"应从广义的工程建造过程来衡量，不仅包括绘制某张图并交付审图，还应包括项目设计汇报、施工配合、图文归档等在内的长期设计服务。在施工图设计初期，采用 AutoCAD 可以获得比较好的图面效果和平面图提资速度，但是回避了剖面标高、工程构造尺寸等竖向设计，直至第一次各专业互相提资之后再开始深化设计，但有些矛盾暴露越迟，产生的影响就越难以消除；而 Revit 在设计初始便要搭建楼板、楼梯的三维模型，标高关系得到初步校核，虽然首次翻模消耗了一定的时间（一般要 3~5 个工作日），会延缓第一次提资的时间节点，但是该步骤解决了一部分后续设计的潜在问题，可以在之后的深化设计期间追回延误的设计工期，如图 1-2 所示。

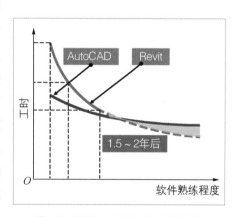

图 1-2 使用 AutoCAD 与 Revit 在施工图设计中的工期变化

1. 耗费的工时

相较于 AutoCAD，Revit 在以下几个环节（可能）会耗费更多工时。

（1）熟悉软件功能。

（2）族的制作（时间不确定性较大，有时需要历经几个项目才能打磨成一个相对成熟的族，例如：建筑的窗族）。"族"的定义详见本书第 2.3.5 小节。

（3）Revit 到 AutoCAD 的图纸（sheet）转化（用于专业间互相提资、规划报建等文件交换或归档）。

（4）计算机实时图形加速和 CPU 运算速度的限制。

表 1-3　13 个建筑项目单专业 Revit 正向施工图设计工期统计

序号	项目	建筑类型	建筑规模（层数/总建筑面积）	累计生成A1及以上图幅的施工图数量/张	Revit 正向设计工期统计/h						累计总工时/h	按每天8工时折算累计工期/d
					整理标高、轴网、图框、图签排版、图版	将各楼层CAD方案图翻模成Revit模型	专业间配合设计、调整模型生成平立剖面图	调整生成门窗、户型大样图	调整生成楼梯、坡道大样图	调整生成墙身大样图及细化设计出图		
1	某高层住宅①	常规住宅	24层/15 000 m²	8	8	20	20	10	5	20	83	10.4
2	某高层住宅②	常规住宅	24层/9 200 m²	14	8	10	20	16	8	16	78	9.8
3	某高层住宅③	常规住宅	24层/11 000 m²	16	8	20	36	10	10	20	104	13.0
4	*某高层旋转外形实验塔楼	工业厂房	15层/870 m²	10	6	10	4	8	8	15	51	6.4
5	*某高层住宅④	常规住宅	24层/16 000 m²	13	8	30	30	20	10	20	118	14.8
6	某高层住宅⑤	常规住宅	18层/10 000 m²	16	8	20	30	10	8	30	106	13.3
7	某高层住宅⑥	常规住宅	25层/9 700 m²	12	6	20	20	12	10	16	84	10.5
8	*某商住混合高层住宅	住宅含底商	23层/10 000 m²	23	8	30	33	15	30	35	151	18.9
9	某幼儿园①	常规教育	3层/3 200 m²	12	6	20	30	10	8	25	99	12.4
10	*某小区配建地下车库	地下公建	地下1层/4 000 m²	5	15	15	25	8	16	5	84	10.5
11	*某幼儿园②	常规教育	3层/3 700 m²	20	6	20	60	22	10	30	148	18.5
12	某低层住宅	轻型木结构住宅	2层/200 m²	8	6	10	40	12	8	16	92	11.5
13	某多层住宅	常规住宅	6层/3 000 m²	13	5	16	57	20	10	42	150	18.8
13个项目汇总统计平均工期											103.7	13.0
13个项目汇总统计最大工期											151	18.9

注：带有 * 号的项目在第 2 章有工程简介和 Revit 正向设计技术要点介绍。

2. 节约的工时

反之，Revit 对比 AutoCAD 节约的工时主要在于：

（1）设计过程实时、直观地进行碰撞检查，可随时生成任意位置的剖面，快速检查和协调复杂空间的设计，不再需要临时绘制"小剖面"来协调复杂部位的设计。

（2）楼梯大样、户型大样与模型保持一致，无需繁复地复制轴网、制作或裁切图块、绘制剖面，可以与主模型同步设计，而后通过"详图索引"工具以获得局部的平面图、剖面图。

（3）随项目需求或方案调整可以快速获得与调整后方案一致的平面图、立面图、剖面图，不再需要单独更新立面图和剖面图。与此同时，对于已经生成的墙身大样图，也能很快判别出模型修改后的变化，有利于快速做出针对性的修改，可节约修改墙身大样图的时间。

（4）施工配合阶段，可以快速为施工单位展示存有疑问的三维空间模型，实时标注重点部位的关键标高，直观、快速地解决施工问题，远比 AutoCAD 平面图更具有说服力。

1.3.2 偏见 2：BIM 多见于碰撞检查，效益有限

美国《连线》杂志前任主编克里斯·安德森（Chris Anderson）曾提出的一种网络时代的经济学理论，称为"长尾理论"[5]。该理论认为，社会流行的需求会一般集中在需求曲线的头部，个性化的、零散的需求则占据了需求曲线长长的尾部，甚至能汇聚成与主流市场相匹敌的能量。克里斯·安德森以互联网音乐和图书的销售为例，展示了一些看上去不太热门的产品也在创造着惊人的营业额的事实。

"长尾理论"同样适用于 BIM 技术涉及的众多的碰撞检查及消除等设计优化工作，一个工程项目中，建设方往往将注意力集中在宏观性、全局性的建筑方案设计优化、结构用钢量优化、设备选用优化等项目前期的"头部"经济效益，而容易忽视施工期间的碰撞消除、设计一致性等众多的细节优化等项目中后期的"长尾"带来的经济效益。如图 1-3 所示，图中幂曲线与坐标轴围合的面积代表节省的总成本。

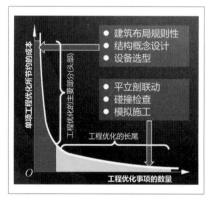

图 1-3 工程优化的"长尾"

1.3.3 偏见 3：BIM 不是公司的主营业务，英雄无用武之地

此偏见的根源是将 BIM 技术作为一种显性的经济收入获取手段，认为只要 BIM 技术不能实现与 AutoCAD 同等的工期和图面效果，就不值得采用。

第一，回顾上述关于"偏见 1"的观点，BIM 技术是一种正在逐渐改善和发展的技术，不能因为现存的某些局部缺陷（如图面效果不佳）就否定其整体上的巨大优势，并且使用的人越多、实践的工程项目越多，对于 BIM 技术的推广就越快。

第二，应该摒弃 BIM 技术就是翻模和碰撞检查工具的陈旧观念，BIM 是一种通用目的技术，三维建模只是其最基本的"皮相"，隐藏在三维模型背后的参数化设计理念才是其灵魂所在。在一个工程设计中，所有的构件都带有空间参数和物理参数，可以通过参数来反向驱动构件的空间定位，可以通过明细清单来反向选择构件等等。这种信息化的设计理念现在正被 AutoCAD 等平面设计软件所效仿，例如：AutoCAD 中的动态图块就是模仿 Revit 的族。BIM 技术是一种自洽的设计技术，不仅能够建模以及进行碰撞检查，也可以出图，且出图的效率、一致性要远优于平面制图软件。

第三，学习 BIM 技术，不仅是学会某种三维建模软件，更是培养一种思维习惯，因为在三维建模的过程中，工程师会逐步形成空间思维方式，对于平面图上没有表达的结构梁、设备管线建立标高的概念也会有更清晰的认识。可以这样比喻：看待同一张平面图，只习惯于平面思维的工程师就像普通人走在大街上看到对面的人身穿时尚的衣服；而具有空间思维方式的工程师类似于随身携带了 X 射线摄像机，除了用肉眼看到人们的华丽服饰外，还能透过 X 射线摄像机看到人们的骨骼系统。

最后，从现实主义出发，BIM 技术不仅可用于大型项目，也可用于中小型项目，甚至是施工配合的局部建模。掌握了 BIM 技术就多了一种解决问题的工具和方法，在平面设计工具独力难支的时候，BIM 技术能够伸出援手，将项目完成得尽善尽美。

1.4 BIM 技术的学习和工作方法

不少处于观望状态的工程师会问类似的问题："BIM 技术是灵丹妙药吗？能够一劳永逸地解决设计问题吗？"对于上述疑问，笔者的回答都是否定的，技术本身不能解决设计问题，只有当技术与人进行有机结合，并且人充分发挥主观能动性，避免因计算机的程序而出现一些问题时，才能更好地解决问题。例如：建设方提出"入口大堂希望看起来宽敞一点"的要求，如何才算"宽敞"？"一点"又是多少？增加 1 m 的宽度是否足够？或只要增加 0.1 m 也可行？加高 0.5 m 能否替代加宽？诸如此类的模糊识别问题，都需要设计师的参与，才能得出满意的解决方案。

还有一个问题常被问及："学习并掌握 BIM 技术能够减少加班吗？"笔者对该问题的回答同样是否定的，因为是否加班并不取决于采用何种先进的技术，而在于个人的工作是否高效以及任务量的大小。假设某位工程师采用了某种只需要眨一下眼睛就能够绘制完一张施工图的技术，但是他在工作时间内效率很低，或者项目组为他分配了绘制 10 万张施工图的工作量，那么最后该工程师也不得不加班加点才能完成工作。

还有一个问题需要回答："既然 BIM 技术不是工程师心中的完美技术，我们还需要去学习吗?"对于此问题,笔者希望通过本书,与各位读者共同游历了 BIM 技术世界之后再给出回答。

1.4.1　BIM 技术的学习与实践

对于大多数民用建筑而言,建筑专业作为结构、设备专业的提资专业,施工图工期相对前置,除接受方案设计的条件图外,设计前期约束较少,同时国内建筑制图规范与 BIM 的制图方式相对匹配,因此,建筑专业有条件先行采用 BIM 技术进行模型施工图设计。至于 BIM 技术常被提及的图面效果和局部图纸表达不足的问题,可以通过"族"的设计和视图优化设置来逐步改善。

同时也需看到,BIM 正向施工图设计的难点不仅在于软件本身的学习,还与设计人员的专业水平有密切联系。专业素养高的设计人员,能更灵活地应用软件构建出兼顾整体构件关系和后期图件精度适当的模型,而非单一依赖于高精度模型或过多的平面后期处理。

解决上述矛盾的方法目前有两种,一是高校从学历教育阶段即开始培养学生学习 BIM 技术,则学生毕业后能较快地开展 BIM 正向施工图设计,减少软件培训时间;二是设计院组织 BIM 技术团队,该团队不以快速复制型项目为重点,而是以创新和探索为目标,选用有经验的工程师参与设计和制图,并且公司层面给予薪酬分配上的倾斜政策,此举相当于间接延长专业工程师留在设计岗位的时间,使 BIM 正向施工图设计得到人力资源方面的保障。

1.4.2　计算机软件操作

BIM 技术的本质是信息化,计算机软件操作是工程师必须掌握的基础技能。然而 BIM 技术体系又是庞杂而宽泛的,不仅包括设计技术、工程管理技术,还涉及计算机本体相关技术,等等,个体工程师不可能在有限的成长时间和工程实践中熟练掌握其中的各项技术,因此只能是在理解技术概念和具体实践某一类技术之间螺旋式地拓展自身的认知版图。本书侧重于 BIM 技术在设计阶段的应用,通过"管中窥豹"的方式探索 BIM 技术。实现 BIM 技术的软件有多种,各种软件的功能各有特色,下面以 Revit 软件为例,简要介绍该软件的总体框架,Revit 软件的应用层次如图 1-4 所示,相关的具体软件操作可查阅《Autodesk Revit Architecture 2021 官方标准教程》[6]、《Autodesk Revit MEP 2020 管线综合设计从入门到精通》[7]、《Autodesk Revit Structure 2020 建筑结构设计从入门到精通》[8]、《Autodesk Revit MEP 2021 管线综合设计应用》[9] 等书籍,这些书籍涵盖了 Revit 的通用基本操作,这些操作也是专业工程师需要掌握的,主要包括:轴网、标高、视图显示控制、明细表、图纸、设计选项、族、团队协作等。在掌握通用基础操作的同时,可根据本专业的侧重点深入学习差异化操作。

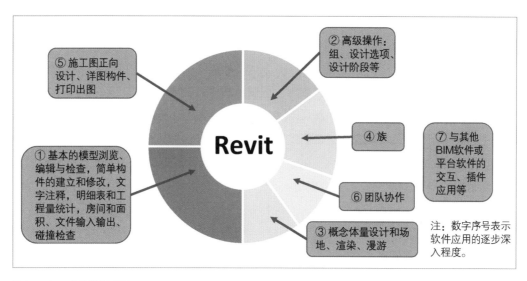

图 1-4　Revit 软件的应用层次

　　按照学习软件的难易程度，Revit 软件的总体框架如表 1-4 所列。

表 1-4　Revit 软件总体框架

序号	软件功能分类	容易	一般	较难
1	Revit 软件基础操作	●		
2	初步设计深度的模型创建和编辑		●	
3	施工图模型正向设计			●
4	室外场地和景观的搭建		●	
5	简单族的制作		●	
6	嵌套族、多参数族的制作			●
7	简单碰撞检查	●		
8	全专业复杂碰撞检查			●
9	简单的专业间中心模型或链接模型协同		●	
10	多专业中心模型相互链接协同			●
11	渲染操作		●	

　　虽然具体的项目中各有分工，但在学习阶段，不同专业应该跨界学习，勇于尝试其他专业的构件建模，例如：机电专业应尝试建筑楼梯建模、结构专业尝试机电管道建模、建筑专业尝试结构基础的建模等。此举不是为了在实际工作中替代其他专业完成建模任务，而是通过跨专业建模去理解多专业是如何在空间中相互协调的。相关专业的设计师/从业者在跨界学习的过程中获得宝贵的经历，对于项目的推进和细节的完成大有裨益，例如建筑专业的工程师积累了建模结构基础的经历后，该名工程师对于建筑挡土墙的地下空间占位就有了直观的感受，日后遇有评估挡土墙与室外地下管线平面安全距离时都将心中有数。

　　Revit 软件操作中、族的制作、施工图模型正向设计、全专业复杂碰撞检查、多专业中心模型相互链接协同都是较难的，看似简单的几个操作按钮，却能变化出丰富的组合效果。其中，有些技术路线的选择是全局性的，需要结合项目和人员的具体情况才能做出合理的选择，例如：多专业中心模型相互链接协同既要实现快速链接和卸载，又要利于多名工程师同步建模与修改且互不干扰。软件中还有些选择是需要慎重测试后才能执行的，例如：开始制作一个盥洗台盆族时，是采用"公制常规模型"作为样板文件，还是采用"基于墙的常规模型"作为样板文件？二者的差异在于该盥洗台盆是否有可能用于不贴附于墙体的场合，选择不同的样板文件会影响到后期的使用，当项目环境中没有墙体构件时，那么"基于墙的常规模型"就无法生成实例。

多数工具书会将上述 Revit 软件总体框架具象化为知识点，主要内容如下：

（1）通用基础操作，包括基本的文件操作、视图操作、修改操作、构件注释和尺寸标注、标记对象、定义明细表等。

（2）轴网和标高。

（3）墙体、柱、楼板、屋面板、天花板；门窗与幕墙。

（4）楼梯、扶手、洞口及坡道。

（5）房间和统计面积。

（6）场地和体量。

（7）结构梁、板、柱、墙、基础、钢筋。

（8）风系统及其相关附件。

（9）给排水系统及其相关附件。

（10）电气系统及其相关附件。

（11）图纸添加、排版、管理及出图打印设置。

（12）族的基本概念和分类、Revit 内置公式及语法。

（13）族的设计流程和原则。

（14）分专业"族"的设计。

（15）中心模型和链接模型协作。

Revit 软件的知识体系较 AutoCAD 复杂，但并非无迹可寻。可以先从一本系统全面的工具书开始学习，按照书中的小案例逐个（或者大部分）进行测试，看能否模仿完成建模或编辑，此举的优势在于利用一个很轻巧的模型，排除实际工程纷繁复杂中的约束和干扰，聚焦于当前功能的学习和领悟，留下一定印象（不必是清晰的记忆，只需有个模糊的印象），日后遇到实际问题时再返回查找潜在的解决方案。当从头至尾学习完一本工具书后，就会对 Revit 的总体框架有了较为全面的认知，也对一些功能细节建立模糊的印象，接下来再结合日常工作实践，学以致用，便能既快又稳地掌握软件操作技能。

需补充说明的是，理想的学习环境是不存在的，多数情况下，工程师们都在见缝插针地学习。但笔者建议采用聚沙成塔、水滴石穿的策略，每天挤出 30 min，每个周末挤出半天的时间来上机操作，持续学习半年到一年，对 BIM 学习必然会有所长进。例如，某本软件应用教程共有约 350 页，假设平均每天花 30 min 上机练习 2 页书中的内容，总共只需 175 天就能完成整本书的练习，总用时不到半年（182 天）。学习曲线远没有传说中的那样艰难，只是有一些复杂操作会占用较多的时间。因此，新入门的工程师完全不必有畏难情绪，坚持学习半年就能把一只"神奇的动物"牵回家，十分超值。

1.4.3　BIM 技能等级考试

考试的种类较多，实现 BIM 的软件也较多，对于使用 Revit 软件的工程师，可以参加中国图学学会（China Graphics Society，CGS）组织的"全国 BIM 技能等级考试"。自 2012 年起，每年 6 月和 12 月各举办一次全国统一考试，考试采用 Revit 软件，分为一级（基本级）、二级（高级）、三级（应用级），主要考查考生在给定时间内上机操作建立题目所要求模型或其他文档的能力。

此处提到考试，是为了让工程师建立一个学习的目标，作为检验对所学知识的熟练程度和灵活应用水平的一种手段。因为只有当面对完全陌生的问题时，还能灵活应用相关知识给出解决方案，才能证明自己真正理解并掌握了大部分的知识点。如果一名工程师具有 5 年左右的 Revit 实际项目经验和专业能力，那么他/她通过一、二级考试的概率是较大的；而三级考试的形式和要求与前两个级别不尽相同，要求工程师除了具有熟练的软件操作技能外，还需具备一定的拓展知识面。一般来说，一名工程师若持续多年在工作中运用 Revit 软件，通过考试并不难，但近年随着考试题库的扩展、考题的灵活性增加，现在的考试需要备考者做好充分的考前准备。因此，笔者认为考试是一种相对公平的第三方检测手段，用于检测该名工程师的软件应用熟练程度，持续的工程实践是基础，通过考试是水到渠成的硕果，而不应为了考试而考试。

1.4.4　以"工匠精神"学习和运用 BIM 技术

综上所述，对于 BIM 技术的学习和运用，应秉持"工匠精神"，用打磨工艺品的耐心和时间去实践，长期改进、持续解决设计问题，并通过一系列项目实践，才能有所收获，仅凭一时的热情是无法学好的。除了软件本身的操作之外，还应补充专业知识和技能，当遇到问题时可通过专业能力来寻找解决方案，而不是将 BIM 技术作为一种万能工具。在实际工作中，Revit 与 AutoCAD 不是替代与被替代的关系，而是在不同的场合为设计师服务的两种工具，CAD 擅长快速构思平面草图和进行简单的形体比例分析等；而 Revit 的优势在于项目深化过程的一致性、协同性，二者可以互为补充。就施工图协作而言，Revit 相对较优。

不论对于个人还是公司，应用 BIM 技术的投入产出比整体呈现先降低后提高的趋势。学习 BIM 技术，最有效的培训方式是实战，实战的意义在于完成一个由他人设定的目标，其效果等同于考试，共同点就是去解决若干个教科书上没有直接回答的问题，工程师只有做到举一反三灵活应变,才说明其真正理解和掌握了相关知识点。

1.5 公司层面的 BIM 技术转型

从工程设计的角度看,与 1990 年代的计算机平面制图替代手工制图的"甩图板"运动不同,Revit 从模型生成图纸的过程比 AutoCAD 平面制图更复杂,Revit 出施工图对设计人员的专业水平有最低门槛要求,不像 AutoCAD 平面制图那样容易掌握,这也是各个设计单位对 Revit 的使用仍集中在模型碰撞检查或生成粗略图再二次加工出图的原因之一。

因中小型设计单位人数不多,BIM 业务不占主导地位,缺乏打造 BIM 技术能力的原动力,所以这类设计单位难以推行 BIM 正向设计。

有部分设计单位致力于打造基于二维图纸的"设计协同平台",其协作模式是基于文件服务器的平面图的"叠合"模式,试图最大限度地减少各专业之间的碰撞,同时提高出图的规范化、设计签章流程的数字化,但是此类平面协同软件最大的问题在于缺少三维信息,无法反映各类机电管线、建筑和结构构件在竖向上的标高关系,有些是为了协同而协同,甚至是为了美化图面而协同。对于工程项目而言,最关键的问题是协调各种构件在三维空间中的相互关系,即便图面不甚完美,只要解决了空间碰撞的矛盾,必要时辅以三维空间模型图配合现场施工。自 1998 年—2024 年,中国的 BIM 技术发展了且日趋成熟,已经不属于创新技术了,设计单位不应再在上述二维协同平台上消耗宝贵的发展时间,此举就像在争相抢购泰坦尼克号(RMS Titanic)头等舱的高价船票一般,不多时日后,这艘豪华巨轮就将沉没,哪怕乘坐头等舱也无法改变命运,如图 1-5 的漫画所示。

美国 Autodesk 公司高级主管 Rick Rundell 研究发现,企业转型 BIM 能否营利,重点在于转型 BIM 后生产效率下降的程度和持续的时间,以及未来效率提升的程度[10]。可按式(1-1)—式(1-3)计算 BIM 技术系统转型的投资回报率(Return On Investment,ROI):

$$ROI = \frac{Earnings}{Cost} \tag{1-1}$$

$$1^{st}\ Year\ ROI = \frac{\left(B - \dfrac{B}{1+E}\right) \times (12 - C)}{A + (B \times C \times D)} \tag{1-2}$$

$$2^{nd}\ Year\ ROI = \frac{\left(1.05B - \dfrac{1.05B}{1+1.10E}\right) \times (12 - 0.5C)}{\dfrac{A}{5} + (1.05B \times 0.5C \times 0.6D)} \tag{1-3}$$

图1-5 "泰坦尼克号"上的贵族们（作者自绘）

泰坦尼克号是一艘1911年在英国制造的，当时世界上体积最庞大、内部设施最豪华的邮轮，其排水量约46 000 t，总长约270 m，吃水深度约10 m，最高航速约40 km/h。不幸的是，该邮轮在1912年首次航行便因撞上冰山而沉没，导致超过1500人丧生，这次事故成为和平时期死亡最为惨重的一次海难。

1997年，由詹姆斯·卡梅隆导演的爱情电影《泰坦尼克号》受到广泛好评，荣获第70届奥斯卡最佳影片奖。该片于2023年4月在中国内地重映，吸引众多影迷前往观看。

在此，笔者用"泰坦尼克号"比喻表面上非常华丽，但实际上已经落后的技术，追逐此类技术就像抢占泰坦尼克号的头等舱一般，终究将随着庞大船一同沉没，被时代抛弃。

式中　ROI ——Return On Investment，投资回报率，算法是年平均利润除以投资总额；

1st Year ROI ——转型 BIM 第 1 年的投资回报率；

2nd Year ROI ——转型 BIM 第 2 年的投资回报率；

Earnings ——收益或回报；

Cost ——成本或投资；

A ——每位工程师的计算机硬件和软件投入，美元；

B ——每位工程师月薪，美元；

C ——培训时长，月；

D ——培训期间降低的生产效率，%；

E ——培训之后提升的生产效率，%。

式（1-3）不是 Rick Rundell 给出的公式，而是笔者在式（1-2）基础上修正得到的公式，用于计算持续投入的后续年份的盈利，进而推算投资回收期。式中，A 为每年的计算机软硬件投入，考虑硬件局部升级费用和软件的授权费用，其值仅为初始投入的 20%，工程师的年薪 B 值在 5 年内的年平均增长率为 5%；年培训时长 C 值减少为初始培训时的 50%；培训期降低的生产效率 D 值减少至首年的 60%；培训之后提升的生产效率 E 值比第一年增加 10%。

以上算法的思路是以工程师的月薪作为盈利基数，将该基数乘以生产效率相对提升的比例得到的月薪用来衡量收益，其中由于培训了几个月，故需要将培训时间扣除后得到劳动生产率提升带来的收益。Autodesk 公司在 2003 年 12 月进行了超过 100 名用户参加的在线问卷调查，得到的部分参考数据为：每位工程师的计算机硬件和软件投入约 6 000 美元[①]，每位工程师月薪约 4 200 美元，培训时间约 3 个月，培训期间降低的生产效率约 50%，培训之后提升的生产效率约 25%，通过计算可知生产效率中等公司转型 BIM 技术的第一年投资回报率约为 61%，相当于亏损 39%，但是生产效率高的公司在转型首年就营利 29%。如表 1-6 所列。

表 1-6　不同效率的设计公司转型 BIM 技术的第一年投资回报率比较

项目	设计院 A（低效）	2003 年 Autodesk 调研取值（中效）	设计院 C（高效）
转型 BIM 技术第 1 年的投资回报率（1st Year ROI）/%	11	61	129
收益或回报（Earnings）/美元	1 800	7 560	12 600
成本或投资（Cost）/美元	16 080	12 300	9 780
每位工程师的计算机硬件和软件投入（A）/美元	6 000	6 000	6 000
每位工程师月薪（B）/美元	4 200	4 200	4 200
培训时长（C）/月	3	3	3
培训期间降低的生产效率（D）/%	80	50	30
培训之后提升的生产效率（E）/%	5	25	50

① 1 美元约合 7.16 元人民币。

表 1-6 中，2003 年 Autodesk 调研取值（中效）的部分数据来源于 Donald Powers Architects 事务所的 Revit 软件用户，该用户对其在 20 个用 Revit 软件完成项目进行数据统计，通过分析数据可知，该事务所转型 BIM 技术之后，公司的生产效率提高了 30%，同时减少了 50% 的返工，然而该公司仅花了 14 天的培训时间，远低于 Autodesk 调研取值中的 3 个月。可见，转型 BIM 技术并没有传言的那样效率低下，而是效率先降低后提升。

由此引发另一个问题：转型 BIM 技术需要多长时间才能收回所有持续投入的成本？首先，采用式（1-3）计算，可得设计公司转型 BIM 技术第 2 年的投资回报率，如表 1-7 所列。可以发现，效率最低的公司在第 2 年的投资回报率就达到 55%；效率中等的公司在第 2 年投资回报率为（314% - 100%）-（100% - 61%）= 175%。

表 1-7　不同效率的设计公司转型 BIM 技术第 2 年的投资回报率比较

项目	设计院 A （低效）	2003 年 Autodesk 调研取值（中效）	设计院 C （高效）
转型 BIM 技术第 2 年的投资回报率（2nd Year ROI）/%	55	314	687
收益或回报（Earnings）/美元	1 800	7 560	12 600
成本或投资（Cost）/美元	16 080	12 300	9 780
每位工程师的计算机硬件和软件投入（A）/美元	6 000	6 000	6 000
每位工程师月薪（B）/美元	4 200	4 200	4 200
培训时长（C）/月	3	3	3
培训期间降低的生产效率（D）/%	80	50	30
培训之后提升的生产效率（E）/%	5	25	50

只要公司在培训期间降低的生产效率不超过 50%（即初期抽调出一半的技术力量进行技术转型），那么在培训之后提高的生产效率能达到 25%。换言之，参与转型的工程师中只要有一半的人能熟练掌握 BIM 技术即可，则该公司大概率在转型 BIM 技术之后 3 年内能实现营利，如图 1-6 所示。

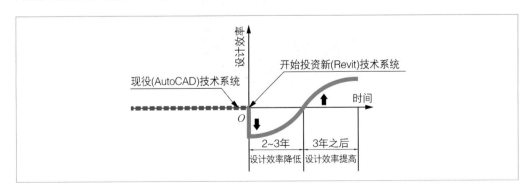

图 1-6　公司转型 BIM 技术前后的设计效率变化

从公司层面出发，还需考虑的一个不确定因素就是人员流动和现金流业务的减少。如果 3 年内某些经过培训的员工离职，相当于培训的有利作用减弱，会变相延长转型营利的总时间。故应建立激励型的公司制度用以留住人才，为其提供职业上升空间和继续教育的机会，才能令 BIM 技术转型的成果不断沉淀和积累，逐步促进公司整体技术水平的提升。如果等待大环境发生巨变时再进行变革则悔之晚矣。下文以芯片业巨头英特尔公司（Intel）的例子说明一个庞大组织适应科技行业发展进行转型的艰难性、必要性和紧迫性。

英特尔公司创立于 1968 年，在公司初创的 10 年间，以生产存储芯片为主营业务，这是公司绝大部分员工眼中的"金饭碗"，而微处理器业务当时只是公司的一个次要部门。时任 CEO 的安迪·葛洛夫（Andy Grove，1936—2016）审时度势，认为存储芯片业务虽然当前如日中天，但是具有更高附加值的微处理器业务才是企业的未来，于是破釜沉舟进行业务转型，将战略眼光转移到微处理器业务中来，最终成就了现今的科技领头羊。安迪·葛洛夫在自传《只有偏执狂才能生存》（*Only the Paranoid Survive*）[11] 中回忆当时战略决策前的情形，"我朝窗外望去，远处大美利坚游乐园的'费里斯摩天轮'正在旋转。我回过头来问戈登①：'如果我们被踢出董事会，他们找个新的首席执行官，你认为他会采取什么行动？'戈登犹豫了一下，答道：'他会放弃存储器的生意。'我死死地盯着他，说：'你我为什么不走出这扇门，然后回来，我们自己动手呢？'可见，公司的战略决策历来是艰难的，但也只有有魄力、敢担当的企业管理者才能带领公司走向诗和远方。"[11] 如图 1-7 和图 1-8 所示。

图 1-7　英特尔至强系列微处理器

图 1-8　图书《只有偏执狂才能生存》

在《基于投资回报率的项目 BIM 应用效益评估方法研究——基于业主视角》[12] 一文中，作者从业主（建设方）的视角对上海市 2015—2016 年间完成验收的 8 个 BIM 试点项目进行了调研测算，结论是 8 个项目 BIM 的 *ROI* 有正有负，*ROI* 平均值为 148.7%，BIM

---

① 戈登，即戈登·摩尔（Gordon Moore，1929—2023），英特尔公司的联合创始人之一，提出了"摩尔定律"——集成电路上可以容纳的晶体管数目大约每经过 18~24 个月便会增加一倍。

平均投入为 258.8 万元，平均收益为 492.6 万元。虽然论文是从建设方的角度对 BIM 应用效益进行评价，但是只有当建设方有效益时，设计方才能获得设计费，故设计院转型 BIM 技术的盈利前景也是可期的。

1.6 BIM 软件选用策略

中小型设计院通常会谨慎对待 BIM 的投入资金，包括计算机硬件升级、软件授权费用的支付等。硬件的升级一般以显卡、固态硬盘提速、内存扩容为主，CPU 的内核数量适中即可，硬件的兼容性通常比较好，主流的冯·诺依曼架构的 x86 计算机都能支持多种操作系统及 BIM 软件。而软件的兼容性远不比硬件，主要原因是 BIM 模型的数据描述和存储机制多样化，除了常规二维图形表达的点、线、面之外，还有图元的空间定位及相互关系（此处的图元不仅包括实体构件，还包括房间等虚空的对象）、图元自身的几何及物理参数。例如：Autodesk 公司的 Revit 软件采用的是模型与参数一体化的方式存储 BIM 模型于单一的 *.rvt 文件中，有利于最大限度地减少数据交换传递的损失。

为了保障国家信息基础设施的安全，除了国外的 Revit、CATIA、ArchiCAD、Bentley 等 BIM 软件之外，广联达科技股份有限公司自 2019 年起自主研发 BIMMAKE 平台、北京构力科技有限公司自 2022 年起自主研发 PKPM-BIMBase 平台，此类国产软件的特点是兼顾中国的制图习惯和出图标准，在学习 Revit 等先进软件的基础上做出本地优化。但同时也应冷静地看到，三维图形平台的开发任重而道远，这是因为三维图形平台涉及计算机图形学、数学、计算机操作系统、计算机硬件等基础性研发工作，远不止研发用户图形操作界面和几何体编辑操作那样简单，这需要长年的基础研究人才和技术的积累，当前国内的软件供应商正采用"逐个击破"的策略，一步步完善相关软件功能。代表性的 BIM 软件发展历程见图 1-9。

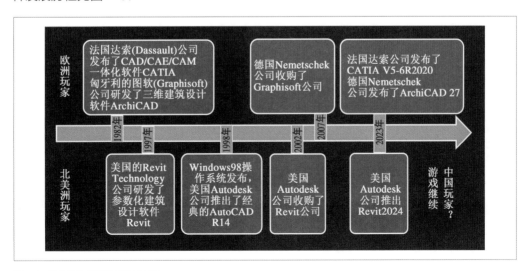

图 1-9　代表性的 BIM 软件发展历程

1.6.1 CATIA

计算机辅助三维界面应用程序（Computer Aided Three-dimensional Interface Application，CATIA）是由成立于 1981 年的法国达索系统（Dassault System）公司研发的 CAD/CAE/CAM 一体化软件。美国波音公司（Boeing Company）的波音 777 客机通过 CATIA 工作站将遍布于世界各地上千人的技术团队紧密联系起来，对全部飞机零件进行预装配，减小了开发时间和成本，在原型机建造时各种主要部件一次性成功对接。2022年 12 月 9 日，中国商用飞机有限责任公司按照国际通行适航标准自行研制、具有自主知识产权的首款喷气式干线客机 C919 交付，该机型便是使用达索系统的 3D Experience 平台及其核心软件 CATIA 进行设计。可见 CATIA 软件是现今航空制造设计领域当之无愧的霸主。截至 2023 年，该软件的最新版本是 CATIA P3 V5-6R2020，如图 1-10 所示。

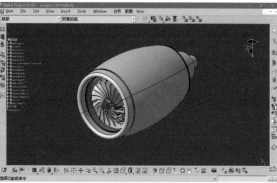

图 1-10　CATIA V5 软件启动界面（左）和操作界面（右）

在建筑和土木工程领域，CATIA 主要用于复杂造型设计、空间曲面造型设计、市政设施设计（桥梁、排污管道等市政工程）等场合，2008 年竣工的中国国家体育场"鸟巢"，便是采用 CATIA 来设计极为复杂的巨型钢结构表皮，如图 1-11 所示。

图 1-11　中国国家体育场——"鸟巢"

1.6.2 ArchiCAD

1982 年，匈牙利的图软（Graphisoft）公司中一群匈牙利建筑师与数学家共同研发了三维建筑设计软件 ArchiCAD，可以说该软件是 BIM 的始祖之一。2007 年，Graphisoft 公司被德国的 Nemetschek 公司收购。2021 年 9 月，北京盈建科软件股份有限公司（YJK）与 Graphisoft 公司达成深度战略合作，正式进军建筑设计领域，旨在以 Graphisoft 公司研发的 ArchiCAD、BIMx、BIMcloud 系列软件作为新的业务契机，后期通过 YJK 和 ArchiCAD 软件的数据实现互通，打造领先的中国本土化建筑设计软件[13]。ArchiCAD 软件的工作流程更贴近建筑师的工作习惯，但暂时缺乏机电管道方面的建模工具，需要依靠外部插件完成。截至 2023 年，该软件的最新版本为 ArchiCAD 27，如图 1-12 所示。

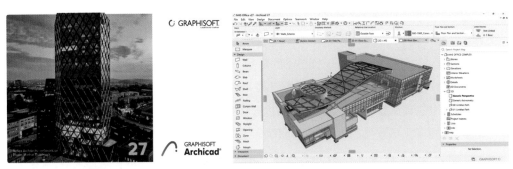

图 1-12 ArchiCAD 27 软件启动界面（左）和操作界面（右）

1.6.3 Bentley

奔特力系统（Bentley Systems）公司是一家成立于 1984 年，其总部位于美国的软件研发公司，该公司的核心业务是致力于满足路桥、机场、摩天大楼、工业厂房和电厂以及公用事业网络等领域专业人士的需求，为用户提供功能全面的集成软件，其建筑领域的 BIM 软件为 OpenBuildings Designer。该软件的工作流融合了建筑、结构、机电等方面的设计，为用户提供一个全专业协同平台，如图 1-13 所示。

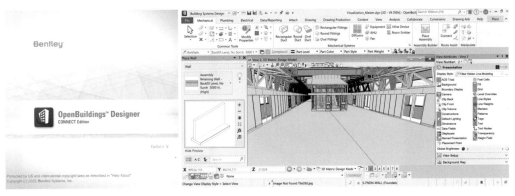

图 1-13 Bentley OpenBuildings Designer 软件启动界面（左）和操作界面（右）

截至 2023 年，该软件的最新版本为 Bentley OpenBuildings Designer CONNECT Edition Update 10。

1.6.4 Revit

1997 年，美国的 Revit Technology 公司研发了参数化建筑设计软件 Revit。2002 年，Autodesk 公司收购了 Revit Technology 公司，持续迭代更新至今。Revit 软件是目前建筑设计领域使用率最高的 BIM 软件，该软件的用户界面相对简洁，其工作流融合了建筑、结构、机电的设计，与 Autodesk 其他平面设计软件 AutoCAD 等的风格一致，有利于用户无缝切换地学习。该软件的最大优势在于"可分可合"，"分"是指建筑、结构、机电可以按照项目的复杂程度分工，通过并行作业分别建模；"合"是指不同专业的模型之间、建筑不同部分的模型之间，可以通过显式、可控的逻辑进行相互链接及管理，使设计师之间能够实时提交自己的建模成果和了解他人的工作进展。Revit 软件的伸缩性令其可以应付从小到大的多种规模项目并将数据交换的损失降到最低。Revit 软件的不足之处在于曲面建模功能尚未能深度融入软件的总体架构中，需要依靠 FormIt 或外部的 Rhino 软件进行表皮建模之后再导入 Revit 生成参数化构件，在数据转换过程中难免产生信息丢失，影响模型质量。

截至 2023 年，该软件的最新版本为 Revit 2024。如图 1-14 和图 1-15 所示。

图 1-14 Revit 2024 启动界面

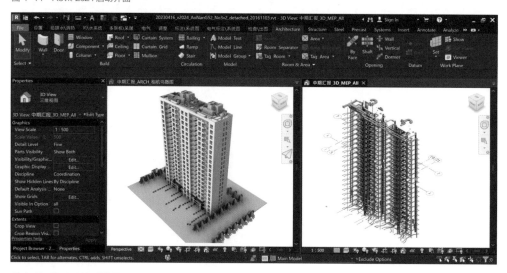

图 1-15 Revit 2024 操作界面

1.6.5　软件选用建议

公司层面，选用 BIM 软件不同于个人的学习与测试，更需要考虑项目运作的紧迫性、长期性、兼容性、经济性等诸多因素，要以"整个项目团队能在较长的时间内持续推动项目直至成功"为目标进行软件比选。选用软件的出发点包括以下几方面。

1. 软件供应商的技术支持是否及时

具体包括软件安装、疑难问题处理等需要软件供应商上门服务或者快速回复等工作，需能为项目团队在最关键的时刻雪中送炭，防止项目停滞。

2. 安装、学习是否便捷，能否快速投入生产

如果一个软件需要具有较丰富计算机操作经验的工程师才能顺利安装，一旦项目团队人员临时调整，则难以适应项目进度要求，所用的软件应能令新加入的成员在很短的时间内（例如 1 周以内）边学边做，而不需要重新进行 1 个月左右的系统培训，特别是不需要软件供应商的专业培训（专业培训通常需要预约时间且收取费用）。

3. 第三方插件开发是否具有开放性、多样性

一般的综合性软件更强调通用性，而部分少量专业化强的功能则难以顾及，例如：建筑专业的门窗大样和门窗表设计、结构专业的平面整体表示法图纸设计、给排水专业的系统图设计等，如果不借助第三方插件，则不得不通过迂回的方法来实现。对于综合性软件尚未顾及的专业化应用，需要第三方插件开发商来补足，例如：北京盈建科软件股份有限公司开发的 REVIT-YJKS X64 For Revit 插件能在 Revit 中直接生成结构平法的施工图，并提供预制的流程和"族"库，减少了结构工程师自定义平法标注"族"的工作量；广联达科技股份有限公司的 BIMSpace 系列建筑、结构、机电插件，能为机电工程师提供快速实现管道翻弯、碰撞检查、净高分析、系统图生成等工具，为机电专业全程融入 BIM 设计流程提供了便利，如图 1-16 和图 1-17 所示。

图 1-16　盈建科 REVIT-YJKS 结构设计界面　　　　图 1-17　广联达 BIMSpace 机电 Revit 插件软件界面

4. 本公司与外部单位协作是否具有数据互通性

在三维建模领域，尽管存在*.ifc 文件格式（工业基础类库，Industrial Foundation Class）的模型可以作为多种 BIM 软件的中间模型传递数据，但是 ifc 文件的兼容性是以丢失信息为代价的，一般只保留相对完整的几何信息，纹理（Texture）或材质（Material）等个性化信息的转换则不尽如人意，而一些"虚空"图元（例如：房间、空间）等属性大概率会被丢弃，其原因是不同的 BIM 软件供应商为了自身系列软件的兼容性，对于构件之间形成的关系的内在编码标准并不统一，导致此类信息存储呈现各不相同的情况。因此，公司层面选用 BIM 软件，必须考虑与外部协作单位的数据互通，假设 A 公司选用了 ArchiCAD 建筑设计软件，而 B 公司选用了 CATIA 作为市政管线综合设计平台，则二者之间要准确地交换数据并不容易，通常需要软件厂商进行定制化的服务才能完成。

综上所述，公司层面的 BIM 软件选用应避免采用"屠龙术"，而要施展"捕鱼技"。所谓"屠龙术"是指软件操作表面上看功能强大的软件，但是学习成本高、缺乏配合团队或协作单位，最多仅能完成模型的短期交付，却难以维持项目的长期运转；所谓"捕鱼技"则是软件操作看似功能平常，却是一门踏实、足以"维持温饱"的手艺，能不间断地推进项目，当新手加入时也不需要消耗过多的培训时间，同时，有较多的团队和资源能无缝地加入项目协作中，聚沙成塔地促进项目成功。主流 BIM 软件的复杂性和功能分类如表 1-8 所列。

表 1-8　主流 BIM 软件的复杂性和功能分类

全专业综合功能	复杂度		
	较简单	适中	复杂
一般	ArchiCAD		
较强		Revit	
强大			CATIA、Bentley

对于复杂的建筑结构造型，建议选用 CATIA 软件；对于市政工程设计、桥梁设计、工业厂区等工业建筑领域，推荐选用 Bentley 软件；对于方案构思和建筑单专业施工图设计，可以考虑 ArchiCAD 软件。

对于建筑施工图设计领域，建议首选 Revit 软件，理由如下：

（1）Revit 与 AutoCAD 的操作界面接近，对于初学者很容易从 AutoCAD 过渡，无需消耗过多的时间熟悉新的操作界面。

（2）Revit 软件功能偏向建筑工程而不是机械工程，使用者可以较好地利用曾经学过的专业知识而不必进行机械专业基础课程额外学习。

（3）Revit 软件功能较强大，能以浅显简单的逻辑协同多专业并行工作，其"族"和"尺寸驱动"的特点很好地实现了 BIM 技术理念。

（4）Revit 的学习资料丰富，国内相关培训、交流活动多，成功案例多，有助于学员成长，按照不同软件名称的关键词进行互联网搜索，得到的相关网页数量如图 1-18 所示。可见，无论是中文百度搜索还是英文 Bing 搜索，Revit 软件的相关网页数量均位于前两位，CATIA 软件的中文搜索结果高于 Revit，更多是出于 CATIA 软件在机械设计中的应用，而非建筑领域。

（5）Autodesk 公司实力雄厚，有资金和技术能力长期维护和改进 Revit 软件，每年都会有版本更迭。同时，庞大的用户群可以为 Revit 软件提供使用体验和改进建议，用户应用反馈的大数据反向促成了 Revit 软件日臻完善。

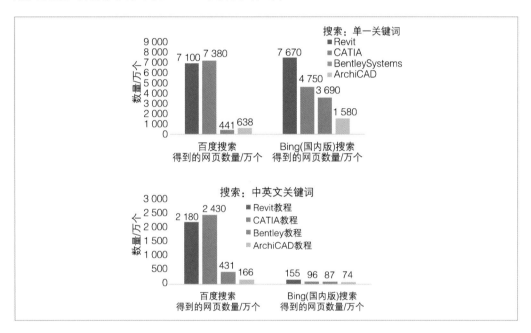

图 1-18 不同 BIM 软件按照关键词进行搜索得到的网页数量（搜索时间：2023 年 4 月 16 日）

因此，Revit 软件是"软件使用难度适中、操作相对简单且可以完成较复杂任务的"BIM 软件，也是建筑设计师的首选软件。

1.6.6 网络化协作及信息安全

BIM 技术依赖于高速网络及局域网文件服务器，因此，必须高度重视网络安全，除采用硬盘阵列进行实时本地备份以外，还应重视异地灾害备份，一旦本地服务器遭到黑客攻击，应能快速在异地服务器取回模型数据而不中断项目。

自 2019 年来，名为"LockBit"的勒索病毒对企业的文件服务器造成了重大威胁。LockBit 号称是世界上加密速度最快的勒索软件，采用自行设计的 AES+ ECC 算法，加密时使用多线程，每次仅加密每个文件的前 4KB，Lockbit 以 373MB/s 的速度加密 100GB 的文件仅需要 4.5 min，被加密文件后缀包括*.lockbit、*.lock2bits 等，对受害者进行双重勒索攻击[14]。一旦 Revit 模型被加密将无法打开，仅靠将文件后缀*.lockbit 删除是无效的，因为 Revit 模型文件的前 4KB 内容的二进制编码已被改写，至于能否恢复，要看 LockBit 的加密算法对于 Revit 的数据格式而言是否可逆，或者勒索集团是否会随机变换加密算法，一般的公司 IT 人员无法破解此类勒索程序，需要专业的计算机技术团队才能破解病毒和挽救数据，如图 1-18 及图 1-19 所示。

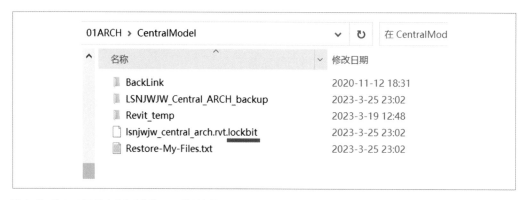

图 1-18　被 LockBit 勒索病毒感染的 Revit 模型文件

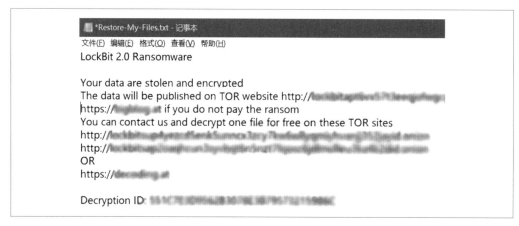

图 1-19　LockBit 勒索病毒的赎金信息文档

　　可见，BIM 技术的网络化协作也存在一定的风险，除了须加强网络漏洞检测和病毒查杀外，工程师个人平时养成阶段性备份模型的好习惯，防患于未然才是上策。

第 2 章

BIM 技术在建筑施工图
正向设计中的应用

BIM

纸上得来终觉浅,绝知此事要躬行。

—— [宋] 陆游《冬夜读书示子聿》

2.1 BIM 正向设计能力

BIM 正向设计是以三维 BIM 模型为出发点和数据源，完成从方案设计到施工图设计的全过程任务，其对于个人能力要求较高，设计师不仅要掌握计算机操作和专业知识等，还需要随机应变。BIM 正向设计通常没有固定的解决方法，经常遇到的情况是"山重水复疑无路，柳暗花明又一村"。这与采用何种 BIM 软件的关系不大，BIM 是一种高仿真模拟现实世界的工具，但受限于现实世界的复杂性，BIM 不可能百分之百模拟现实世界，只能在一定的精度范围内与现实世界趋同。因此，在采用 BIM 技术进行正向设计时，需要结合工程项目的具体情况，控制模型的精细程度，不能追求每个细部构造都建模，必要时需采用等代模型、二维详图等其他变通的方法实现施工图设计。

计算机操作实施过程中所遇到的问题千奇百怪，需要临时判别问题的成因（计算机硬件问题、软件问题、误操作等），例如：某个构件在视口中不可见，既有可能是显卡驱动程序过期（可更新显卡驱动程序来解决），也可能是 Revit 软件长时间运行的缓存堆积所致视口失效（可删除问题视口并新建视口来解决），还有可能是 Revit 中的可见性/图形控制设置有误造成的（可设置相关构件的显隐或调整视口深度范围来解决），如图 2-1 所示。

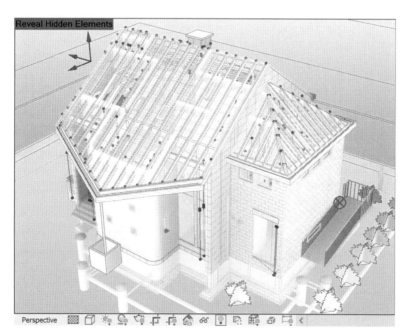

图 2-1 Revit 临时隐藏构件（红色）

专业知识的积累对于 BIM 正向设计能力提升至关重要，与单纯的"翻模"不同，对于管线应该如何调整路由，遇到碰撞时如何修改管道截面尺寸，能否穿梁，都需要通过专业知识来判定。例如当空间紧张，风管与电缆桥架上下叠合平行布置时，则需要考虑两种管线的功用以及后期检修的便利性。一般而言，风管在上方、桥架在下方，主要是考虑电缆桥架的后期检修方便，但是对于风管而言，不论是补风还是排烟，都需要在风管下方设置百叶开口，此举又会被下方的桥架遮挡，此时需要主风管侧向伸出短风管，在桥架之外向下开启送/排风口，以兼顾风系统和电气系统的专业要求，如图 2-2 所示。

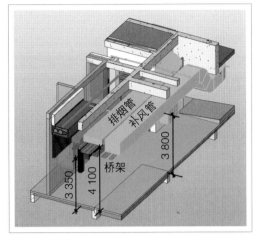

图 2-2　通风与桥架系统叠合避让示意（单位：mm）

2.2　BIM 正向设计的总体思路及流程

2.2.1　BIM 正向设计总体思路

　　BIM 正向设计的效率参见前文第 1.3.1 小节的论述，BIM 模型与常规工程设计的相似之处在于都按照不同的设计阶段区分模型或图纸的颗粒度。对于刚开始接触 BIM 正向设计的工程师来说，很容易落入"过度精细化模型"的陷阱，试图将出现在施工图中的构件毫无遗漏地建模，例如屋面排水找坡、卫生间地漏等部件。Revit 软件从其本身的功能来说，是完全能够实现上述建模的，但是无论从设计原则还是从工期限制来看，都不允许建立过于精细的模型，而应采用三维模型+二维详图结合表达的方式进行正向设计，最考验工程师的就是如何确定三维模型与二维详图的分界点。正向设计的总体思路应是结合专业知识和计算机操作技能，以 LOD200 级模型为基础，逐步按需要细化重点部位的模型，接着从模型中索引出大比例的平面、剖面详图，最后图形和模型综合调整以完成施工图设计出图[15]。

　　美国总承包商协会（Associated General Contractors of America，AGCA）和美国建筑师协会（American Institute of Archiects，AIA）合作组织的 BIM 论坛（BIM Forum）每隔若干年会修订发布《LOD 精度说明》（*Level of Development Specification Supplement*），该文档分门别类地给出了建筑、结构、机电、设备、内部装饰等多专业构件在不同精度等级下的模型参考样式，虽然并非法定标准，但是对于项目实践具有重要的指导意义。截至2023 年，该文档的最新版本是 2022 版[16]。《LOD 精度说明 2019 版》 （*2019 Level of Development Specification*）[17] 中展示了一根铁路桥梁中的预制结构大梁在不同精度等级下的模型参考样式，其中 LOD100 在源文档中无图示，为笔者根据其定义自行补充绘制，如表 2-1 所列。

表 2-1 预制结构大梁不同精细度模型的描述及参考样式

精细度等级		模型特征描述	参考模型图示
美国 BIM 论坛发布的标准	中国国家标准		
LOD100	G1	模型特征： 1. 概念模型无法按类型或材质区分； 2. 部件尺寸和位置仍然具有可变性	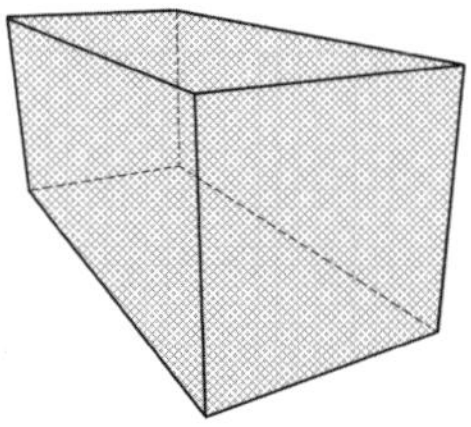
LOD200	G2	模型应包含内容： 1. 结构混凝土类别； 2. 结构元件的近似几何形状（如深度）	
LOD300	G3	模型应包含内容： 1. 主要混凝土结构构件按照定义的结构网格建模，具体尺寸、位置、方向正确； 2. 根据规范定义的混凝土强度、空气含量、骨料尺寸等信息； 3. 受制造商选择影响的图元除外，模型图元中应包含的所有斜面	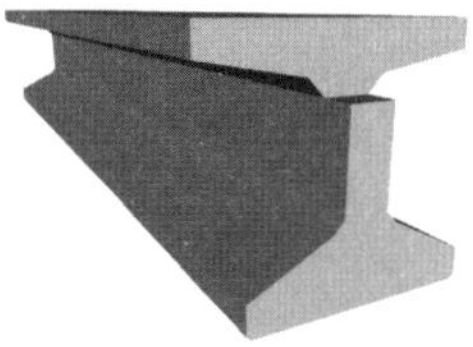
LOD350	G4	模型应包含内容： 1. 后张法预应力钢绞线位置； 2. 对后张法预应力截面和钢绞线进行建模，特别是拥堵区域的钢绞线排布； 3. 确定浇筑接头和顺序，以帮助确定钢筋搭接位置、进度安排等； 4. 倒角； 5. 伸缩缝； 6. 起重装置； 7. 预埋件和锚杆； 8. 机电管道等项目的贯穿件； 9. 任何永久成型或支撑部件	
LOD400	G4 或更高级	模型应包含内容： 所有详细的后张法预应力部件	

《建筑信息模型设计交付标准》（GB/T 51301—2018）[18] 给出了 BIM 模型精细度和等级划分标准，但是没有图示，读者可参见本书下文有关内容。从规范定义推断，中国标准与美国标准的对应关系大致见表 2-1。

除了上述在构件层面使用统一的模型精细度划分方式外，整栋建筑物应允许不同的部位采用不同的精度，以满足不同设计阶段和不同项目目标的交付要求，如图 2-3 所示，根据项目具体情况不同，可按需调整。

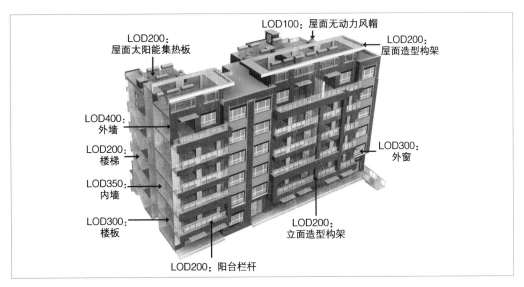

图 2-3　同一栋建筑不同部位的精细程度差异化建模示意

2.2.2　BIM 正向设计的流程

基于 Revit 模型的建筑施工图正向设计，总体上可分为四大步骤（图 2-4），其中最耗时的是第 3 部分"分层建模、注释和出图"，这也是模型施工图设计的重点部分；Revit 模型施工图正向设计的工作流程如图 2-5 所示。此外，族的设计和应用也是很重要的内容且贯穿于设计全过程，需要专题讨论，具体可参见第 2.3.5 节。

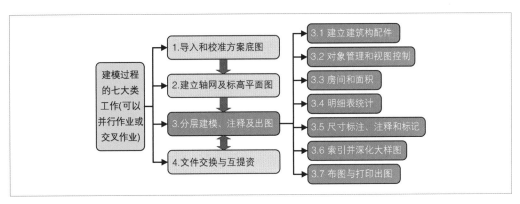

图 2-4　Revit 模型施工图正向设计的总体步骤

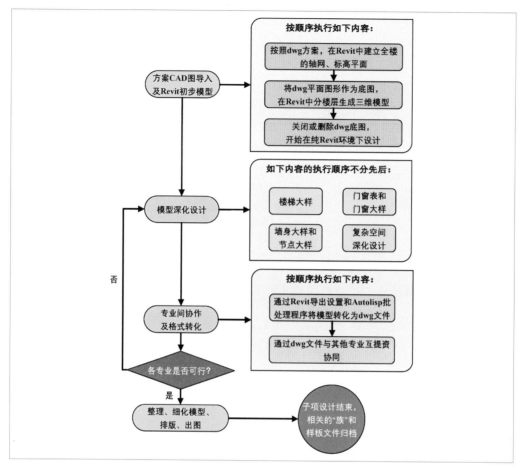

图 2-5　Revit 模型施工图正向设计的工作流程

1. 方案 CAD 图导入及 Revit 初步建模

目前多数方案设计师采用 AutoCAD+ SketchUp 的工具组合进行前期方案设计。因此，第一步工作便是将方案的 *.dwg 平面图翻建成 Revit 模型，即二维图纸转换成三维模型。这既是建筑信息化的过程，也是施工图设计师理解方案意图的开始。

导入 dwg 文件绘制底图有两种方式：链接方式（Link CAD）和导入方式（Import CAD），这两种方式各有优缺点。如果用链接方式，则 Revit 会自动更新几何图形，反映对外部参照文件所做的修改，但无法将嵌套外部参照分解为 Revit 图元；若用导入方式，则可将嵌套外部参照分解为 Revit 图元，但若在导入之后更新了外部参照文件，则 Revit 不会自动反映对该文件所做的修改。

考虑到方案前期的变化可能性较大，且在 Revit 中整体建模时并不需要炸开 CAD 图元，只有在详图节点绘制时，才可能会炸开部分图元，故应首选"链接"的方式导入 dwg 图建模。建模过程中，应充分利用 Revit 的自校功能，这对图纸的统一性很有帮助，例如：轴网编号的唯一性，Revit 会自动识别项目中所有轴线编号，如果新增或修改后的轴线编号与现存其他任一轴线编号相同，则该操作被禁止。

当标准层建模完成后，开始进行首层、地下层和屋顶层建模，由于 Revit 轴网的本质是垂直于水平面的"铅锤平面"，故建模其他楼层时，轴网能正确投射到上（下）楼层，相比 AutoCAD 需要将轴网制成图块或参照的制图方式更高效且不会出错。同时 Revit 可以用"基线"功能将任意上层或下层平面以一定的灰度叠在本层下作为参照，类似于在硫酸纸上做方案时的上下层叠加比对，十分方便。

完成各层的方案图建模后，整个模型基本成形，此时可以删除方案底图，在只采用 Revit 的环境中进行施工图深化设计。由于在平面、立面、剖面建模过程中，设计师会给其他专业提资，且工期一般很紧，而本阶段建筑专业的工作量比采用 AutoCAD 制图要大，因此需把握好模型的精度，以准确表达整体构件关系为要点，部分门窗选型、栏杆样式与图集索引、立面线脚等专业相关度较小的部分可适当延后。一旦初步模型完成则会"一处修改，处处更新"，之后深化设计时的大样图、局部平面图、明细表等与平面、立面、剖面保持一致，可避免深化设计过程中平面、立面、剖面不一致、多跑楼梯梁碰头等低级失误。

使用 BIM 技术时，为能生成正确的剖面，建筑师必须对楼板建模，设定楼板面层厚度和完成面标高，特别是一些标高关系较复杂的地方，如地下室电梯底坑、各层楼板开洞范围、不同降板区域的分界等，建模时都要考虑，以利于为各专业提供正确的剖面关系。

2. 模型深化设计

1）楼梯大样

完成初步模型后，便进入施工图深化设计，第二阶段通常是户型大样图、局部放大图、楼梯大样等比例为 1：50 的图纸绘制。不需要像 AutoCAD 中复制一个局部再裁切不需要的部分来制图，只需用"详图索引（Callout）"功能，将局部有待深化设计的部位索引出来，再调整视图的显示范围控制该局部图面的大小，此时不同比例的图纸可共享一个模型，如果模型某处构件发生了变化，如剪力墙肢长短变化、窗位调整、管井隔墙移位等，大样图上会立即得到反映，即便出现错误，也能从多角度及时发现。厨卫大样、户型大样的设计方法与楼梯大样类似。楼梯大样索引及其深化设计见图 2-6 和图 2-7。

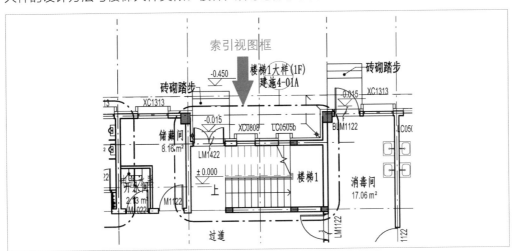

图 2-6　Revit 楼梯大样详图索引

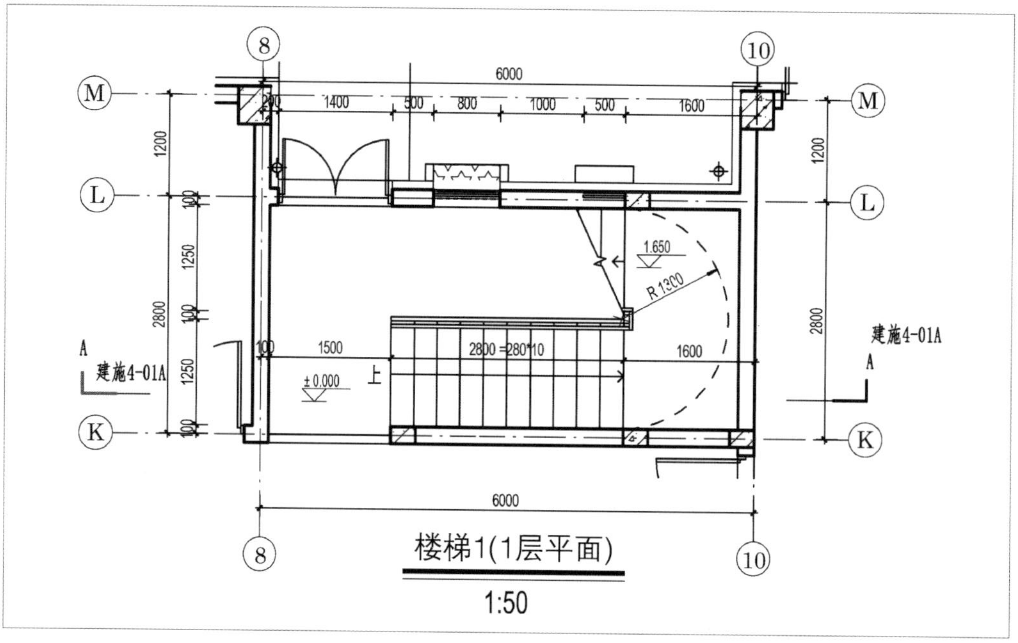

图 2-7 楼梯大样深化设计平面图

Revit 中不同比例的视图可以各自独立标注，Revit 会让用户为每个视图定义一个出图比例，且其轴线编号标头、尺寸、文字都是最终打印出图的绝对尺寸（如字高 3.5 mm），当切换到其他比例图纸时，Revit 自动缩放制图符号尺寸以满足用户的出图比例要求，不像 AutoCAD 需要用户自定义另一套比例的文字标注尺寸和轴网，Revit 在这方面很好地平衡了出图便捷性和模型一致性的关系。

2）门窗表和门窗大样

Revit 中的门窗大样与模型、明细表是关联的，既可以在模型中修改门窗尺寸、增减数量，也可以在大样或明细表中修改门窗尺寸和数量，体现了 Revit "图表双向操作"的特点。当模型完成时，其中的门窗数量便已确定，设计者只需用恰当的方式将统计值表达出来即可。具体的方法是：在远离模型的某个空间建立一面墙（一般位于主楼模型的斜45°延长线上，这样 4 个主立面都可以避免出现多余的模型信息），定义墙体高度约为出图图纸能容纳的高度/出图比例，宽度约等于出图图纸能容纳的宽度/出图比例，称之为"门窗墙"，然后将模型中存在的门窗各放一个到该墙体上，接着在墙体立面图用详图线绘制大样图分隔线，再将每个门窗大样调整到合适的位置并增加文字注释，大样图即完成。

此外，还需分层统计门窗数量并列于明细表中。Revit 的明细表功能暂不能直接生成国内用户习惯的表达方式，因此需要分步处理，将门窗分类列表、每层每类门窗数量（用过滤器筛选）、每类门窗总数分别生成明细表，然后再在图纸空间组合成国内习惯的表达方式。最后将先前完成的门窗墙也添加到同一张图纸中，并加上门窗特点、安装注意事项等文字说明，门窗大样图及明细表便全部完成，如图 2-8 和图 2-9 所示。

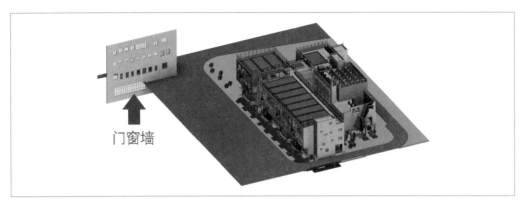

图 2-8　Revit 模型及门窗墙

类型	窗框材质	玻璃材质	开启方式	宽度	高度	-1层	1层	2~3层	屋面层	小计	备注
BYC1520	铝质	百叶窗	固定	1500	2000			8		8	仿木金属百叶
BYC1820	铝质	百叶窗	固定	1600	2000				1	1	仿木金属百叶
LC0505b	塑钢	6透明+12空气+6透明	平开	500	500	7	17	1		26	塑钢窗
LC0808	塑钢	6透明+12空气+6透明	平开	800	800	6	6	2		14	塑钢窗
LC0808b	塑钢	6透明+12空气+6透明	固定	800	800	1	5			6	塑钢窗
LC1010b	塑钢	6透明+12空气+6透明	固定	1000	1000		8			9	塑钢窗
LC1212	塑钢	6透明+12空气+6透明	平开	1200	1200	3	5			8	塑钢窗
LC1212b	塑钢	6透明+12空气+6透明	固定	1200	1200	1	4			5	塑钢窗
LC1313	塑钢	6透明+12空气+6透明	平开	1300	1300	5	17			22	塑钢窗
LC1313b	塑钢	6透明+12空气+6透明	固定	1300	1300		2			2	塑钢窗
LC1414	塑钢	6透明+12空气+6透明	平开	1400	1400		5			5	塑钢窗
LC1515	塑钢	6透明+12空气+6透明	平开	1500	1500	10	1			11	塑钢窗
LC1517	塑钢	6透明+12空气+6透明	平开	1500	1700	3				4	塑钢窗
LC1518	塑钢	6透明+12空气+6透明	平开	1500	1800		2			2	塑钢窗
LC1518b	塑钢	6透明+12空气+6透明	固定	1500	1800		1			1	塑钢窗
LC1520	塑钢	6透明+12空气+6透明	平开	1500	2000	2	5			7	塑钢窗
LC1525	塑钢	6透明+12空气+6透明	平开	1500	2500		16			16	塑钢窗
LC1525w	塑钢	6透明+12空气+6透明	平开	1500	2500		8			8	塑钢窗
LC1528	塑钢	6透明+12空气+6透明	平开	1500	2800		12			12	塑钢窗
LC1616b	塑钢	6透明+12空气+6透明	固定	1600	1600		1			1	塑钢窗
LC2418	塑钢	6透明+12空气+6透明	平开	2400	1800	2				2	塑钢窗
XC1510	塑钢	6透明+12空气+6透明	上悬	1500	1000	11	16			27	塑钢窗
XC1510pd	塑钢	6透明+12空气+6透明	上悬	1500	1000		2			2	配电间外窗
YFC1520b	钢质	6透明+12空气+6透明	固定	1500	2000	2	4			6	固定乙级防火窗
						Grand total: 56	Grand total: 143	Grand total: 4		Grand total: 205	

洞口尺寸	500x500	1500x1000	洞口尺寸	800x800	
编 号	LC0505b	XC1510pd	编 号	LC0808 LC0808b	
材 质	塑钢窗	钢质	材 质	塑钢窗	
备 注		配电间外窗，附设金属纱网	备 注		

洞口尺寸	1500x1700	1500x1800	1500x1800
编 号	LC1517	LC1518	LC1518b
材 质	塑钢窗	塑钢窗	塑钢窗
备 注			

图 2-9　Revit 门窗表及门窗大样

　　需要注意的是，由于门窗墙上的门窗也是模型的一部分，故要设法将其排除在门窗数量统计中，否则最后每类门窗会多一个。排除的方法是通过过滤器（filter）和门窗实例属性设置，将不需要计量的门窗定义为一个实例参数，然后用过滤器排除具有该参数的门窗即可。

3）墙身大样和节点大样

　　完成比例为 1：50 的详细图纸后，便进入比例为 1：20 及以上的墙身大样、节点大样图设计。首先是墙身大样索引，Revit 索引剖切是真实的空间剖切面，与平面、立面的剖切线位置是完全一致的，同时被剖切到的轴线也正确地反映在图纸中。相比 AutoCAD 制图时需要靠"想"和"算"来校对墙身节点，设计师使用 Revit 时可以把精力用于详图设计本身，而不必将过多精力用于校对轴线是否正确、上下层是否错位等初级工作。

　　进行墙身节点绘制前的一步重要工作便是拆分视图，通常的建筑可分为地下层、首层或底部若干层、标准层、机房层、屋顶层等主要楼层，通常标准层的墙身节点只需一个即可，除非立面有变化，或有时为了紧凑地排版图纸，需要将中间部分（与墙身无关的）内容用折断线省略。应用"拆分视图"工具，可以在水平或垂直方向上（每个视图只支持一个方向）将原剖切视图多次拆分，中间不希望表达的内容则通过调整拆分后的视图范围隐藏，最后将需表达的拆分后的视图拖拽到合适的相邻位置，即完成了视图拆分。

之后便可开始采用详图工具（包括详图线、遮罩、填充区域、详图组件等）来绘制墙身构造层次，其绘制过程与 AutoCAD 绘图相似。由于 Revit 墙身节点是从模型中剖切出来的局部视图，故模型构件若被调整，则墙身大样视图的模型也随之发生相应变化。Revit 不能自动修改详图对象，这反映了不一致性，提醒设计者应及时修改，消除因构件修改而节点大样未更新的隐患。Revit 模型立面索引墙身大样及绘制墙身大样图见图 2-10 和图 2-11。

4）复杂空间深化设计

AutoCAD 属于二维平台，国内天正等公司在其基础上开发出了介于二维与三维之间的软件，但其核心仍属于二维。而 Revit 是真正以三维为核心的设计软件，其重要作用在于设计的同时进行"虚拟建造"，能减少工期紧张导致的设计缺陷。具体可参见第 2.4.5 节的工程案例分享内容。

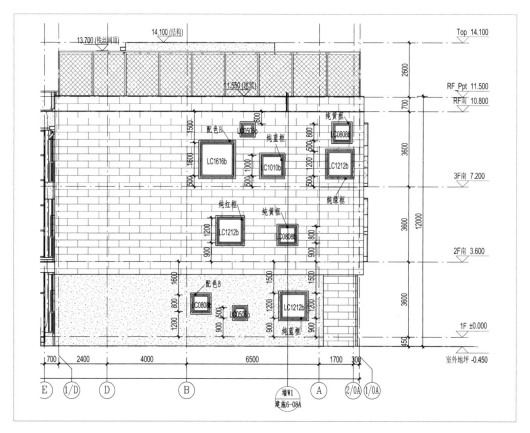

图 2-10　Revit 模型立面索引墙身大样

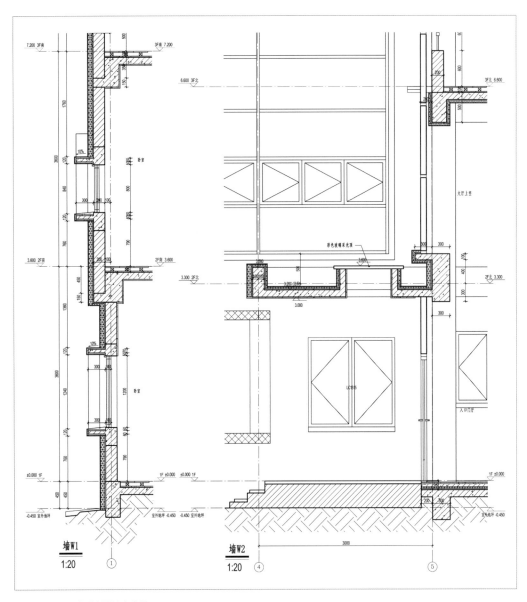

图 2-11　Revit 中绘制的墙身大样

3. 专业间协作及格式转化

　　目前在建筑专业先行使用 Revit 而其他专业尚未跟进的情况下，Revit 如何与传统的 AutoCAD 配合便成为设计师要面对的问题。笔者经过探索，认为目前可通过"两个模板两个文档"来解决该问题，具体可参见第 2.5 小节关于正向设计出图及格式转化的讨论。

4. 整理、细化模型、排版、出图

　　通过将图件与模型整理细化，最后将其排版并出图。

2.3 BIM 正向设计的关键技术

2.3.1 轴网和标高平面

不少 AutoCAD 用户初始转换到 Revit 平台时，仍被思维定式所束缚，在绘制分楼层平面图时试图将标准层的轴网成组并复制到其他楼层。实际上，Revit 中的轴线是一个垂直于水平面的"轴线平面"（图 2-12），不像 AutoCAD 图，每个平面图都要复制一套轴网，Revit 的"轴线平面"可穿越投影到每个楼层；同时，Revit 的轴线编号具有唯一性，该功能可替代初级的人工校对图纸。此外，轴线平面也可以用于定义水平放样的体量的截面轮廓。

类似地，Revit 立面图的标高线实际是一个水平面的投影，相比 AutoCAD 的层高线，Revit 将标高线延展成二维的标高平面（图 2-13），该类平面也是最基本的一种工作平面，可以用于定义竖向构件的起始点。

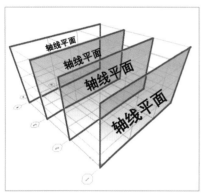

图 2-12 轴线平面

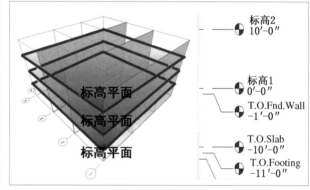

图 2-13 标高平面

理解 Revit 中的轴线和标高是一个个平面而不再是一根根线是学习 Revit 最基本的观念转变，这是一个升维的过程；到了最后出图阶段，又变成降维过程，从三维空间剖切出二维视图。

2.3.2 成组和设计选项

类似于 AutoCAD 的图块功能，Revit 也可以将构件成组，但"组（Group）"区别于"族（Family）"，"族"是带参数且可变的，"组"只是简单地把构件捆绑在一起。Revit 的组对象分为两大类：一类是实体图元组，另一类是详图图元组。前者一般包含墙、楼板、门窗等三维实体模型构件；后者通常为文字、详图线等二维对象。当选定的若干图元中既包含模型图元，也含有详图图元时，则会生成模型组和详图组的混合组，其中的模型组和详图组可分别编辑和控制显示性。例如：标准层门窗是模型图元，而门窗标识为详图图元，则可将二者合并为混合组再复制到其他标准层中。

　　值得留意的是，当采用 Revit 设计楼梯时，标准层的楼梯可以不通过成组复制的方式建立，当楼层层高相同且楼梯梯段完全相同时，可以用楼梯构件的"多层顶部标高（Multistory-top-level）"将楼梯延伸到各标准层。

　　Revit 可以单独删除某个组中的某些图元，这样可以避免某些楼层因为其中少数几个构件与标准层不同而要炸开重新编辑的情况，这样可很好地平衡共性与个性的关系。例如：顶层外立面的少数窗户与标准层尺寸不同，其余均相同，则可将标准层的门窗成组并复制到顶层，然后敲击"Tab"键选中不同的窗户并删除，再在该位置新建有变化的窗户。

　　Revit 的"设计选项（Design Option）"功能在设计师应对施工图设计过程的不确定性时有很大帮助，通过"设计选项"，设计师可以在单一项目文件中处理特定选项（如门厅变化），而不影响主模型的其他部分。假设建设方对首层单元主入口有两个方案：内藏或外凸，但要等到接近成图时才能作出决策，那么设计师可将两个方案都建模且归入不同的设计选项，等待甲方决策后，只需将确定的设计选项作为"主选项"即可成图，如图 2-14 所示。

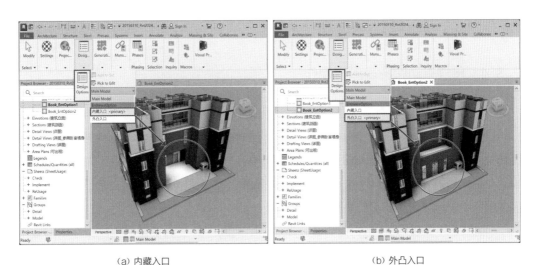

　　　　（a）内藏入口　　　　　　　　　　　　　（b）外凸入口

图 2-14　首层门厅设计选项

2.3.3　样板

　　Revit 较常用的样板包括视图样板（View Template）、族样板（*.rft 文件）和项目文件样板（*.rte 文件）等，主要目的是提取相关内容的共性，以利于后续项目的重复利用，提高建模效率。其中，视图样板中可以设置当前视图各类模型和详图图元的视图比例、可见性、线形、颜色、设计选项等，相同性质的视图直接采用相应存储的样式模板，会达到相同的显示或出图效果；族样板一般是安装 Revit 后由软件自带，用户不必修改，只需在新建可载入族时选择其一即可，族样板一般包含了一些内定的族行为或逻辑关系，例如：基于墙的公制常规模型、基于楼板的公制常规模型和基于幕墙的公制门等。项目文件样板则是前两者的综合，将设置好的视图样式的空项目文件载入所需的族，并保存为项目文件样板，便可在新项目中减少设计以外的设置操作，将注意力集中到项目设计本身。Revit 视图样板和族样板如图 2-14 和图 2-15 所示。

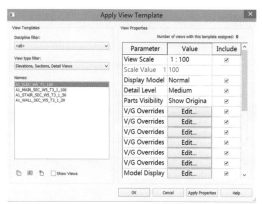

图 2-14　Revit 视图样板

图 2-15　Revit "族" 样板

2.3.4　尺寸驱动和图表双向操作

"尺寸驱动" 和 "图表双向操作" 是体现 Revit 参数化设计的两个重要功能。

"尺寸驱动" 是指在设计过程中，通过调整构件的定位尺寸来修改构件的位置，同时更新尺寸标注值，相比 AutoCAD 的尺寸与图元无关，该功能很好地保证了构件定位的准确性，极大地减少了因构件移位而尺寸标注未调整的初级失误，同时节省了设计者校对图纸的时间，使建筑设计不再是机械地绘图。

"图表双向操作" 是指既可以先建立模型再生成明细表统计数量，也可以在明细表中通过对 "行" 的操作来删除构件，例如有若干扇名为 "LC0912" 的窗，其尺寸为 900 mm×1 200 mm，若将这些窗的宽度都调整为 1 000 mm，则可在明细表中调出 "宽度" 字段，然后将原值 900 mm 改成 1 000 mm，则图纸中对应的实体窗将以其中心参照平面为基准，向两侧各增加 50 mm。

2.3.5　族

"族" 是 Revit 的核心概念，因为它使 BIM 参数化设计得以实现。族是一个包含通用属性（称作参数）集和相关图形表示的图元组。属于一个族的不同图元部分或全部参数可能有不同的值，但是参数（其名称与含义）的集合是相同的。族中的这些变体称作族类型或类型，它们的用法是相关的。族中的每一类型都具有相关的图形表示和一组相同的参数，称作族类型参数。

需要注意的是，族的使用是跟参数设置有关的，如果使用过程中输入了意料之外的数值或构件放在了不正确的宿主图元上，则该类型构件不能生成，Revit 会提示出错并立即删除该构件。

族的设计过程是一个抽象过程，是将现实世界的物体抽象为施工图表达图元的过程。族不是越复杂、功能越齐全就越好，族的复杂程度取决于需要解决的问题和项目的进程。概括地说，一个好的族，应该是能在既定的工期内达到项目参数化需求的族。

每个工程项目涉及多个从简单到复杂的族的设计，包括详图类的排水坡度族、平面家具族，实体类的门族、窗族、雨篷族以及结构异形柱族（图 2-16）等。简单的如排水坡度族仅有 2 个参数且没有关联公式；复杂的如遮阳卷帘窗族有约 50 个参数及 10 个关联公式。一般族参数宜控制在 30 个左右较合适，超过 30 个参数，建议新建一个族来表达增加的项目需求。过多的参数将使族的后期维护变得困难，一个后期无法维护的族不是一个好的族。

族的设计是最能衡量工程师专业能力的标尺，对专业知识熟悉的工程师能灵活运用软件现有功能创建出满足项目需求的族，缺乏经验的工程师往往容易寄希望于软件能提供所有合适的工具。

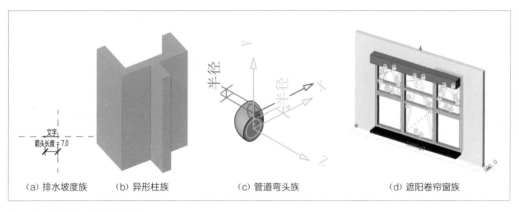

（a）排水坡度族　　（b）异形柱族　　　　　（c）管道弯头族　　　　　（d）遮阳卷帘窗族

图 2-16　工程项目中族的设计示意

2.4 BIM 正向设计工程案例

笔者列举了在 2011—2015 年间独立完成的建筑施工图 BIM 正向设计的工程案例，这些项目均采用 Revit 软件完成，各项目在施工图阶段的分类图纸的设计时间可见第 1.3.1

节的表 1-3。以下介绍的工程案例从简单到复杂，逐步展示了 Revit 软件的应变能力。笔者自 2011 年开始采用 Revit 进行施工图正向设计，但每次接受新项目时，都不是百分之百有把握能达成早年 AutoCAD 二维设计的施工图效果，每次都会遇到新的问题，有的问题比较棘手，需要耐心地探索、反复测试才能找到解决方案。例如：旋转外形实验楼的立面幕墙构件定位、法式线脚建模、地下车库弧形汽车坡道等，这些在当年建模设计时，都曾是挡在面前的一座座"小山头"，设计师应保持谨慎的乐观态度，充分发挥主观能动性，结合专业知识和软件功能来灵活解决问题。

2.4.1 某独立变电站

1. 工程概况

该独立变电站（图 2-17）位于某居住小区内，地上一层，总建筑高度为 5.75 m，地上总建筑面积为 191.00 ㎡，结构形式为钢筋混凝土框架结构。

图 2-17 某小区变电站实景

2. BIM 设计技术要点

该变电站共有 6 根结构柱，但由于受地下室范围的限制，只有 4 根结构柱能采用天然地基独立矩形基础，有 1 根结构柱需要在地下室顶板进行厚板转换而不能落入地下车库占用行车道，另有 1 根结构柱紧贴地下室外墙，该结构柱及建筑基础筏板作为支承。因此，需要通过建筑总平面定位和地下车库结构布置才能正确地完成变电站的整体设计，如图 2-18 和图 2-19 所示。

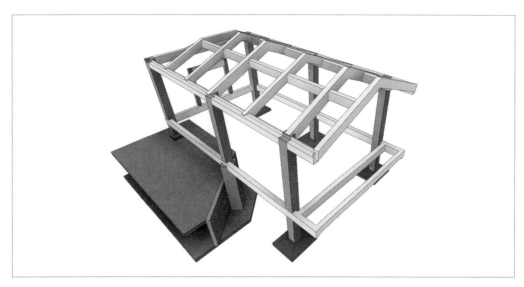

图 2-18　变电站结构模型

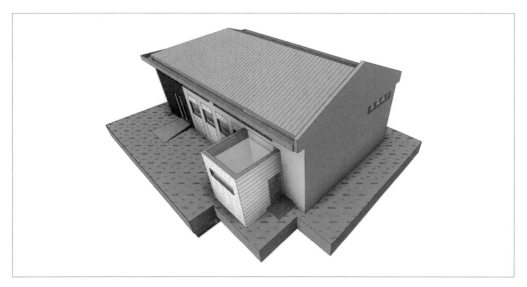

图 2-19　变电站建筑模型

　　本工程项目共计生成 1 张 A1 图幅的建筑施工图，利用 Revit 软件混合排版的功能，可绘制成包括 1∶100 的平面、立面、剖面图，1∶50 的门窗大样图，1∶20 的节点大样图，门窗明细表、设计说明以及三维示意图，且各设计图之间相互联动，例如：当调整门窗大样的尺寸时，平面、立面、剖面图中的相应门窗尺寸也会随之调整，令设计师能快速判断项目可行性或发现潜在的问题。图纸中的每一张分图或分表都是模型的一个"视口（View）"，而不仅仅是孤立的平面图。相比于超级工程纷繁复杂的工程图，图 2-20 和图 2-21 的意义在于展示了 BIM 设计的一种理念，可将设计图之间的关联性与一致性高效、统一地表达出来。

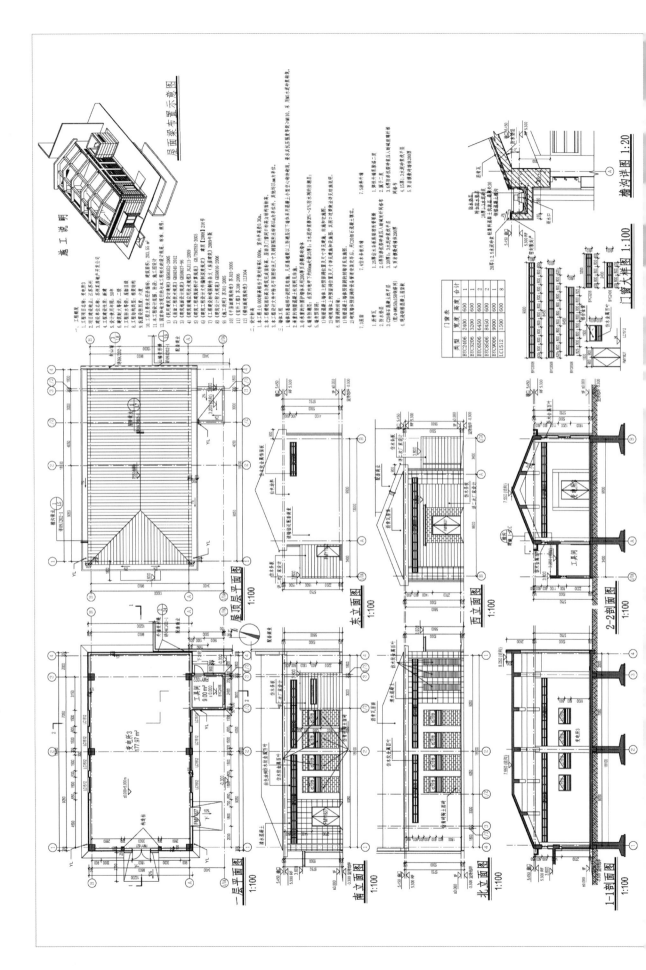

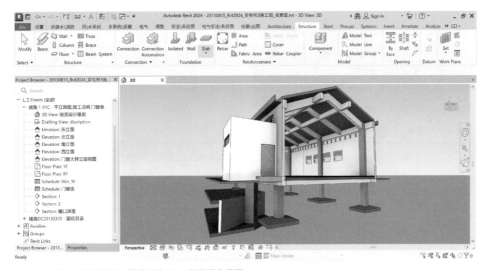

图 2-21　某小区变电站施工图设计的 Revit 软件操作界面

2.4.2　某独立商业建筑及其合建变电站

1. 工程概况

该独立商业建筑用地面积为 3 443.00 ㎡，地上二层，总建筑高度 10.80 m，标准层层高 4.40 m，其中合建变电站建筑面积约 360.00 ㎡，结构形式为钢筋混凝土框架结构，如图 2-22 和图 2-23 所示。

2. BIM 设计技术要点

该商业建筑内部的合建变电站需要进行地沟深化设计，地沟的定位及尺寸由上部的配电箱柜和变压器的位置与大小决定，地沟埋深 1.00 m，地沟侧墙可以是实心砌块砌筑并在顶部设置钢筋混凝土梁，也可以全部由钢筋混凝土浇筑，地沟侧墙顶部设置预埋件与配电设备的支撑脚连接。此外，由于该工程的配电站上方为坡屋面，檐口与结构柱之间设置了水平拉梁，故需按照坡屋面最低点核查梁下净高是否满足电气管道在配电柜上方穿行的要求（图 2-25 中的橘黄色管道）。

图 2-22　某独立商业建筑实景（外立面）

　　　　　　　（a）　　　　　　　　　　　　　　　　（b）

图 2-23　某独立商业建筑实景鸟瞰和变电站内景

　　该工程用 Revit 直接生成的建筑施工图包括：A+ 1/4 图幅 1：100 的平面、立面、剖面图共 8 张，A1+ 1/4 图幅 1：50 的门窗大样及明细表、楼梯大样、卫生间大样、变电站平剖面大样图共 6 张，墙身大样节点图共 2 张，总计出图 16 张。该套施工图依次经历了审图、指导现场施工、设计变更和竣工验收等阶段，验证了 Revit 在机电、土建一体化正向设计的可行性，具体见图 2-24—图 2-27。

图 2-24　某独立商业建筑外立面 Revit 模型

图 2-25　某独立商业建筑鸟瞰 Revit 模型和变电站内景透视

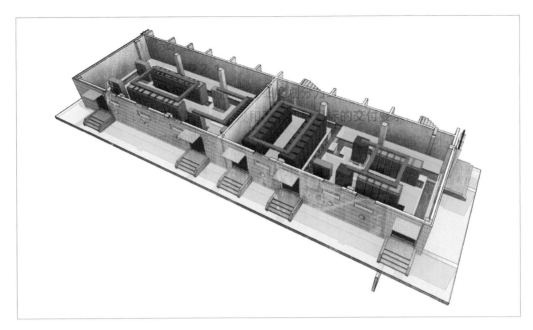

图 2-26　某独立商业建筑合建变电站全景鸟瞰 Revit 模型

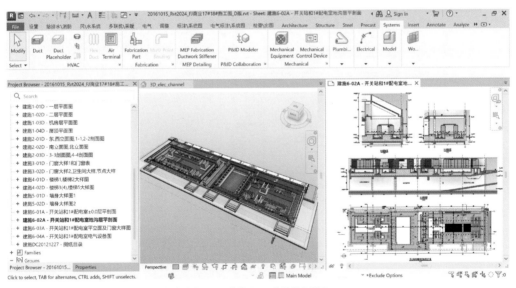

图 2-27　某独立商业建筑合建变电站电缆地沟施工图设计的 Revit 软件操作界面

2.4.3　某高层住宅

1. 工程概况

该高层住宅（图 2-28）地上 24 层，地下一层，总建筑高度为 74.25 m，标准层层高为 3.00 m，标准层建筑面积约 670 m²，地上总建筑面积为 16 803.00 m²，结构形式为钢筋混凝土剪力墙结构。

图 2-28 某高层住宅实景

2. BIM 设计技术要点

该高层住宅屋面设有大型风机设备，需要规划好两个单元出屋面楼梯间的联通路线，避免被风管布置所阻隔，必要时增设局部钢梯跨越低位风管。同时，也需合理布局屋面风管路由，使之能避开出屋面自然排风井并以较短的路径联通末端取风竖井，又能减少自相交和穿越结构墙体的开洞（图 2-29、图 2-30）。

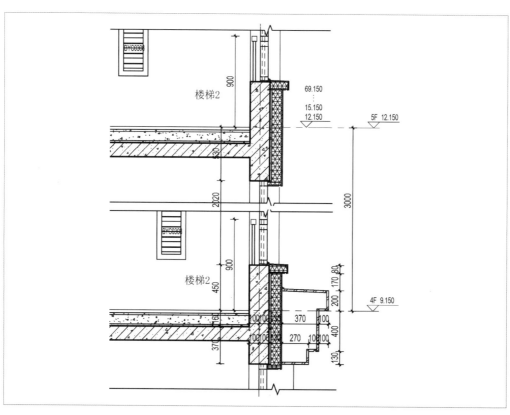

图 2-29 墙身大样图

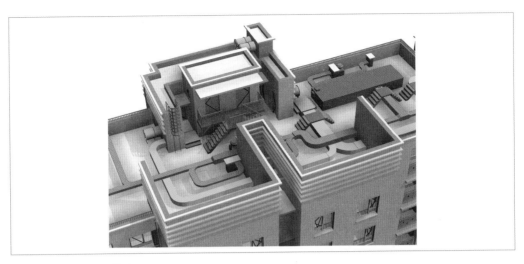

图 2-30　局部屋面 Revit 模型

　　该工程采用 Revit 直接生成的建筑施工图包括：A1 图幅 1∶100 的平面图共 3 张，A0
图幅 1∶100 的立面与剖面图共 4 张，A1 图幅 1∶50 的门窗大样与明细表、楼梯大样、户
型大样图共 5 张，A1 图幅 1∶20 的墙身节点大样图共 1 张，总计出图 13 张。该套施工图
依次经历了审图、指导现场施工、设计变更和竣工验收阶段，验证了 Revit 在机电、土建
一体化正向设计中的可行性。该项目的 Revit 软件操作界面如图 2-31 所示。

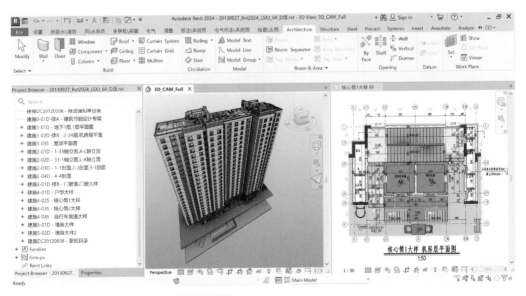

图 2-31　某高层住宅施工图设计的 Revit 软件操作界面

2.4.4　某旋转外形实验塔楼

1. 工程概况

　　该实验塔楼地上 15 层，标准层层高为 4.000 m，建筑面积为 56.00 m²，建筑总高度

为 61.95 m，标准层建筑面积为 70.00 m²，总建筑面积为 1 050.00 m²，结构形式为钢筋混凝土剪力墙结构。该工程由于方案变更，并未实施建造，部分图可见图 2-32。

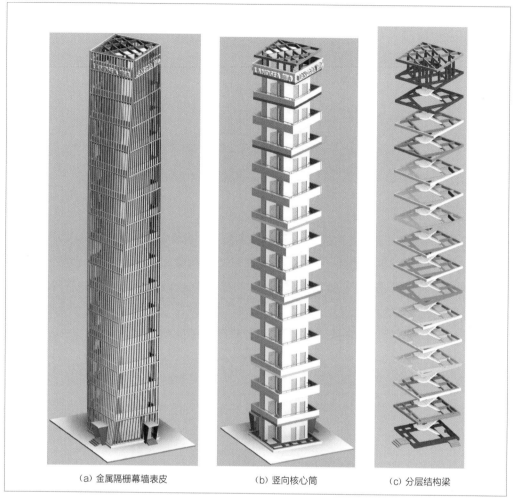

  （a）金属隔栅幕墙表皮   （b）竖向核心筒   （c）分层结构梁

图 2-32　某旋转实验楼 Revit 模型

2. BIM 设计技术要点

  该旋转外形实验楼的特点是每一层外立面旋转 2.5°，每两层之间采用倾斜的等截面矩形金属钢管隔栅相连，楼层处利用楼板出挑进行分隔及过渡，外立面呈现出整体的旋转束筒效果。虽然该建筑最终没有被建造，但是体现了 Revit 对于普通的异形建筑表皮具有一定的建模能力，当配合 Rhino、SketchUp 等概念方案建模软件时，可以生成精确的异形建筑外立面，远超以 AutoCAD 为代表的二维设计工具的三维空间表达能力。

  该工程用 Revit 直接生成的建筑施工图包括：A1 图幅 1∶50 的平面图共 4 张，A1 图幅 1∶100 的立剖面图共 3 张，A1 图幅 1∶50 的门窗大样及明细表、核心筒大样图共 2 张，A1 图幅 1∶20 的幕墙龙骨定位规则图（图 2-33）共 1 张，总计出图 10 张，验证了 Revit 在参数化立面正向设计中的可行性。该实验楼的 Revit 软件操作界面如图 2-34 所示。

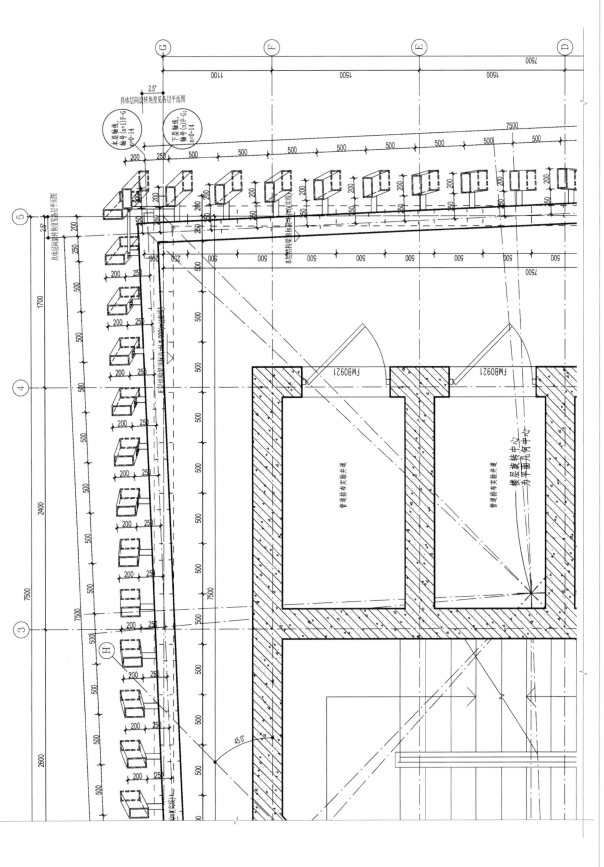

图 2-33　某实验楼幕墙局部龙骨定位

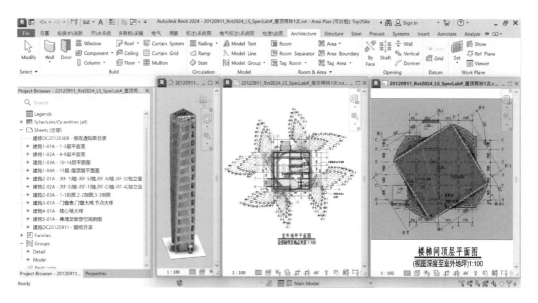

图 2-34   某实验楼施工图设计的 Revit 软件操作界面

2.4.5   某商住混合高层住宅

1. 工程概况

该高层住宅地上 23 层，地下 1 层，底部 1—2 层为配套商业裙房，层高均为 4.40 m，3—23 层为住宅，标准层层高为 3.00 m，总建筑高度为 73.20 m，地上总建筑面积为 10 000.00 m²，结构形式为钢筋混凝土剪力墙结构，采用桩基与筏板基础，具体见图 2-35—图 2-37。

图 2-35   某商住混合高层住宅实景（桩筏基础施工）

图 2-36　底层商业施工实景（左）与上部住宅施工实景（右）

2. BIM 设计技术要点

　　该高层住宅底部 2 层商业层层高较高，并不与住宅共用疏散楼梯，但是商业疏散楼梯需考虑与地下室的便捷联系，共用上下竖向空间，在首层通过乙级防火门和防火隔墙实现与地下室的完全分隔。同时，商业裙房的独立疏散楼梯布置受限于自上部住宅延伸下来的剪力墙，需要准确地避让结构墙、柱、梁，无法用双跑楼梯来解决疏散问题，只能通过三跑甚至是四跑楼梯满足竖向通行要求。图 2-37 和图 2-38 中地下室通向首层和 2 层，从 2 层下楼到首层需分别直通室外疏散，且四跑楼梯在四个方向的梯段都要满足梯段净宽要求，同时还需避免碰头和碰到剪力墙，在紧张的工期内实现正确的楼梯设计，若采用 AutoCAD 则是难以想象的。

图 2-37　竣工实景照片

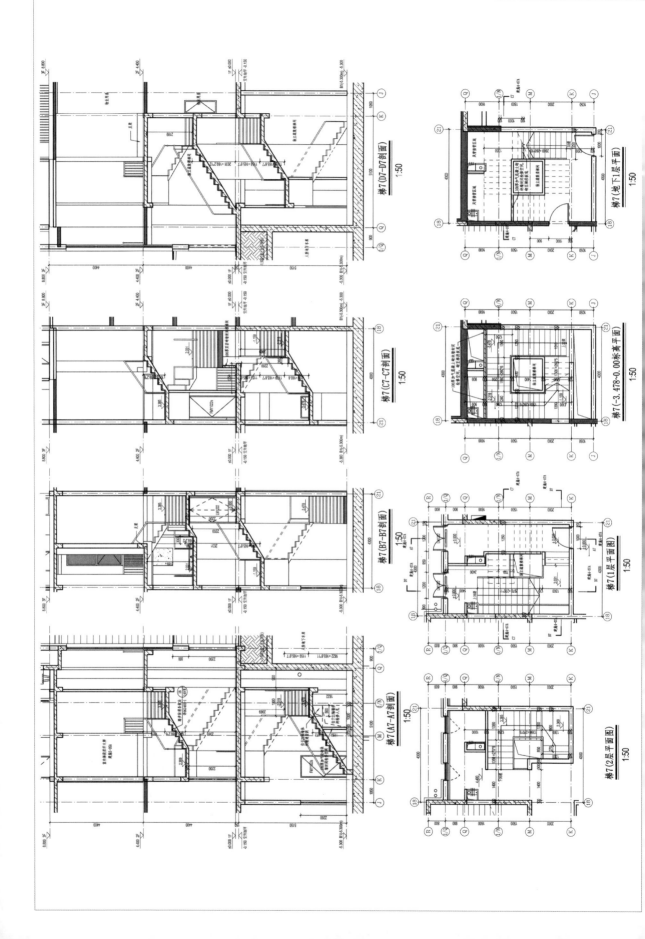

　　此外，为能兼顾上部首层商业的功能布置和地下车库机动车停放，该楼栋邻近的地下车库顶板的部分结构梁需要转换上部柱子，通过 Revit 模型可以准确、快速地给出商业幕墙和结构柱定位，提资给结构工程师进行结构布置和计算。如图 2-40 所示，其中的红色结构柱为首层的被转换柱。

图 2-39　四跑楼梯实景

　　该工程用 Revit 直接生成的建筑施工图包括：A1 图幅 1：100 的平面图共 5 张，A1+ 1/4 图幅 1：100 的立面与剖面图共 5 张，A1 或 A1+ 1/4 图幅 1：50 的门窗大样及明细表、楼梯大样、户型大样图共 9 张，A1+ 1/4 图幅 1：20 的墙身节点大样图共 4 张，总计出图 23 张。该套施工图经历了审图、指导现场施工、设计变更和竣工验收，验证了 Revit 在机电、土建一体化正向设计中的可行性。该工程的 Revit 软件操作界面如图 2-41 所示。

图 2-40　地下一层梁托柱 Revit 模型

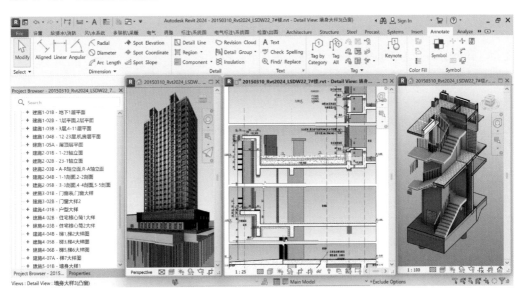

图 2-41　某商住混合高层住宅设计的 Revit 软件操作界面

2.4.6 某法式线脚多层公寓式办公楼

1. 工程概况

该多层公寓式办公楼总用地面积为 14 537.00 m²，地上 8 层，地下 1 层，标准层层高为 3.600 m，总建筑高度为 23.90 m，地上总建筑面积为 17 589.00 m²，单栋建筑面积 5 000～6 000 m²，结构形式为钢筋混凝土框架结构。办公楼实景如图 2-42 和图 2-43 所示。

图 2-42 某多层公寓式办公楼实景整体外观

图 2-43 法式线脚大样实景

2. BIM 设计技术要点

该公寓式办公楼外立面方案设计为法式线脚造型，在第 2，7，8 层有环绕建筑平面的墙裙。在 Revit 中建模此类造型一般有 3 种方法，如表 2-2 所列。

表 2-2 法式线脚造型的建模方法比较

建模方法	建模步骤	优点	不足	本工程是否选用
"墙饰条"工具	选择相关的截面轮廓族、拾取外墙图元生成水平线脚	建模速度较快、所见即所得，较为直观	需要预先自定义参数化的轮廓族，对于非 45°等截面转折的部位（例如：依附在主体建筑外侧的管井）适应性差，需要另行定义轮廓族	否
常规模型族	新建公制常规模型（Metric Generic Model）族，在族编辑器中链接主体建筑，用扫掠拉伸（Sweep）生成环绕建筑的线脚族，返回项目环境载入以上生成的线脚	可以在线脚族中设置参数化扫掠路径，表面上发挥了 BIM 技术的特点	1. 所见非所得，需要在族编辑器和项目环境中来回切换；2. 同样存在上述对于特殊部位适应性差的问题	否

（续表）

建模方法	建模步骤	优点	不足	本工程是否选用
在位体量建模	在项目环境中环绕建筑绘制水平或竖向的"参照线"，使用"在位体量（In Place Mass）"工具在位创建体量线脚	1. 建模速度较快，所见即所得，可以在位编辑体量族的轮廓和扫掠路径，不需要单独定义轮廓族，可以部分地适应非标准部位； 2. 该方式还能对沿竖向拉伸的复杂线脚建模	当复制已有线脚至不同的标高时，对处于新标高的体量在位编辑时会出现扫掠路径和轮廓仍位于原标高的情况，导致所见非所得，需要在编辑体量的同时将扫掠路径及其轮廓一并移动至新的标高处	是

如表 2-2 所示，在位体量建模在墙身大样剖面中生成的建筑完成面尺寸是准确的，只需用二维详图工具补充中间层的构造即可。具体步骤为以下几点。

（1）选择"在位体量"工具，用参照线建立大线脚的平面扫掠路径；

（2）选择一个距离路径起始点最近的参考平面作为截面轮廓的绘制平面，轮廓应闭合，既不能开口，也不能自相交；

（3）同时选中参照线和放样路径，点击"创建形状"生成体量线脚；

（4）用视图创建工具剖出墙身大样；

（5）在墙身大样视图中补充二维详图图元并标注尺寸，完成墙身详图的绘制。

该工程单栋建筑用 Revit 直接生成的建筑施工图包括：A1 图幅 1：100 的平面、立面、剖面图共 10 张，A1 图幅 1：50 的门窗大样及明细表、楼梯大样、厨卫大样图共 3 张，平面和竖向墙身大样节点图共 28 张，总计出图 41 张。该套施工图依次经历了审图、指导现场施工、设计变更和竣工验收，验证了 Revit 在复杂立面线脚造型正向设计中的可行性。如图 2-44 和图 2-45 所示。

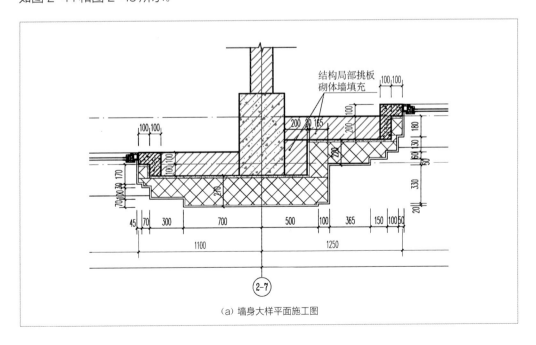

（a）墙身大样平面施工图

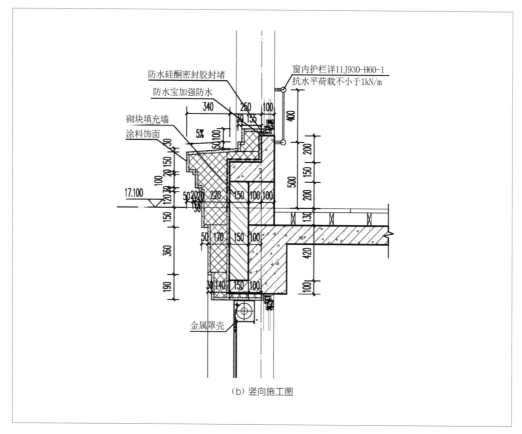

图 2-44 法式线脚墙身施工图

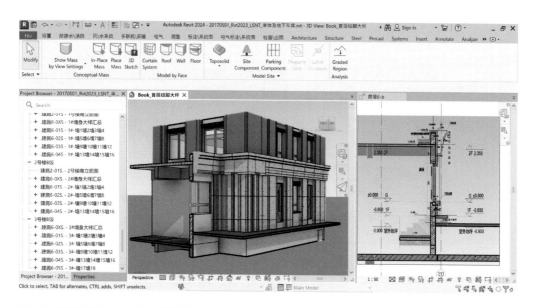

图 2-45 某多层公寓式办公楼施工图设计的 Revit 软件操作界面

2.4.7　某小区配建地下车库

1. 工程概况

某小区的配建地下车库为地下 1 层，层高为 3.80 m，总建筑面积为 4 000.00 m²，主要功能区包括地下汽车库和专用设备机房，共划分为 3 个防火分区，结构形式为钢筋混凝土框架。工程实景如图 2-46—图 2-49 所示。

图 2-46　某小区地下车库实景（地下室底板施工前降水）

图 2-47　某小区地下车库实景（单体条形基础施工）

图 2-48 某小区地下车库实景（地下室筏板基础绑扎钢筋）

图 2-49 某小区地下车库实景（地下室顶板竣工）

2. BIM 设计技术要点

该地下车库的特点是南侧地下室外墙以南紧邻单体建筑的条形基础，需要通过模型来判别是否碰撞以及是否得以安全施工，经过建筑与结构专业联合建模，测算出单体建筑的条形基础距离地下室外墙净距约为 1.3 m，因此采用的施工顺序是：

（1）施工单体以外的地下车库底板的抗浮桩；

（2）施工单体条形基础或梁板式筏板基础；

（3）施工地下车库底板、外墙、梁、柱结构，同步施工建筑单体地面以上楼层的结构。

该工程有一个直线、弧形混合的汽车坡道，但是目前 Revit 软件尚不能直接通过视图剖切的方式生成弧形汽车坡道展开图，原因是 Revit 为了保持轴网三维空间的一致性，在对与轴网斜交的图元生成剖切视图时，如果剖切面与轴网所在平面不垂直，则生成的剖面图不显示轴网的投影，也就无法简单地用轴线定位相关图元。故需采用变通的方法制图，通过平面和剖面生成一个"等代直线坡道"，利用该直线坡道来生成施工图，具体步骤是：

（1）先在弧形坡道的平面视图中用"偏移"工具精确地描绘出一根行车轨迹展开线，然后标注出该展开线在各变坡点的平面长度，包括每段直线段和弧线段的长度。需注意的是，该行车轨迹展开线应是弧形转弯行驶过程中净高最低的行车线，但不一定是行车道中心线，如果汽车坡道的弧形段没有设置超高（没有将坡道的横截面绕坡道中心线向转弯方向倾斜旋转），则该行车轨迹展开线可取为距离弯道内侧墙向坡道中心偏移 1 m 作为车辆最靠近内墙行驶的最小安全距离；如果汽车坡道的弧形段设置了超高，则该行车轨迹展开线可取为距离弯道外侧墙向坡道中心偏移 1 m 作为车辆最靠近外墙行驶的最小安全距离。

（2）在模型中标注出行车轨迹展开线上的各变坡点的标高作为控制标高，包括：起坡点、缓坡分界点、直线坡道两个端点、弧线坡道两个端点以及坡道终点。此外，还需在模型中读出汽车坡道顶盖的反梁梁底标高，用于测算行车轨迹展开线上的最低净高。

（3）根据前述实际弧线坡道的变坡点标高和行车轨迹展开线长度，另行建模等代直线坡道，并用等代直线坡道生成汽车坡道展开剖面图。具体见图 2-50—图 2-51。

该工程用 Revit 直接生成的建筑施工图包括：A1 图幅 1∶150 的平剖面图共 2 张，A1 图幅 1∶50 的门窗大样及明细表、楼梯大样、坡道大样图共 3 张，总计出图 5 张。该套施工图依次经历了审图、指导现场施工、设计变更和竣工验收，验证了 Revit 在地下工程正向设计中的可行性，具体见图 2-52。

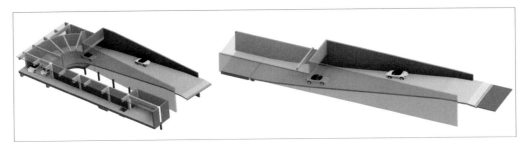

图 2-50　某小区地下车库弧形汽车坡道（左）与等代直线坡道的 Revit 模型（右）

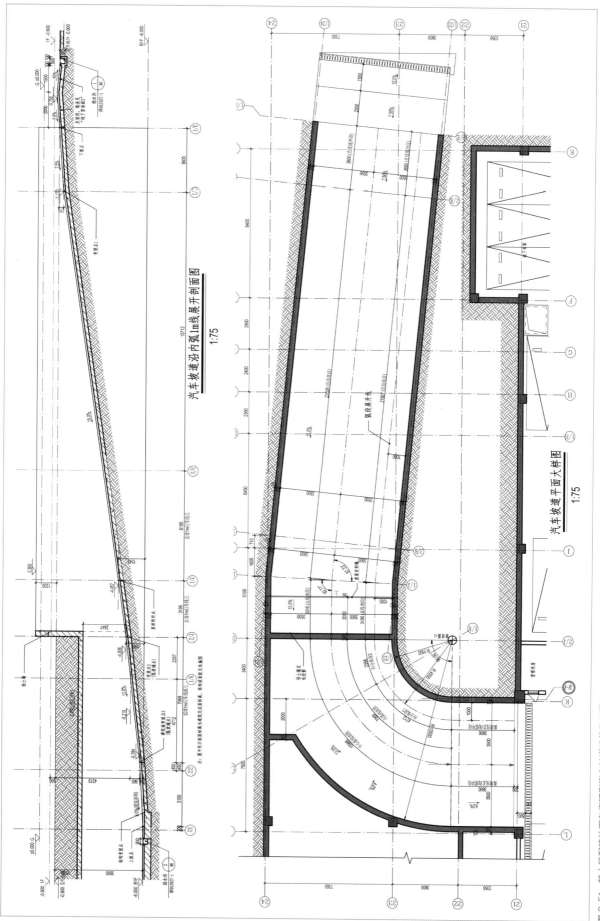

图 2-51　某小区配建地下车库弧形汽车坡道建筑施工图

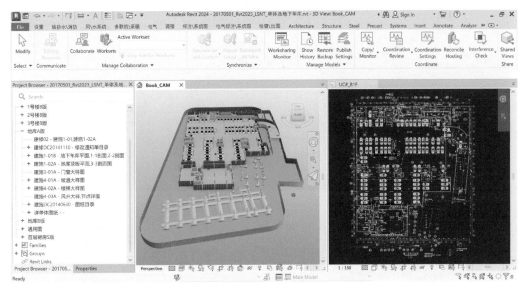

图 2-52　某小区配建地下车库施工图设计的 Revit 软件操作界面

2.4.8　某幼儿园

1. 工程概况

该幼儿园用地面积为 4 700.00 m²，地上 3 层，标准层层高为 3.60 m，总建筑高度为 12.00 m，总建筑面积为 3 748.00 m²，结构形式为钢筋混凝土框架结构，基础形式为十字条形基础，无地下室，施工实景如图 2-53—图 2-57 所示。

图 2-53　某幼儿园十字条形基础施工实景

图 2-54　某幼儿园 2 层施工实景

图 2-55　某幼儿园屋面层施工实景

图 2-56　某幼儿园主体结构竣工实景

图 2-57　某幼儿园外部装饰竣工实景

2. BIM 设计技术要点

　　该幼儿园在立面开设大小多变的造型窗，以丰富建筑外观，增强对儿童的吸引力。此类造型窗外凸出墙面约 250.00 mm，既增加了造型窗外凸感，同时也作为南向外窗的固定遮阳措施，在 Revit 中通过平面、立面、剖面同步设计，高效准确地定位造型窗，兼顾了安全防护、采光通风、遮阳、便于施工、美观等多种要求。

　　该工程用 Revit 直接生成的建筑施工图包括：A2 图幅 1∶300 的总平面定位图共 1 张，A1 图幅 1∶100 的平面、立面、剖面图共 7 张，A1 图幅 1∶50 的门窗大样及明细表、楼梯大样、活动单元大样图共 5 张，A1 图幅 1∶20 的墙身节点大样图共 8 张，总计出图 21 张。该套施工图依次经历了审图、指导现场施工、设计变更和竣工验收，验证了 Revit 在总平面设计及多变外立面正向设计中的可行性，具体如图 2-58—图 2-60 所示。

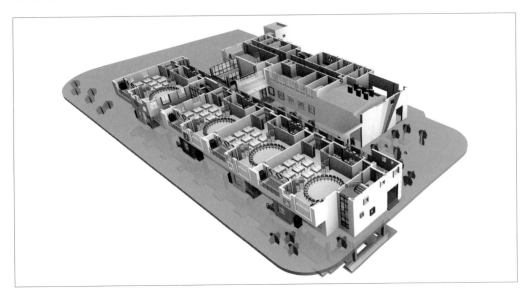

图 2-58　某幼儿园二层 Revit 建筑模型

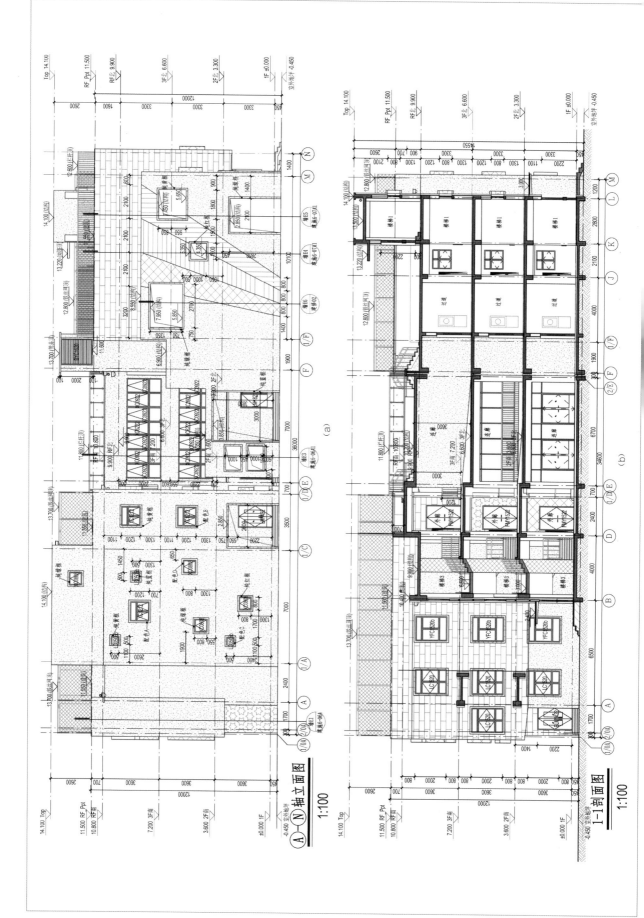

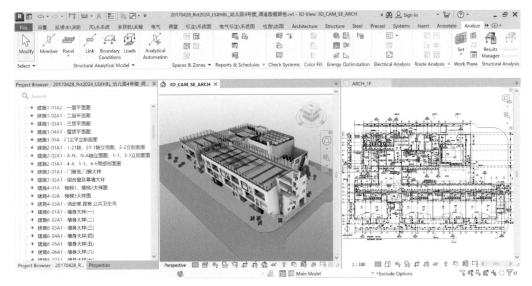

图 2-60　某幼儿园施工图设计的 Revit 软件操作界面

2.5 BIM 正向设计出图探讨

在施工图设计中，现行的工程平面制图标准主要包括：

《房屋建筑制图统一标准》（GB/T 50001—2017）[19] ；

《总图制图标准》（GB/T 50103—2010）[20] ；

《建筑制图标准》（GB/T 50104—2010）[21] ；

《建筑结构制图标准》（GB/T 50105—2010）[22] ；

《建筑给水排水制图标准》（GB/T 50106—2010）[23] ；

《暖通空调制图标准》（GB/T 50114—2010）[24] 等。

上述标准的侧重点是专业设计中的图幅、线形、比例、图样画法、材料图例、尺寸标注等平面工程制图标准，平面图的表达方式是人类较容易识别和传承的信息表达方式，随着建设工程的日趋复杂，二维平面图纸表达的局限性也逐步显现出来，如难以准确定位空间曲面网格构件、难以用单一剖面展示错层空间关系、无法实现平面图与立面图或剖面图的联动更新等。

《建筑工程设计信息模型制图标准》（JGJ/T 448—2018）[25] 中，针对 BIM 模型提出了"交付物的表达方式应根据设计阶段和应用需求所要求的交付内容和交付物特点来选取，应采用模型视图、表格和文档，宜采用图像、点云、多媒体和网页作为表达方式"，将三维空间的模型视图"降维"生成平面图，并给出了模型视图与可表达平面图之间的对应关系，模型视图分类可见表 2-3。虽然当前的 BIM 软件尚未能从三维模型直接生成符合工程制图规范的平面图，但是考虑到 BIM 模型对于解决碰撞问题、消除设计缺陷具有显著优势，应该适当放宽其转化为平面图的线形、图样画法的要求，允许采用剖切投影视图结合三维模型配合表达的方式，对于一些在模型上不便于建模或者不影响专业间协作的小部件（如：

女儿墙防水收头），可以模型为"底"，留到详图中用二维填充区域（Filled region）绘制。

此外，复杂工程的图纸表达已经不局限于"蓝图""白图"等单色图，部分超级工程必须采用彩色图纸才能清晰准确地表示出复杂空间的构件尺寸和定位，甚至需要采用三维彩色图来辅助建造，如图 2-61 及图 2-62 所示。

表 2-3　模型视图分类

模型视图	可表达视图	备注
正投影图、镜像投影图、剖面图	平面图、立面图、剖面图、节点详图	1. 应由三维模型直接生成； 2. 详图宜在平面图、立面图、剖面图基础上绘制或独立绘制而成，并与所表达的模型单元双向访问
轴测图、透视图	组合图、装配图、安装图	
标高投影图	地形图	
简图	机电原理图、系统图	可独立绘制，并与模型单元关联关系——对应

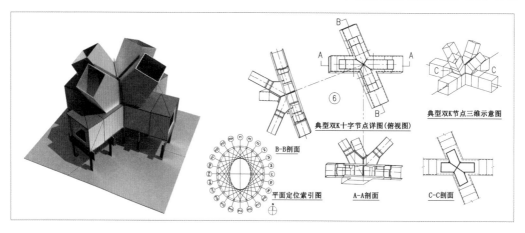

图 2-61　国家体育场"鸟巢"的 6 向交叉双 K 型钢结构节点的三维加工模型及施工图
　　　　　（图纸来源：中国建筑设计研究院）

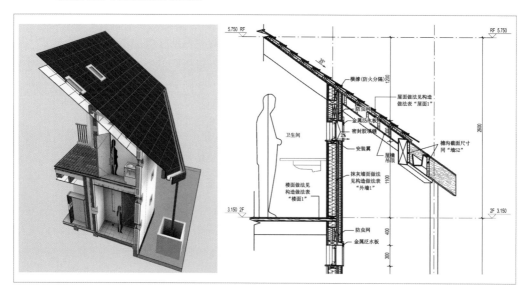

图 2-62　某木结构建筑坡屋面空间折线排水檐沟模型（左）及节点施工图（右）

2.5.1　视图显示控制及图纸排版输出

1. 视图显示控制

Revit 正向设计出图最耗费时间的是视口显示控制，Revit 的视口控制分为 4 个层次：过滤器层次（Filter）、当前视口层次（Viewport）、在位编辑层次（Attribute & Material）、对象层次（Object）。这 4 个层次的优先覆盖显示顺序是：过滤器层次 > 当前视口层次 > 在位编辑层次 > 对象层次。

视口显示控制中经常遇到某些图元在当前视口不可见的问题，需要及时加以妥善的处理，实践中遇到图元不可见的问题、成因及其解决方案归纳整理详见下文。最常用的视口"属性"对话框和视口"可见性/图形替换"对话框见图 2-63。详细的软件操作方法可查阅 Revit 用户手册。

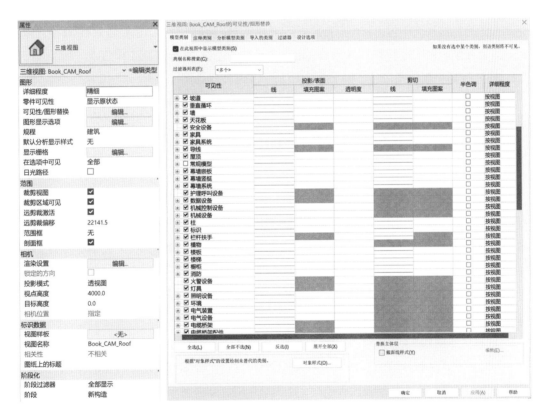

图 2-63　Revit 视口属性对话框（左）与视口可见性/图形替换对话框（右）

1）高处或低处的图元不可见

某些所绘图元是距离楼面 2.4 m 以上的吊顶管线等或位于楼面层高线之下的埋地水管等，这类图元不可见的主要成因为视口深度标高设置不当。其解决方案是通过"视图属性（View Properties）"→"视图范围（View Range）"来整体控制整个视口的水平剖切面与其底、上、下偏移高度；但有时只需要显示局部高处的图元，则可以通过平面区域（Plan region）工具设置需要局部显示的范围。

2）导入的 dwg 格式底图或 SketchUp 模型不可见

这类图元不可见的原因分为 3 类。

（1）视口的可见性控制设置不当。解决方案：在"视图可见性/图形替换"对话框的"导入的类别"标签页中勾选"在族中导入"。

（2）用"导入 CAD"工具时，导入的 dwg 格式底图的位置距离当前模型很远，且在导入的瞬间被自动锁定，以致无法显示在当前视图中。解决方案：先用"缩放匹配"工具或键盘输入快捷键"ZE"，使当前视口的所有图元都出现在屏幕中，接着点击 Revit 软件操作界面右下方小工具条的"选择锁定图元"，将导入的 dwg 格式底图解锁，最后框选该dwg 格式底图，将其移动到所需的位置。

（3）在导入 dwg 格式底图的对话框中勾选了"仅当前视口可见"，此时会导致该 dwg格式底图的其他视图不可见，可在需要显示该 dwg 格式底图的视口重复导入 dwg 格式底图，或者在某一视图重新导入 dwg 格式底图并且取消勾选"仅当前视口可见"。

3）打开某个剖面视口时，弹出提示窗口："无法找到参照视口"

该视口可能已损坏，Revit 文件内部链接存储出错，无法在用户界面修复。解决方案：可删除该问题剖面后，另行重新索引生成剖面视口。

4）某个专业的所有图元在当前视口不可见

这种情况产生的原因包括两点。

（1）设计规程选用不当，有时在"建筑规程"视口中建立风管等设备管线，设置视图深度均不可见，但将视口改为"机械规程"后变为可见，其他规程之间也存在类似的问题。解决方案：可将当前视口的规程切换到不可见图元所属的专业规程，或者切换到"协调规程"，该规程下则会显示所有专业的图元。

（2）在"视图可见性/替换"中未勾选显示某专业的图元。解决方案：在"视图可见性/替换"中勾选需要显示的某专业的图元。

5）有理多项式系数图元不可见

有理多项式系数（Rational Polynomial Coefficient，RPC）图元不可见的原因为：图元在三维剖切图中不可见视图属性中的"剖面框"的剖切面与 RPC 图元相交或者 RPC 图元未完全落入"剖面框"中。解决方案：调整 RPC 图元的位置或者调整"剖面框"的大小，使得 RPC 图元的平面和高度范围均完全包含在"剖面框"中。

6）三维视口只显示图元颜色但不显示表面的线形填充图案

原因：视口属性的"图像显示选项"设置不当。解决方案：在视口属性中的"图像显示选项"中勾选"显示边缘"。

7）插入复杂的 dwg 底图使图元不可见，在 Revit 中平移、缩放显示很慢，或者鼠标中键平移卡顿、三维视口旋转卡顿

这类问题产生的原因可能是显卡加速问题。可打开"选项"→"硬件"→"启动硬件加速"；或将 Nvidia 显卡管理面板中的"管理 3D 设置的'OpenGL'渲染 GPU"改为"Quadro"，将"通过预览调整图像设置"改为"性能优先"。

8）某个设计选项（Design Option）或者设计阶段（Phrase）的图元整体不可见

原因：非激活状态的设计选项或设计阶段的图元不显示。解决方案：在当前视口将需要显示的设计选项设置为"主选项"，在视图属性的"阶段过滤器"标签下拉选择需要显示的某个阶段。

9）某类图元或者若干个图元无论怎样调整视图可见性/替换、视口深度范围或者设计选项和设计阶段均不可见

这类问题主要原因如下。

（1）相关图元在当前视口被选中后执行了"在当前视口中隐藏"（黑色小灯泡图标）。解决方案：点击 Revit 软件操作界面底部靠左的小工具栏中的"显示隐藏的图元"，此时被临时隐藏的图元会亮显，选中需要显示的图元，点击"取消隐藏类别"或者"取消隐藏图元"。

（2）过滤器设置不当。解决方案：核对当前视口的"视图可见性/替换"中的"过滤器"的选用情况及过滤条件，排除需显示的图元。

10）当前视口的"视图可见性/替换"调整无效，无法改变图元的显示样式

原因：当前视口的"标识数据"应用了预定义的视图样板，导致只能通过修改视图样板来调整图元的显示样式。解决方案：将视图样板设置为"<无>"。

11）当前视口仅显示了视口区域的部分图元，其余图元被直线裁切

原因：视口属性中的"范围"中勾选了"裁剪视图"，并且裁剪区域边界未完全包含需要显示的视口区域。解决方案：在视口属性中勾选"裁剪区域可见"，之后在视口中拖拽裁剪区域四边的夹点以扩大视口显示区域。

12）剖面视口不显示远端图元投影

原因：剖面视口的视图属性中的"远剪裁偏移"不足。解决方案：增加前述数值直至显示出远端构件。

2. 图纸排版输出

相比 AutoCAD 的模型空间和图纸空间，Revit 的视口相当于模型空间，而图纸则对应图纸空间，是模型各个视口的集合，类似成语中的"盲人摸象"，三维模型即那只大象，各种平面、立面、剖面图、门窗大样图、楼梯大样图、户型大样图、墙身节点图或明细表相当于大象身体的不同部位，不同的视口可以有不同的比例并能在同一张图纸中混合排版，边排版边设计，具体见第 2.4.1 小节的某独立变电站工程案例和图 2-64。

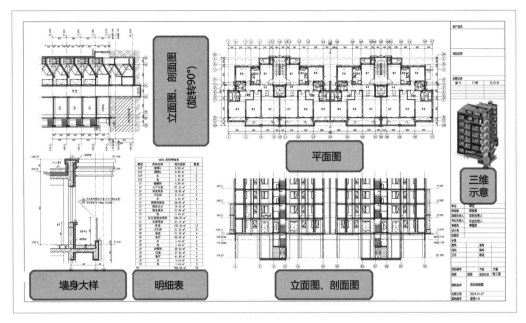

图 2-64 多类关联图纸同步设计并混合排版

2.5.2 多专业配合及模型、线图格式转化

如果建筑专业先行使用 Revit 而其他专业尚未跟进，Revit 如何与传统的 AutoCAD 配合便成为重要问题。目前可通过"两个模板两个文档"来解决该问题，如图 2-65 和图 2-66 所示。

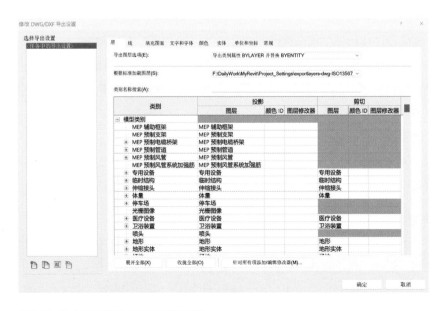

图 2-65 Revit 图元映射至 CAD 图层的对话框

Batch_Revit2DWG_R2D_LSLay_DelCallout_20140508.lsp

```
        * * * * * * * * * * * * * * * * * * * * * * * * *
        *    Lisp for batch transfer Revit2DWG style     *
        *  Copyright By Yijia(易嘉) TONGJI University    *
        *    FROM 2012.10.14   UPDATE to 2014.05.08      *
        * * * * * * * * * * * * * * * * * * * * * * * * *
|;

(defun C:R2D()

        ;;************           begin prompt          ************;;
        (prompt "begin to convert Revit style to CAD style! \n")
        (prompt "begin to static time! \n")
        (setvar "cmdecho" 0)    ;close screen display
        ;;**********************************************************;;

        (setq Time_Start (getvar "MilliSecs")); get start time

;;************ FUNCTION "TEXT" 01 (For Architecture) **************;;
        ;;Initialize text style and layer style

        ;if not exist text style "_TCH_AXIS", create it
        (if (not (tblsearch "style" "_TCH_AXIS"))
          (progn
            ;Initialize "_TCH_AXIS"
            (command "style" "_TCH_AXIS" "complex,gbcbig" "0" "0.8" "0" "n" "n" "n")
            (princ "textstyle \"_TCH_AXIS\" initialized OK \n")
           )
        )
        ;if not exist text style "DIM_FONT", create it
        (if (not (tblsearch "style" "DIM_FONT"))
          (progn
```

图 2-66　Autolisp 批处理程序截图

“两个模板”即 Revit 施工图设计模板和 AutoCAD 制图模板。前者将常用的 Revit 构件、族、详图线型、标注文字样式、项目设置等合理归类并命名；后者将 AutoCAD 常用的图层颜色、线型、用途等合理归类并命名。通过上述两个模板，可使建模和制图标准化，有利于文件交换和重复利用。

“两个文档”即 Revit 构件映射到 AutoCAD 图层的 txt 文档和 Autolisp 程序语言编制的 AutoCAD 内部对象样式的批处理文档。前者初步定义了 Revit 模型转化为 AutoCAD 线型的颜色和图层，但有些 Revit 的内容如遮罩填充、部分图块等样式仍可能与 AutoCAD 模板的样式不同，故需要用 Autolisp 程序在 AutoCAD 内对线型样式等进行二次批量加工，以期能满足专业间互相提资的要求。这两个文档制作难度在于预先调试，一旦测试通过，则实际使用耗时较短。

Autolisp 程序编制的总体思路为：如果 Revit 中存在某些图元，但是 AutoCAD 制图模板中没有相应的图层，则创建新的图层。否则，就将 Revit 图元转化的线型直接转化到 AutoCAD 制图模板中相应的图层中，接着分别将 Revit 导出的字体、标注样式、线型、填充、剖切符号等替换为 AutoCAD 制图模板中的对应样式，并尽可能接近工程制图标准。但是，由于 Revit 模型与 AutoCAD 平面图的数据存储差异，目前尚无法生成类似于天正软件等完全符合制图标准的 dwg 图形样式，特别是填充族、门窗族等高度参数化构件，Revit 中分层、分类赋予图块名称，在转化为 dwg 图形后不可再通过在位编辑的方式一次性实现全部修改。

2.5.3　建筑专业出图的问题

建筑专业是 BIM 软件诞生时所优先支持的专业，出图问题主要在于：三维模型生成的平面图尚不能自由地表达设计师曾经习以为常的工程制图样式。例如，随意改变线型、随意用剖断并用手动标注的方式绘制大样图、随意在立面图中绘制古典造型装饰等，要生成前述的二维线框图，在二维设计软件中是相对容易的，因为主要表达平面投影尺寸即可。但是在 BIM 软件中，视口中出现的线条大多是模型的投影，因此需要先行建立三维构件后才能形成正确的投影，投影的外轮廓一般不轻易增加二维遮罩进行调整，以致由模型直接生成的立面"过于真实"，削弱了以往工程制图的概念性和简洁性，令一些图纸校审人员感到视觉不适。

现行规范多基于二维平面制图规则拟定，目前要转变观念，理解"二维图纸的三维表达"的内涵，以解决设计缺陷为目标，以图纸的二维、三维混合表达为手段，放松制图样式的强约束规则，为普及 BIM 正向设计减少阻碍。

2.5.4 结构、机电专业出图的问题

对于结构、机电专业，BIM 正向设计出图有以下几个问题需要解决。

1. 三维模型出图的二维表达

与建筑专业类似，结构专业、机电专业依旧存在模型向二维工程图转化的制图样式不协调问题。例如，结构专业的平法工程图，给排水专业的 45° 正面斜轴测图，暖通及电气专业的系统原理图等的转化问题。解决上述问题需要从软件升级和积累专业技术知识两方面入手，通过建立精度适当的三维模型，配合视口设置、专业知识来控制出图样式。

2. 结构专业设计图与计算分析软件之间的数据转换问题

Revit 软件本身对于结构计算分析并不擅长，仅能进行结构构件布置、简单的荷载布置、钢筋排放等，需要借助其他软件配合计算和出图。因此，找到合适的计算公式和后处理接口软件，是结构专业采用 Revit 软件进行项目实践的关键，否则，结构专业将停留在重复建模的工作上。

目前已知的能与 Revit 进行数据交互的国产软件包括：PKPM 的 BIMBase Revit 数据交换插件和盈建科 REVIT-YJKS For Revit 等，但其数据转换偏向于单向一次性转换，尚未实现多次双向传递数据（例如，将 Revit 中修改尺寸之后的结构柱反向传递回分析模型中）。

3. 机电专业需解决系统图表达方式优化的问题

Revit 软件目前还不能完全实现绘制 45° 正面斜轴测给排水系统图，但是应允许通过模型的正交三维投射视图。

对于电气专业，软件自带的电气参数采用的是美国标准（例如电压等），需要通过重新定义参数的方法转换为中国标准来解决。

对于暖通专业，常用设备机组的族库有待补充和开放。

第 **3** 章

BIM 技术在全专业综合设计项目中的应用

3.1 BIM 技术在大型地下室管线综合中的应用[26]

大型地下室设计的重点和难点之一是机电管线综合，主要体现在机电管线种类多、路由长、相互交叉避让复杂以及地下车库净高限制等方面，而采用二维设计模式进行机电管线综合设计则存在空间关系表达不直观、人为判断管线标高关系耗时长、管线调整易出错等问题。因此，基于三维软件平台的 BIM 技术就成为复杂机电管线综合设计的最佳技术手段，除了能弥补二维设计的缺陷外，还能够直接生成带有丰富信息的施工图，极大有利于现场施工。

工程项目的机电管线综合一般由如下分系统及其子系统组成。

（1）给排水系统。子系统主要包括：消火栓系统、消防喷淋系统、消防水炮系统（可选）、生活给水系统、生活排水系统。

（2）强弱电系统。子系统主要包括：供电系统、照明系统、火灾自动报警系统、弱电智能化系统。

（3）暖通空调系统。子系统主要包括：通风系统、消防防排烟系统、空调采暖系统。

一般的设计流程是各专业分别设计，在设计周期末尾再进行平面叠图校核，以判别是否存在碰撞，但这样易造成人工计算管线标高出错，如遇有 3 种或 3 种以上的管线交叉时，难以在较短的时间内给出相互避让的最佳解决方案，进而导致工程进度延期或者返工。

基于 BIM 技术的设计流程则是各专业同步设计，在设计起始阶段便给出了管线的三维空间定位，边设计边进行碰撞检查，无需等到路由设计结束才检查碰撞。同时，利用 BIM 模型的可视化特性，设计师可以较快给出复杂区域管线交叉的避让方案，并且实时检查净高是否满足要求，从而极大提高项目建造的效率。

图 3-1 和图 3-2 为某大型地下室地下一层和地下二层 Revit 模型，该地下室总用地面积 45 307 m²，地下总建筑面积约 45 000 m²。其中，机动车停车库总面积约 26 000 m²、机动车停车数约 900 辆，非机动车停车库总面积约 3 500 m²、非机动车停车数约 1 500 辆，

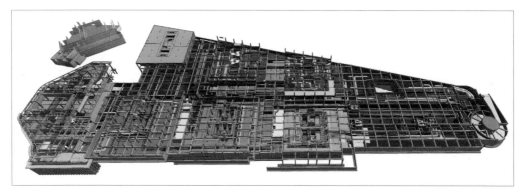

图 3-1 某大型复杂错层地下室地下一层全专业管线综合 Revit 模型

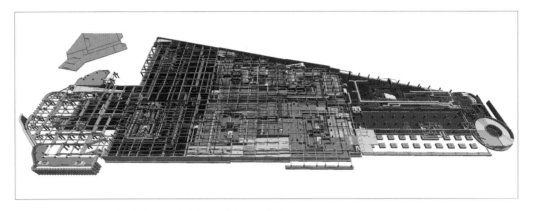

图 3-2　某大型复杂错层地下室地下二层全专业管线综合 Revit 模型

设备机房总面积约 4 300 m²，地下商业总面积约 2 200 m²，其他管井、结构空腔总面积约 9 000 m²。该地下室东西向总长度约 400 m，地面东高西低，（东西）两端高差为 3 m，分两级跌落，每级跌落 1.5 m；南北向总长度约 120 m，南高北低，（南北）两端高差为 2 m，在车库中部存在一级跌落。由于地势变化，该地下室形成了复杂错层建筑空间，管线综合难度远大于单一标高地下室，故此采用 BIM 技术进行设计成为必然选择。

3.1.1　建模前期准备

1. 约定分系统的初始建模顺序

此处采用"约定"而不是"确定"，是出于大型项目不确定性的考虑，随着项目的推进，期间可能出现不可预知的被动变更，因此，在项目建模前期，还不能最后"确定"管线之间的绝对标高排列顺序。如较为常见的情况是，原本消火栓系统位于各种管线的最下方，但是随着设计的深入，发现室内吊顶净高不满足建设方的要求，则消火栓水平管改为提升标高穿结构梁，直接导致该系统标高由最低位变为最高位，与初始约定的差别很大。具体建模顺序如表 3-1 所列。

约定初始建模顺序需要考虑的因素包括以下几个方面。

1）建设时序

一般土建先于机电管线建设，如果管线要穿越结构梁，则需及早确定穿梁方案，提请结构专业判定穿孔位置并预留套管，否则一旦结构梁施工完毕，便失去了预留套管的机会，导致结构梁需要后开洞并加固。机电管线之间，一般强弱电桥架比给排水、风系统先安装，由于大型地下室是分期建设，或者建设周期比较长（1～2 年），而水泵、风机等大型用电设备又需要有地下室专用变电站的供电才能运行、联动测试。因此，不能等到水、风管安装完毕之后再安装强弱电桥架。在强弱电桥架先行安装的情况下，水、风系统的路由、标高还可能处于动态调整中，所以强弱电桥架的安装标高一般位于机电管线的最高位，为后续的水管道与风管道布局留出最大的可调整空间。

表 3-1　某大型地下室项目管线初始建模加载顺序约定

分系统建模加载顺序	系统类型及描述	控制条件
Link-01	墙体，包括剪力墙和填充墙、楼地面板、集水坑	最不利层高按 3.600 m 估算
Link-02	结构梁、柱	最大按 1 m 梁高估算
Link-03	强电桥架	依据结构梁、柱尺寸定位，尽量提高标高，桥架高 150～200 mm，底标高为梁下-450～-400 mm
Link-04	弱电及智能化桥架（与强电桥架同标高）	依据结构梁、柱尺寸定位，桥架自身高 100 mm，底标高为梁下-400 mm
Link-05	喷淋支管及一般干管（高位）	依据结构梁、柱尺寸定位，喷淋支管及一般干管中心标高为梁下-100 mm，底标高为梁下-200 mm
Link-06	喷淋泵房主干管（低位）	依据结构梁、柱尺寸定位，喷淋泵房主干管中心标高为梁下-300 mm，底标高为梁下-400 mm
Link-07	消防水炮干管（低位）	依据结构梁、柱尺寸定位，消防水炮干管底标高为梁下-400 mm
Link-08	消火栓干管（低位）	依据结构梁、柱尺寸定位，消火栓干管底标高为梁下-400 mm
Link-09	生活冷热水管（低位）	依据结构梁、柱尺寸定位，水管底标高为梁下-400 mm
Link-10	通风、排烟管	依据以上各系统的定位，自身高度为 400～500 mm，管底标高控制为 $\geq H_{建筑完成面}$ + 2.400 m
Link-11	空调冷热水管	依据以上各系统的定位，管底标高控制为 $\geq H_{建筑完成面}$ + 2.400 m
Link-12	电气照明母线槽	依据以上各系统的定位，管底标高控制为 $\geq H_{建筑完成面}$ + 2.350～2.400 m

2）安全防护及后期检修

机电管线设计规范一般都会规定管线上、下、左、右与其他构件或管线之间的最小净距，设置这个规定的目的是便于后期检修或者出于防火防爆安全考虑，如果管道之间排布过密，一旦管道渗漏或老化折断，则难以在不临时拆除其他管道的情况下对故障管道进行维修。

《民用建筑电气设计标准》（GB 51348—2019）[27] 第 8.3.5 条规定："当金属导管与热水管、蒸汽管同侧敷设时，宜敷设在热水管、蒸汽管的下方；当有困难时，可敷设在其上方……当电线管路敷设在蒸汽管下方时净距不宜小于 500 mm；当电线管路敷设在蒸汽管上方时，净距不宜小于 1 000 mm；交叉敷设时，净距不宜小于 300 mm。"

《民用建筑电气设计标准》（GB 51348—2019）第 8.5.5 条规定指出，"电缆桥架多层敷设时，层间距离应满足敷设和维护需要，并符合下列规定：电力电缆的电缆桥架间距不应小于 0.3 m；电信电缆与电力电缆的电缆桥架间距不宜小于 0.5 m，当有屏蔽盖板时可减少到 0.3 m；控制电缆的电缆桥架间距不应小于 0.2 m；最上层的电缆桥架的上部距顶棚、楼板或梁等不宜小于 0.15 m。"

3）实际使用的需要

部分系统的末端需要与周边构件保持一定距离才能满足正常使用的要求，否则将导致系统失效或功能无法满足设计要求。

在《自动喷水灭火系统设计规范》（GB 50084—2017）[28] 第 7.2 节中详细规定了消防喷淋系统的末端喷淋头与结构梁、通风管、边墙、不到顶隔墙等障碍物的水平距离及垂直距离。按照摆放方式，喷头可分为直立型（溅水盘在上部）、下垂型（溅水盘在下部）、边墙型（溅水盘呈水平状态），应留意各种形制的喷头距离相邻障碍物的距离有所差别，如图 3-3 所示。

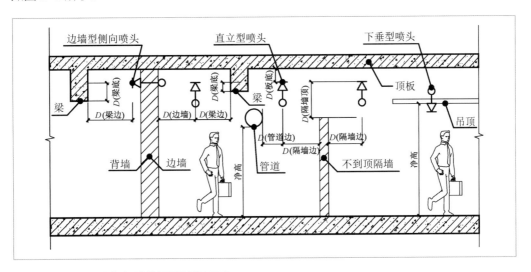

图 3-3　消防喷淋头至相邻障碍物的间距要求剖面示意

实际工程中还有一种常见的情况是，消防喷淋头最初设计时的平面定位是按照理想的经济间距布置的，但随着管线综合的深化调整，为了避让其他管线，连接消防喷淋头的最末一级支管的平面定位不得不调整，这很可能导致喷淋头之间的保护区域达不到规范要求。因此，需要区分不同的项目复杂度加以处理，如果平面面积相对较小且需要进行室内精装修设计（如建筑单体地面以上的楼层），则需要建模喷淋头，且在维持喷淋头保护区域合规的情况下微调末端支管的平面定位和翻弯避让；如果平面面积很大且不需要进行精装修设计（如大型地下车库），则可以忽略 DN50 以下的喷淋支管及喷淋头建模，仅保留 DN50 及以上的较大管径喷淋管的模型参数与管线综合调整。该处理方法主要是为了减少模型路由的实时计算时间（BIM 软件对于相互连通的流体系统会实时计算每次调整后的流速和流量等参数，导致模型响应速度慢），同时减少人工调整管线避让的工作量。可以认为，上述区分项目复杂度处理系统末端的方法，是当前阶段自动避障设计不成熟和计算机运算能力跟不上系统复杂度状况下的一种折中方案。

对于消防防排烟系统送/排风口下方不应有遮挡物，另外考虑风系统管道界面尺寸在各类机电管线中最大，翻弯困难，因此防排烟系统一般位于相对低位。

电气灯槽照明系统一般位于所有系统的最低位，一旦被遮挡，将失去照明功能，如果迫不得已必须在灯槽系统下方布置其他类型的管线，则可局部上翻避让，但上翻段不能再布设灯具。

2. 确定需要尽早建模的关键占位构件

"关键占位构件"是指工程建设初期或者管线综合初步设计阶段尚未明确尺寸、且未体现在模型中、但对于施工图深化设计后期和实际建造具有不可忽视影响的构件（如管道保温层、消防卷帘箱等）。此类构件往往容易在管线综合初期被忽视，但如果等到项目中后期再加入此类构件，很可能发现新增很多碰撞，特别是当采用紧凑型机电深化调整策略时，上述关键占位构件带来的影响是巨大的，甚至会导致部分管道路由修改。因此，建模前期必须及早确定"关键占位构件"，如果占位尺寸（如管道保温层厚度、消防卷帘箱截面尺寸等）无法在早期获取，则必须按照相对不利的原则进行估算，随后在建模伊始，便将占位构件加入模型中，最大限度地减少后期返工，如图 3-4 所示，某型号消防卷帘箱截面尺寸达到 1 000 mm×450 mm，大小与通风管道相近，需要尽早预留占位并考虑安装容差间距。

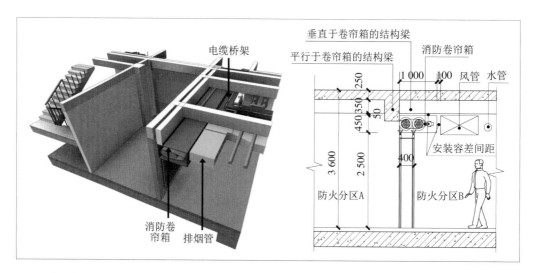

图 3-4　机电管线避让消防卷帘箱三维模型及消防卷帘箱剖面方案设计

3. 确定子系统的建模分工

子系统建模的分工方式需要根据公司的组织架构来拟定，一种业务类型的专业工作要向上溯及公司的组织架构，原因是不同的公司规模、不同的企业文化和不同的业务发展方向，都会导致组织架构的差异，而组织架构的差异将影响到如何分配 BIM 团队的资源（包括管理模式、计算机软硬件以及人员薪水等，如图 3-5 所示）。

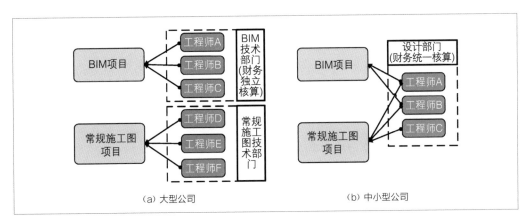

图 3-5　组织架构对 BIM 项目分工的影响

对于大型设计公司，可调配的资源较丰富，有条件成立相对稳定的 BIM 技术部门，该部门在薪酬上具备一定的独立核算条件，可按照系统类型进行建模分工，基本无需考虑单个人员当前的其他工作冲突情况。采用该方式所建模型的整体逻辑性强，与项目分部分项工程的匹配度高，模型的长期可维护性好，BIM 业务受到人员变动的影响程度小，是最符合 BIM 作为建筑长生命周期支持技术的工作模式。

对于中小型设计公司、固守平面制图成熟技术的公司或者不以 BIM 业务为盈利点的公司，一般不会成立单独的 BIM 部门，更多是项目外包或者抽调本公司设计部门的工程师临时组成 BIM 团队，一旦 BIM 项目结束，该团队也宣告解散；同时，该 BIM 团队在薪酬上也不具备独立核算的条件，而是汇总到其他业务额的总营收上参与薪酬分配。

子系统建模的分工还必须考虑 BIM 临时团队中各成员当前的工作，例如：某位工程师承担了某个 BIM 项目子项的施工图设计，则当进行建模分工时，就要尽可能多地考虑将该工程师分配到该子项的建模任务中，此举的优点在于该名工程师熟悉所参与建模分系统的设计细节，有项目初期基础有助于快速建立模型。表 3-2 所列的为某大型地下室项目，地下室上部有 1 号、2 号、3 号、6 号、7 号、8 号共 6 栋单体建筑，给排水专业共有两名工程师，分别承担了一部分地面单体和地下室的设计工作，在进行 BIM 建模任务分配时，考虑到这两名工程师对各自参与施工图设计的分项工程较熟悉，沿用了施工图设计的分工，但是从 BIM 建模的效率和可维护性来看，较理想的分工方式是地下室和地面单体分属两名工程师建模。

表 3-2　某大型地下室 BIM 项目水系统施工图设计及建模分工方式

分项工程	1 号、2 号、3 号楼给排水系统设计	6 号、7 号、8 号楼给排水系统设计	地下车库喷淋水系统、消防水炮系统设计	地下车库生活系统、消火栓系统设计
施工图设计分工	工程师 A	工程师 B	工程师 A	工程师 B
实际的 BIM 建模分工	工程师 A	工程师 B	工程师 A	工程师 B
理想的 BIM 建模分工	工程师 B		工程师 A	

建模分工与人员匹配的缺点也很明显，由于施工图设计的分工有时并不考虑管线综合的整体性和全局性，而是按照不同区域来分工（例如：负责 1 号—3 号楼的地下及地上部分的消防水系统，但不负责地下室总管路与 1 号—3 号楼相连的区域），引发的直接问题是模型的后期维护困难，尤其是多人多权限同时建模时，模型在不同区域的交界处很容易出现衔接不对位的情况。

4. 依据净高要求建立吊顶控制平面

以往净高控制的一般工作模式是先构建机电管道模型，全部建模完成后，再同步进行净高检查和管线综合碰撞修改，但该工作模式的缺点在于初期建模的管线标高不受控制，无法及时发现由于净高要求所致的路由不通的情况，并且需要借助第三方净高分析工具逐片区域核查，即核查结果仅能以"高亮显示""区域色块"等方式告知设计人，调整之后还需重新运行净高分析工具复查，复查的结果并不能与调整前的检查结果比对，即不具备类似于"时间机器"的版本比对功能，只能得知当前还存在净高不足的区域有待调整。总体来说，先建模再判别净高的工作模式表面上采用了先进的自动化检测分析工具，但实际效率并不高，反而使碰撞问题滞后，导致后期管线标高调整难度加大。

为此，建议采用"吊顶控制平面"的工作模式，此处的"吊顶"不一定是实际存在的室内装饰吊顶，可以理解为广义的虚拟控制面，设置吊顶的目的是从设计伊始便控制管道离地净高。这种工作模式只需预先约定两个关键参数：某区域的净高要求以及管道支吊架的较大厚度，前者用于控制即将建模的吊顶的底面标高；后者用于控制管道主体距离吊顶底面的包络距离（一般可初定为 100 mm）。此工作模式要求室内设计专业或者建筑专业先行对吊顶构件建模，吊顶底面标高为满足净高要求的设计控制标高，吊顶的构造厚度为上述包络距离，完成吊顶建模后，机电专业再建立分系统管道。此时，所有的管道只需要不低于吊顶上表面，则在考虑支吊架厚度的情况下必然满足净高要求，并且在初次建模就能判定分系统的路由是否可行，如果因为管线交叉而导致路由不通，则可立即调整路由而不必等待全部管线建模完成。项目初期将吊顶建模作为所有工作的前置工作，一般消耗不到5 个工日，而如果等待全部管道建模完成后再统一检查净高，一旦出现路由不通的情况，那么修改路由、再进行净高检查一般不会少于 5 个工日，如果管道已经部分施工，则后期修改将变得非常困难甚至导致现场拆改。

综上所述，先行建模"吊顶控制平面"的工作模式具有高度可视化、实时可调节性、问题前置性等诸多优点，值得学习并推广（图 3-6）。

3.1.2　管线综合碰撞检查及协调修改

模型建好后，有多种方法进行碰撞检查，既可以在 Revit 中通过"协作"→"干涉检查"功能实现，也可以通过 Autodesk 公司的 Navisworks 碰撞检查专用软件包实现，如果在 Revit 的外部插件菜单不出现 Navisworks 互操作工具，则需要用户至官方网站下载

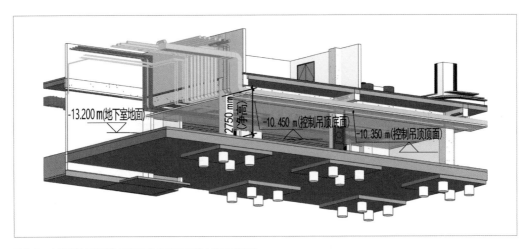

图 3-6 "吊顶控制平面"在地下车库管线建模中的应用示意

"Navisworks Exporters to Revit"插件安装后才能与 Revit 数据进行交换。此外，还可以通过第三方 Revit 插件工具（如广联达 BIMSpace 机电深化等）来实现碰撞检查。不同的碰撞检查方式的特点如表 3-3 所列。

表 3-3　不同碰撞检查方式的特点比较

比较内容	Revit 内置干涉检查工具 （Interference Check）	第三方 Revit 插件	Autodesk Navisworks
模型来源	Revit 原生模型，无需转化		需从 Revit 中输入并转化为轻量化的 NWC（或 NWD、NWF）模型
检查对象范围	限于当前模型中的图元之间或者与链接模型的图元之间的碰撞检查，不能进行链接模型之间的图元碰撞检查。由此带来的问题是，如果要检查某两个专业之间的管道碰撞，就必须以其中一个专业的模型作为主体模型，然后链接另一个专业的模型，才能实现碰撞检查，分系统较多时，两两检查耗时大幅增加		在 NWF 模型中可以检查当前模型中或者添加的多个分系统的 NWC 模型的图元
检查设置	不能设置检查规则，均为 0 公差硬碰撞	可以设置硬碰撞、公差等规则	可以设置硬碰撞、硬碰撞（保守）、公差、间隙、重复项等规则
检查结果输出	可以将碰撞检查结果导出为 HTML 格式报告	可以将碰撞检查结果导出为 PDF 或 Excel 报表	可以将碰撞检查结果导出 HTML 格式报告
检查结果的有效性	需要逐条判别碰撞，且无法报告硬碰撞（保守），对于后续精细化设计存在一定的风险	需要仔细设定碰撞检查规则，否则会出现较多的冗余判别，导致消耗很多人力进行二次复核	需要仔细设定碰撞检查规则，否则会出现较多的冗余判别，导致消耗很多人力进行二次复核

注：NWC 是 Navisworks 缓存文件的后缀，即 Navis Works Cache；
　　NWD 是 Navisworks 数据文件的后缀，即 Navis Works Data；
　　NWF 是 Navisworks 集成链接文件的后缀，即 Navis Works Federated。

"硬碰撞"是指实体图元之间存在空间全部或局部重叠就判别为存在碰撞，但是不同精细程度的模型所致的构件外轮廓是不同的，如初步设计时可不建模管道外保温，而施工图阶段需设置确切的管道外保温。如果在初步设计时进行碰撞检查，当两根交叉管道的净距小于外保温厚度之和时，实体图元未相交，不存在"硬碰撞"，但在施工图阶段增加管道保温厚度之后的实体图元会出现"硬碰撞"。因此，为了能在设计早期便规避深化设计后可能出现在施工现场的实际碰撞，应通过设置"公差（Tolerance）"作为实体表面参与碰撞检查，为后续设计留有富裕度，如图 3-7 所示。

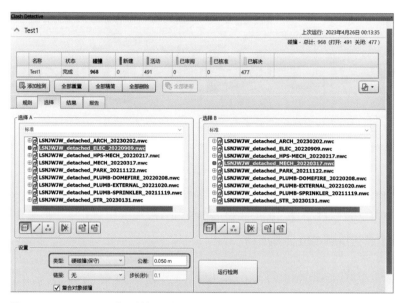

图 3-7　Navisworks 2024 的硬碰撞（保守）设置对话框

上述三种方法并非互斥，而是相辅相成的。在实际项目中，当时间十分紧迫时，建议工程师根据工程经验，所有管道全部设置 50 mm 的外保温厚度作为"公差"，然后直接用 Revit 的干涉检查工具快速判别关键部位的碰撞，如果时间允许，再进行 Naviswork 精细化碰撞检查。

对于大型地下室，系统类型多且管道长，相比之下计算机屏幕较小，不能全部兼顾到，经常出现某个区域调整完管线综合后，才发现某根管道远端由于当前区域的标高调整而导致新的碰撞出现。因此，管线调整应该遵循"分系统整体调整"到"局部区域调整"的总体逻辑，先整体后局部。但需要注意，上述总体逻辑并非严格的瀑布式作业流程，而是以整体调整为起点的甜甜圈式的迭代循环流程，如果局部调整不能解决碰撞问题，则需要反馈到整体路由进行调整，如图 3-8 所示。

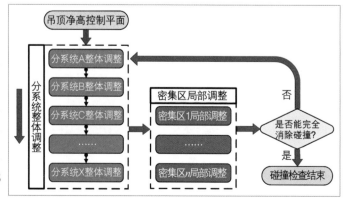

图 3-8　管线调整的总体逻辑

　　调整开始时，按施工顺序、管道重要性或者管道尺寸大小，拟定管道的控制底标高和加载顺序，系统加载顺序及控制同上文表 3-1 所列，除非出现管道穿梁的情况，一般不对管道的初始标高关系进行调整。在校对完建筑、结构两个基础分部工程系统后，将其作为管线综合的基准模型，先行加载者 System（xi）在紧贴梁底、距离地面可能高的地方布置，此时暂时断开与其他模型的链接，将注意力集中在 System（xi）上；完成了初始的 System（xi）布置后，则将其锁定（Pin），然后加载下一种管线系统 System（xi+1）或 System（yi），下一个加载的系统不一定是同一类型系统 System（xi+1），也可以是不同类的系统 System（yi），根据其重要性或施工顺序拟定，后续系统以建筑、结构及前置调整好的系统为基准作出调整，完成后锁定；依次类推，逐步加载完所有子系统。

　　调整管线综合时，应避免夹心翻弯的情况，即与一根直行管道相距不远的区域内出现多根相交管线分别在直行管道上、下方翻弯的情况，此类翻弯方式将导致安装、检修均不方便，且交叉区域的空间凌乱、美观度不佳，如图 3-9 所示。

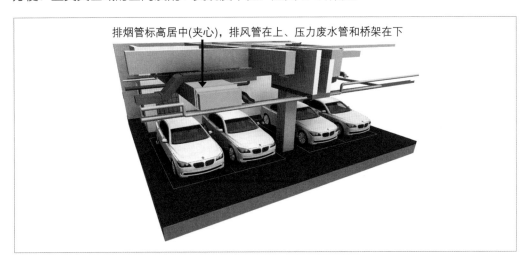

排烟管标高居中(夹心)，排风管在上、压力废水管和桥架在下

图 3-9　管道夹心翻弯的设计缺陷

3.1.3　分专业管线综合施工平面图设计

　　分专业管线综合施工平面图的生成主要包括以下三部分工作。

1. 建立单独的出图模型，加载分系统模型

　　BIM 模型由于承载了大量的几何信息、物理信息，以致其单个分系统模型的文件量较大，如果在各分系统模型中分别进行管道信息标注，则导致建模人员和标注人员高度耦合，只能顺序作业，不能并行作业。此外，如果建模人员更换，则继任者只能局限于原建模人员对模型的理解（包括视图显隐控制、过滤器颜色设定等）进行继续工作，那么将会出现工程项目的出图样式和风格有所差异，加之图纸和文件命名也会存在不便于统一管理的问题。对大型复杂项目而言，模型的长期维护将极其困难。

因此，建立 1 个单独的出图模型可以解决上述矛盾，该出图模型仅包含全部轴网、标高平面，不包含任何实体几何图元，所有的几何图元均来自外部链接的分系统模型，而出图模型通过过滤器统一控制构件的显隐样式、创建标准化命名的图纸、补充管道信息标注，最后在出图模型中直接出图，不再需要导出 CAD 二维图，如图 3-10 所示。此方法的优点包括以下几点：

（1）极大减少模型文件量，易于模型的长期维护。以某大型地下室全专业 BIM 设计项目为例，各专业的 Revit 模型总文件量达到 600 MB，而出图模型为 40 MB，仅为前者的 1/15。

（2）建模设计与图纸标注可以并行作业，一名工程师建模的同时，另一名工程师可以创建图纸、设置过滤器、载入视图并排版、标注管道信息，等到建模结束，该名工程师重载链接模型，修正由于模型调整所致的标注失位或错误，二人几乎可以同步完成出图工作，设计效率大幅提升。

（3）项目信息齐全、出图样式统一，可以不受人员流动的影响，有利于项目的长期维护。

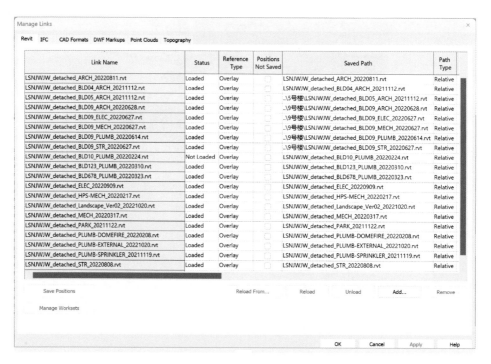

图 3-10　某大型地下室出图模型的链接管理对话框

2. 设置视图样式模板和管道过滤器，控制分系统构件的显隐

完成图纸模型的建立后，即可制作视图样式模板和管道过滤器，用于控制各专业分系统视图显示样式，包括：视图所需载入的外部链接文件的显隐、其他分系统模型的显隐、视图比例、视图深度范围、色彩定义、线型样式及宽度、建筑结构底图淡显等，随后将该样式模板应用于相关其他同专业视图，即可快速完成统一的视图样式设定，如图 3-11 所示。

图 3-11　某专用设备机房管道着色过滤器设置对话框

在 Revit 软件中生成平面管线综合图的操作步骤如下。

（1）关闭除了建筑、结构以外的所有其他链接模型，生成所需平面的顶板分色图（地下二层的顶是地下一层楼板、地下一层的顶是首层的楼板）。

（2）用"平面区域"工具先在顶板图勾勒出顶板的区域，按照不同的颜色描出轮廓线，生成平面区域即可。

（3）设置好上述平面区域的视图深度（该视图深度可以是当前楼面以下 500 mm，正好剖到结构梁）。

（4）逐一生成好上述平面区域后，将其复制到下一层（即需要做管线综合平面的楼层），此时就能得到该层顶板的标高区域。

（5）打开管线的可见性，关闭结构梁、平面区域边界的可见性；关闭楼板构件（如果设置透明，则会出现大面积色块）。

（6）将视图的着色样式设置为"consistent"（一致的颜色），然后在导出选项中选择"true color"真彩色（基于视图），导出 dwg 格式的彩色实体管线综合图。

3. 建立分系统图纸，排版相关视图

在 BIM 软件中，视图相当于平面制图软件中的"模型空间"，可在其中编辑模型、设置构件显示样式；而图纸则相当于平面制图软件中的"图纸空间"，主要用于排版，将已经完成显示设置的视图拖拽入相应的图纸中即可。一个模型可以有无数张快照（平面、立面、剖面等），而所有图纸都只是模型中的一个快照，可以不受模型建立完整度的影响，可边排版边设计建模；此外，图纸中还可以顺/逆时针 90°旋转视图，如图 3-12 所示。

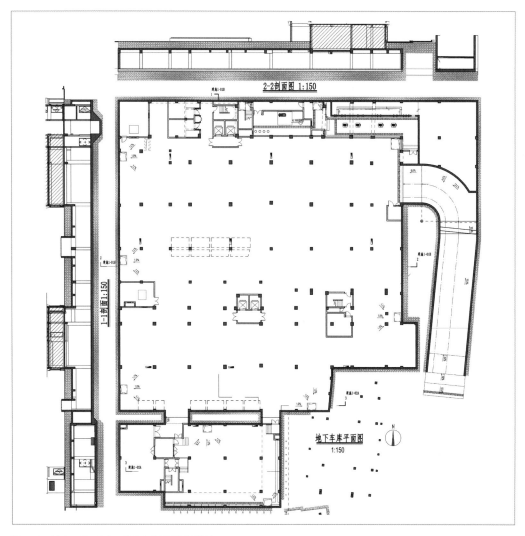

图 3-12　某小区地下车库不同方向的剖面旋转排版

　　该步骤工作的关键点是图纸编号及命名标准化，既要简洁明了，又要具备较为充分的信息供"后来者"快速识别，此处的"后来者"既可能是工作交接的同事，更有可能是若干个月或者若干年后的自己，"快速识别"是指在不打开模型的情况下能了解当前模型的专业归属、创建日期和版本等重要的文档信息。

　　不论采用何种软件工具（平面制图或者 BIM 软件），也不论从事何种设计（施工图设计或者绿色建筑专项设计），由于项目从设计到竣工交付的时间跨度长，一般 3～5 年，部分超级工程更会达 10 年之久，文档管理是否有序将直接关系到项目的建造质量，很多工程项目表面上施工质量不佳、设计考虑不周，其本质是文档管理不当所致，在时间紧迫的情况下由于文档管理不完善导致的关键数据缺失或错误，传递到施工现场就会引发工程事故。

文件命名示例参见"附录 C.2.5 PM04——文件和工作集管理",表 3-4 展示了某大型地下车库管线综合项目的图档命名实例。

表 3-4　某大型地下车库(1 号楼区域)管线综合施工图图纸编号及命名实例

图纸编号	图纸名称
UC-B1F-1# 01-MEP-v2.2-20220403	地下一层(顶)1 号管线综合平面图
UC-B1F-1# 02a-PLUMB-DOME-v2.0-20211106	地下一层(顶)1 号消火栓和给排水系统平面图
UC-B1F-1# 02b-PLUMB-SPKR-v2.1-20211213	地下一层(顶)1 号喷淋水系统平面图
UC-B1F-1# 03a-ELEC-v2.2-20220403	地下一层(顶)1 号强弱电系统平面
UC-B1F-1# 04-MECH-v2.0-20211106	地下一层(顶)1 号风系统平面图
UC-B2F-1# 01-MEP-v1.3-20211025	地下二层(顶)1 号管线综合平面图
UC-B2F-1# 02a-PLUMB-DOME-v1.1-20210903	地下二层(顶)1 号消火栓和给排水系统平面图
UC-B2F-1# 02b-PLUMB-SPKR-v1.0-20210820	地下二层(顶)1 号喷淋水系统平面图
UC-B2F-1# 03a-ELEC-v1.0-20210820	地下二层(顶)1 号强弱电系统平面图
UC-B2F-1# 04-MECH-v1.3-20211025	地下二层(顶)1 号风系统平面图

4. 某大型地下室管线综合 BIM 模型与施工现场实景对比

完成管线综合调整后,将 BIM 模型及管线总平面图交付现场施工单位,以利于快速、准确地施工,如图 3-13—图 3-17 所示。

图 3-13　Revit 模型与现场施工实景对比(地下一层 20 轴交 X 轴区域)

图 3-14　Revit 模型与现场施工实景对比(地下一层 27 轴交 X 轴区域)

图 3-15　Revit 模型与现场施工实景对比（地下一层 27 轴交 V 轴）

图 3-16　Revit 模型与现场施工实景对比（地下一层 28 轴交 X 轴）

图 3-17　Revit 模型与现场施工实景对比（地下一层 27 轴交 X 轴）

3.1.4　小结

综上所述，BIM 技术在大型复杂项目中的应用需求，如人的生存离不开空气、鱼的生存离不开水一般。并非某些保守派观点所认为的"可有可无"或者用"人脑 BIM"替代那样。此处需要回答的一个问题是：为何 1990 年之前没有 BIM 技术，现代建筑仍旧能够建成并且设备管线同样能使用？主要原因包括以下几点。

1. 建筑复杂度日趋增加

早年由于人民生活水平不高，人们没有太多额外的物质需求，因此建筑的设备系统类型少、配置不高，管路相对简单，碰撞相应少。如今随着人民对美好生活的需求日益增长，各种娱乐设施、人身安全防护设施的种类和数量大幅增加，导致建筑内的空调系统、消防系统、智能化系统和电力系统朝着精细化、智能联动的方向发展，设备系统种类的增加必然导致（建筑设备系统）两两之间的碰撞概率增大，进而引起管线综合协调的难度呈非线性快速增长。因此，设计方不得不采用更高级的工具来实现"虚拟建造"（可参见第 4.3.2 节图 4-12）。

2. 设计周期大幅缩短

早年的建筑设计周期较长，单个项目的设计时间可以达到半年至一年，工程师们有相对宽裕的时间用于二维平面叠图和推算管道标高上。而近年来，中国建筑市场的设计周期大大压缩到 1 个月甚至更短，现在已经没有充足的时间在平面图中核对标高，如果强行实施"人脑 BIM"，则工程质量将大幅下降，现场返工情况增多。因此，将管道的三维实时碰撞信息可视化成为必然的趋势。

3. 建设方的资金管控日趋精细化

早年房地产市场快速增长时期，开发商以大量的资金投入和快速周转为经营目标，对设计缺陷导致现场返工的经济损失不敏感，多数抱有"宁可建错了再拆改，也不放过早日开盘时机"的心态，徒增了大量由于设计缺陷、管道碰撞导致的经济支出，但由于项目销量大、价格上涨，故资金回款迅速，抵消了一部分拆改损失。而今部分建设方的资金链紧张，不能承受大量拆改的经济损失，因此反向要求设计单位采用精细化的设计工具，提前暴露缺陷、解决问题，最大程度地压缩现场拆改费用、消除沉没成本。BIM 技术所具有的"水晶球"般的预判性使之成为精细化设计的不二之选。

3.2 BIM 技术在室外场地管线综合中的应用

相比地势平坦的室外场地而言，大高差室外场地的两端落差大、距离远，地下室顶板标高不统一，以致管线标高计算、管线交叉相互避让复杂，二维平面设计模式已经不能适应大高差场地的管线综合设计，BIM 技术从设计之初便能发现并解决复杂的管线标高和相互避让问题，起到向下协调地下室顶板、向上协调景观场地的桥梁作用[29]，如图 3-18 所示。

室外管网系统与室内管网大部分相对应，另外增设部分仅适用于景观（如海绵城市雨水管网）和室外地面以上的建筑物（如燃气）的分系统，室外管网的系统一般由如下分系统及其子系统组成。

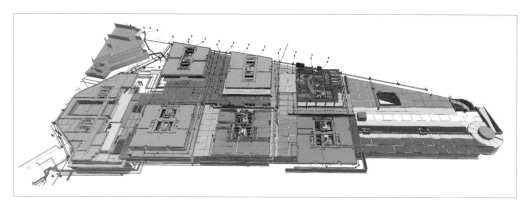

图 3-18 某商业办公建筑群的室外管线综合 Revit 模型

（1）室外给水系统。子系统主要包括消火栓系统、消防喷淋系统、生活给水系统、中水回用系统等。

（2）室外排水系统。子系统主要包括雨水排水系统、污水排水系统、海绵城市雨水系统等。

（3）强弱电系统。子系统主要包括供电系统（电力系统管沟）、智能化系统（网络设备运营商系统管沟）等。

（4）动力系统。子系统主要包括燃气系统、热力管网系统等。

室外管网与室内管网的设计要点见表 3-5。

表 3-5 室外管网与室内管网的设计要点比较

设计要点	室外管网	室内管网
管线避让原则	同室内管网	小管让大管、分支管让主干管、有压管让无压管、可弯管让不可弯管、低压管让高压管
避让对象	管道、建筑及结构构件、景观大树	管道、建筑及结构构件、固定建筑设施，如机械停车位等
管线标高排序	按照《城市工程管线综合规划规范》（GB 50289—2016）[30] 第 4.1.12 条规定敷设	无明确规范要求，主要考虑室内净高要求与室外管网标高衔接
顶部覆盖物	按照《城市工程管线综合规划规范》（GB 50289—2016）第 4.1.1 条规定预留覆土深度	按照给排水、电气、暖通专业设计规范的相关要求预留管线上方距离结构构件的距离
管线交叉时的最小净距	按照《城市工程管线综合规划规范》（GB 50289—2016）第 4.1.9 条（水平净距）和 4.1.14 条（垂直净距）的规定敷设	按照给排水、电气、暖通专业设计规范的相关要求预留管线四周检修空间和安全距离
建模替代构件	1. 电缆管沟需用暖通风管替代建模，以模拟实际占位； 2. 排水管需采用检修井或跌水井替代弯头	按照不同专业的专用构件建模，无需用其他构件替代模拟
标高起算点	1. 排水管以管道内壁最低点起算； 2. 其余管以管道或法兰外壁最高或最低点起算	以管道或法兰外壁最高或最低点起算

《城市工程管线综合规划规范》（GB 50289—2016）第 4.1.1 条规定了室外管线的最小覆土深度如表 3-6 所列。

表 3-6　室外管线最小覆土深度　　　　　　　　　　　　　　　　　　　　　　　　　　　　　　　单位：m

管线名称		给水管线	排水管线	再生水管线	电力管线		通信管线		直埋热力管线	燃气管线	管沟
					直埋	保护管	直埋及塑料、混凝土保护管	钢保护管			
最小覆土深度	非机动车道或人行道	0.60	0.60	0.60	0.70	0.50	0.60	0.50	0.70	0.60	—
	机动车道	0.70	0.70	0.70	1.00	0.50	0.90	0.60	1.00	0.90	0.50

《城市工程管线综合规划规范》（GB 50289—2016）第 4.1.12 条规定指出，"工程管线交叉敷设时，自地表面向下的排列顺序宜为：通信、电力、燃气、热力、给水、再生水、雨水、污水。其中，给水、再生水和排水管线应自上而下的顺序敷设。（考虑到上层管网漏水不至于对下层管网造成污染）"。

3.2.1　BIM 模型的总平面定位校准

BIM 技术应用于室外管线综合设计的前提关键工作是模型的总平面定位校准，包括平面坐标校准和绝对高程校准。大型项目总图坐标原点定位十分重要，关系到地下、地上模型协调、景观大树的对位、本公司与外部合作公司（幕墙、钢结构等）的数据交换对齐点、现场施工定位坐标等，这些都是室外管线综合设计的基石。以下介绍的总平面定位校准方法是在 Revit 软件中完成的，但该方法本质上是坐标的精确投射变换，除了具体的操作命令有所差异外，其概念和流程以及软件的选用无关。

1. 总平面坐标校准

城市建设所依据的坐标点来自卫星遥感生成的电子地形图，原始格式是 AutoCAD 平台下的 *.dwg 文件格式，一般都以项目所在城市的区域坐标系（而不是国家大地坐标系）定义绝对坐标原点，但以何种坐标系定义绝对坐标原点并不影响 BIM 模型的坐标校准，只需确认该地形图没有经过平移、旋转、缩放、拉伸等变位调整，即可将此 dwg 格式的地形图作为基准底图，链接入 Revit 中进行坐标对位。

在 Revit 中，测量点（Survey Point）△ 是 Revit 代表现实世界中的已知点，例如大地测量标记（世界坐标原点），总是指向屏幕正北向，总是定义了屏幕的原点（0，0，0）。项目基点（Project Base Point）⊗ 表达了当前项目的原点，其偏移数值是相对于测量点的位移和转角。标记旁侧的别针为锁定或解锁标记，如果项目基点处于锁定状态，则模型会随项目基点一并移动；反之则模型不随项目基点移动，如图 3-19 所示。

在坐标校准时，不需要关心测量点是否与电子地形图的坐标原点在地球表面的同一位置，可直接将测量点视为电子地形图的坐标原点，仅调整项目基点相对于测量点的偏移，包括平移和旋转对齐，其中的关键是旋转对齐，如图 3-20 所示。

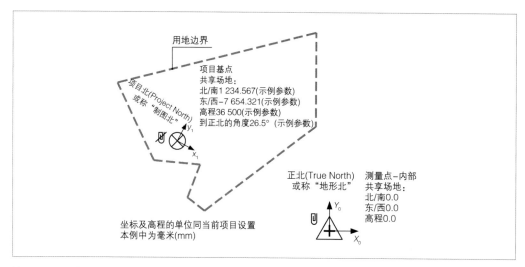

图 3-19 Revit 中的测量点与项目基点示意

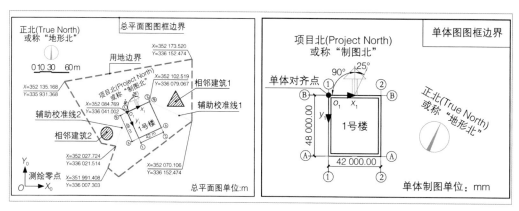

图 3-20 总图全局坐标（左）与建筑单体局部坐标（右）的关系

将 CAD 总图在 Revit 中定位校准的方法为：建立一个空的 Revit 模型，将以 m 为单位的 CAD 总图以屏幕正北向导入（import）或者链接（link）到该模型，在弹出的对话框中选 m 为单位，但导入后该 dwg 导入图元会读取当前项目单位，如果当前项目标注单位为 mm，则自动将图形放大 1 000 倍，其余暂时默认，可用"中心到中心"。导入后调出"可见性/图形替换"对话框，展开场地（site）类别，勾选项目基点（Project Base Point）和测量点，其中测量点恒为（0，0，0），先解锁项目基点（避免连带移动模型中的所有其他对象），然后精确捕捉对齐一个已知的 CAD 坐标点（如用地边界的某个点），然后锁定项目基点和 dwg 导入图元，开始校准。选取已知点如：X= 40 235.485；Y= 91 977.906，当 CAD 总图以 m 为单位标注坐标且保留小数点后三位时，在 Revit 中将南北向 N/S 对应 CAD 中的 X，并放大 1 000 倍输入 N/S= 40 235 485，Y= 91 977 906，此时 dwg 导入符号将被移动到正确的坐标位置，标注样式改为以"m"为单位覆盖项目样式，则完成坐标校准，在此过程中注意单位的标注。其他点若标注工具无法直接捕捉 CAD 底图，则用 LI 命令先行绘制一根模型线（Model Line），端点捕捉 CAD 底图作为待标注点过渡，则坐标（Coordinate）工具可以捕捉到该点。

当遇到单体在总图非正北（True North）方向布置时，由于绘图使用"项目北"（Project North）以利于横平竖直，故需要旋转正北，先将总图 CAD（含指北针）导入单体，先在未经调整的平面视图（一般选择场地平面链接 CAD），将视图属性的"方向"（Orientation）一栏设置为正北（起始时正北和项目北是一致的），然后通过同一根单体轴线在总图和单体的方向，生成两根线段（无需知道具体角度），并用"修剪"（Trim）使之相交，交点作为旋转基点，接着选用"管理"（Manage）→"位置"（Position）→"旋转正北"（Rotate True North），注意上方实时弹出的"项目角度"（Angle from Project）参数栏，点"旋转中心"（Center of Rotation），将旋转点定在前述生成的方向线交点上，然后先后选取两根方向线，将正北旋转。

由于所有坐标点均是对应"正北"，故需要在旋转完"正北"后再通过平移来校准坐标，即：先校准朝向，再校准坐标。最好将与总图联系的控制线在 Revit 中用模型线描一遍，最后在三维空间全选模型和在平面全选轴网，将模型平移（不能旋转或对齐）到总图对应的参考点。也可将正北方向旋转至 CAD 总图的正北方向，在解锁项目基点并将总图移动到单体，对齐后锁定项目基点，最后将项目基点调整到正确的坐标。

2. 模型的绝对高程校准

中国的常用高程系统主要包括"1956 年黄海（青岛）高程""1985 年国家（青岛）高程基准""上海吴淞高程基准"和"广州珠江高程基准"等四种，以"1985 年国家（青岛）高程基准"为基础，该四种高程系统的换算关系如表 3-7 所列。

表 3-7　常用高程系统换算表

高程系统	1985 年国家（青岛）高程基准	1956 年黄海（青岛）高程	上海吴淞高程	广州珠江高程
海拔高度/m	0.000	+ 0.029	+ 1.717	− 0.557

作为所有单体、地下车库、室外景观共享的基准模型的测量点的高程默认为 0.000，一般不做调整，视作某个高程系统的大地水准面，具体采用哪个高程系统并不重要，只需要与当前工程项目的地质勘查资料匹配即可，一般当地地质勘查单位会用相对稳定的高程系统。

需要调整的是项目基点的高程，一般来说，对于具有与大型地下室连通的建筑群，以大型地下室的相对±0.000 的绝对高程作为全项目的基准较合适，既能衔接室外场地设计、室外管综设计，又能匹配地下车库设计，还可以统领建筑单体设计，是全项目基准点的最佳选择。假定某大型地下室的设计建模单位为 mm，且已知地下室的地质勘查资料测算的±0.000 的绝对高程为 36.500 m，则放大 1 000 倍输入 36 500，便完成了大型地下室的高程校准，同时也完成了全项目总体模型的高程校准。

完成高程校准后，在后续设计中，可以将"高程点"类型属性中的"高程原点"选为"测量点"，则能使实时在模型中标注的标高变为绝对标高，如当模型构件的标高不在±0.000 标高平面内时，Revit 会自动根据其与±0.000 标高平面的代数差，然后换算为相应的绝对标高，如图 3-21 和图 3-22 所示。

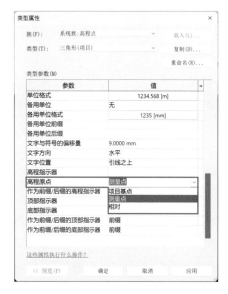

图 3-21　Revit 高程点类型属性对话框

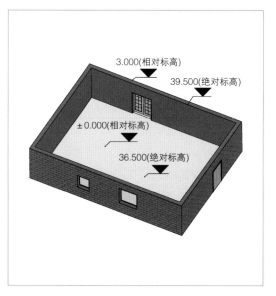

图 3-22　Revit 中的相对标高和绝对标高

3.2.2　基于 BIM 技术的复杂场地室外管线综合设计

室外管线综合设计除了处理管线之间的相互避让外，还需要与景观覆盖物和城市市政管线相协调，要点如下。

1. 处理好景观覆盖物与室外重力管道排水的关系

对于室外场地平坦的居住区，室外管线排布规律性强、层级相对明确、走向容易判断。出户管从单体首层与地下室之间的覆土中引出并接入分支管，分支管从宅间路下方接入小区雨污水干管，小区雨污水干管再接入市政管网。小区雨污水干管外径一般为300 mm，最小排水坡度为 0.3%，按照工程经验，小区主要车行道下的覆土达到 1.2～1.5 m 深度即可满足大部分管线的相互衔接及避让要求，因此，大部分居住小区的大面积地下车库顶板的预留厚度一般为 1.2～1.5 m，该厚度是一个同时兼顾了室外管线综合、地下车库抗浮、景观绿化种植的优选厚度。

在计算管道埋设深度时，还需考虑地下室顶板的构造厚度（一般约为 200 mm），管道底部可以占用的最低点不是地下室顶部结构钢筋混凝土楼板的上表面，而是完成了地下室顶板找坡层、防水层、滤水层、保护层等建筑构造之后的上表面，如果忽略该构造厚度，将导致景观覆土偏薄或管道埋深不足。例如：结构单向找坡最高点厚度为 12 m×0.5%＝60 mm，防水层总厚度 10 mm（可以忽略不计），细石混凝土保护层厚度 70 mm，滤水层厚度 100 mm，则建筑构造总厚度约为 10＋60＋70＋100＝240 mm＝0.24m，占一般结构顶板上方预留厚度 1.2～1.5 m 的 16%～20%，超过工程的允许误差为±5%，因此不能忽略，如图 3-23 和图 3-24 所示。

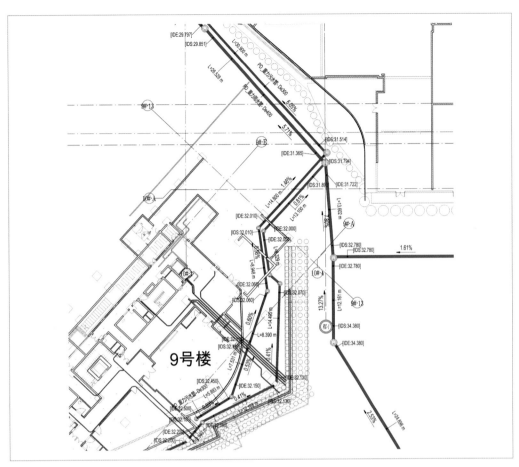

图 3-23　室外雨污管线局部平面图

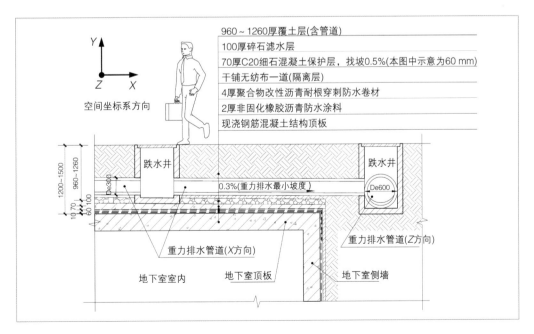

图 3-24　地下室顶板构造及室外管道敷设剖面图

2. 处理好景观覆盖物与人防最小覆土要求的关系

防空地下室出于防备核爆空气冲击波的要求，要求人防区域顶板上的覆土具有一定的厚度，《人民防空地下室设计规范》（GB 50038—2005）规定提出，"不满足最小防护厚度要求的顶板，应在其上覆土，覆土厚度不应小于最小防护厚度与顶板防护厚度之差的 1.4 倍。"例如，对于海拔小于 200 m 的长江三角洲地区城市、室内早期核辐射剂量限值 Gy 不大于 0.1、防核武器抗力级别为 4B 级、无上部结构的顶板最小防护厚度为 1 000 mm，如果防空地下室仅设计了 300 mm 厚的钢筋混凝土结构顶板，则需要覆土厚度为 1.4×（1 000-300）= 980 mm，大约为 1 m。因此，遇有防空地下室的上方区域，景观的跌落式台阶和布景不能影响到防空最小覆土要求，当大直径管线（例如：管径不小于 400 mm）布线设计时，应复核管线路由经过防空区域上方扣除了管线直径后的覆土厚度是否满足要求。

3. 处理好重大景观设施以及挡土墙预留洞与地下室结构体的关系

对于大高差复杂室外场地的公共建筑群，往往配有丰富错落的地面景观设施，其中的部分景观设施属于"软装饰"，例如：铺地、草地坪、灌木丛、下凹式绿地、运动场地等，不需要有结构支撑体即可布置，使用阶段也不关心沉降变形的问题，可以夯实其下方的土体后直接铺设。

另一类景观设施则属于"硬装饰"，例如：假山、景亭、景观墙、室外台阶等，需要在长期使用阶段保持相对稳定性，按要求控制沉降变形，此类景观设施须有结构基础支撑，结构基础可以是以土为持力层的桩基础、独立基础、条形基础、筏板基础等，也可以是以地下室顶部的结构梁、柱作为基础，此时需与结构专业配合设计，将景观墙体定位、高度、厚度和顶部标高反馈给结构专业，在地下室设计阶段就加强相应部位的地下室顶板结构梁、柱，避免由于地下室先期施工完毕再确定景观方案，很可能导致地下室顶板的梁、柱承载力不足或变形过大而需要加固。

景观大树（一般指冠幅大于 10 m 的乔木）要引起重视，此类植物根深叶茂，重量较大，尽量避免布置在结构板的中部，而要对齐地下室的结构梁、柱，设计过程中应尽早反馈至结构专业加强梁、柱配筋，因为大面积地下室一般用于停放机动车，柱网跨度可达 7～8 m，在其中部种植大树，容易导致地下室顶板变形开裂而漏水。在某些古典文化建筑群中，景观大树的平面定位是按照古典园林法则布置的，非常考究，不能移动，若大树下方恰好对应的是地下室顶板而不是结构梁、柱，则要考虑在大树周边一定区域内的地下室结构顶板开洞，并在洞口四周设置钢筋混凝土挡土墙，由地下室底板支撑景观大树，相当于将大树的重量通过地下室底板分摊给其下的大面积土体，避免大树对结构顶板施加过大的应力，具体如图 3-25 和图 3-26 所示。

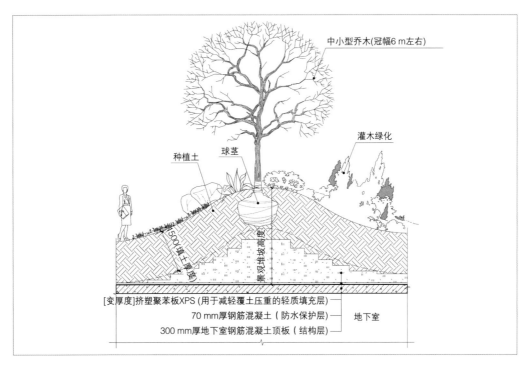

图 3-25　顶板超载覆土换填做法示意

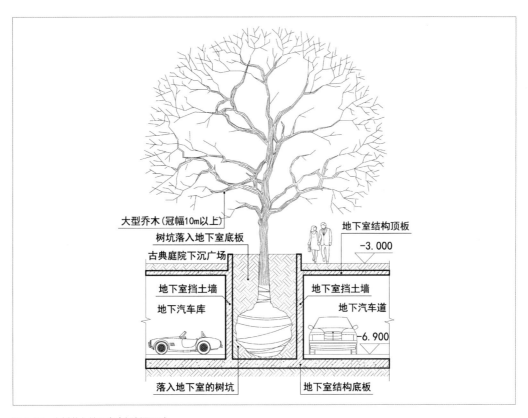

图 3-26　大树落入地下室底板剖面示意

如果景观挡土墙较多，则场地管道将不可避免底穿越景观挡土墙，不会为了避免穿墙而逆行绕远，由于场地管道管径较大，雨污水管外径可达 300 mm，需要在钢筋混凝土墙体中预留孔洞，考虑到管道未必能恰好垂直于墙体平面穿墙，预留孔洞时应考虑管道有可能小角度倾斜穿越的不利因素（例如：与墙体平面夹角为 70°～90°），墙体预留孔洞需相应扩大一定尺寸（例如：预留孔直径增大 200～300 mm 至 500～600 mm）以容纳管道斜穿，避免临时开凿扩孔，如图 3-27 所示。

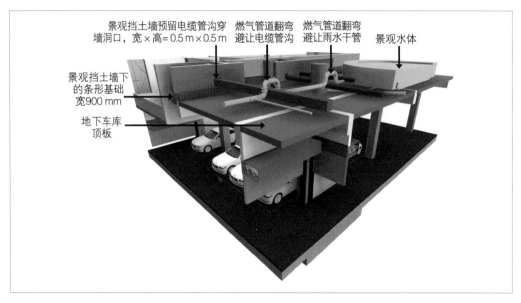

图 3-27 地下室顶板上的景观墙结构基础及室外管道 Revit 模型

4. 处理好景观覆盖物与地下室顶部导光管、井的关系

地下室导光管定位，要与景观设计适配，集光器需位于草地、硬质铺地、步行道上，不能落在水景、灌木丛中或者大树下，否则无法采光。同时，导光管向下延伸定位也要顾及地下室管线综合，避免下方有密集的管线交叉遮挡漫射器，减弱导光效果，必要时可以紧贴地下室顶板之下水平转弯避让管线之后再向下延伸。

《导光管采光系统技术规程》（JGJ/T374—2015）[31] 的第 4.1.1 条介绍了导光管采光系统的主要组成，如图 3-28 和图 3-29 所示。

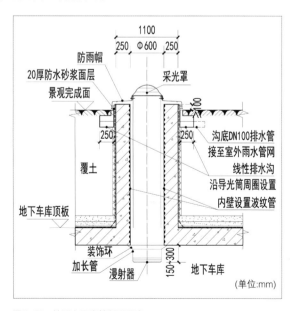

图 3-28 地下室导光管剖面示意

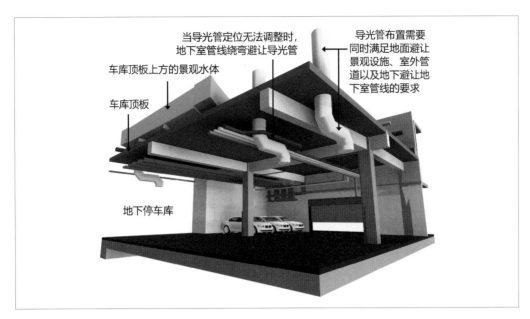

图 3-29　转折型导光管 Revit 模型

5. 处理好与室内管网衔接

室内污水管出管标高尽可能紧贴首层与管道垂直相交的结构梁底，以最高标高排向室外，以利于室外污水管重力排水，如果室内出管标高过低，则室外污水管起点标高也相应降低才能与室内出管衔接，进而导致室外污水管远距离排至市政污水干管时的坡度小于0.3% 而难以顺利排水，如图 3-30 所示。

图 3-30　室内污水管道贴梁底延伸接入室外管网 Revit 模型

6. 处理好管道密集区翻弯避让问题

在管线密集区的管道之间相互避让时，既要避免管道埋深过大而造成检修困难，又不能令向上翻弯的管线突出景观完成面或者覆土厚度不足。一般情况下，雨污水管属于重力排水，为了满足长距离找坡的需要而埋设于最下方。当管道交叉时，其余管道需要上翻避让雨污水管，假设雨污水管外径为 300 mm，管道底距离地下室顶板 400 mm，与管外径为 200 mm 的燃气干管交叉，按照《城市工程管线综合规划规范》（GB 50289—2016）第4.1.14 条，该两种管道之间的最小净距为 0.15m，第 4.1.1 条规定燃气管道最小覆土厚度0.60 m，则该管道交叉处自地下室顶板往上的最小覆土厚度应达到 0.4+0.3+0.15+0.2+0.6=1.65 m。

7. 处理好与城市市政管网的衔接

城市开发的顺序一般是"三通一平"，即通路、通水、通电、平整场地，然后再进行土地出让，故建设方在获得建设用地时，场地之外的市政管网已经敷设完毕，标高也随之确定，场地内的管网规划要遵从上一级城市管网规划。因此，场地管线综合的末端标高要与城市的市政管网标高相对应，即使遇有大高差场地，也不能自由随场地坡向确定，而要随室外管网的接口标高确定。建设方在项目前期将进行总体评估，拟定场地排污口定位（即与市政管网的接口位置），并向城市管理部门申请，获得批准后方能在约定的位置开设排污口。一般情况下，该排污口位于城市市政线沿线的较低点，便于场地内雨污水管的重力排水。确定排污口后，场地内所有雨污水管的标高均不得低于该排污口标高，应从排污口标高以最小坡度 0.3% 反向推算每根排污管的最深埋深，进而反算室内排水管的出管最低标高，实现市政管网、场地管网、室内出管的逐级衔接，如图 3-31 所示。

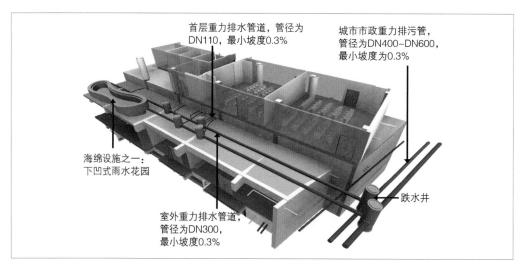

图 3-31　室内管道→室外管道→城市市政管道的重力排水逐级衔接 Revit 模型

采用 BIM 技术协调室外排水管道标高的优势在于管道模型本身自带有排水坡度、首末端标高等信息，利用参数驱动进行调整，能直观地判断各级管道之间是否合理衔接，是否存在低管高排的逆流状况，远比人力列表计算各段管道首末端标高更便捷和高效，且出错概率大为降低。

3.2.3　室外管线综合设计平面施工图设计

1. 参数化管道标记族的设计

室外管线综合采用"管内底标高"控制重力排水管的起始点标高。截至 Revit 2024 版软件，管道属性暂时没有"管内底标高"的内置参数，需自定义标注族，并设置计算公式进行求解，在管道标注族中编辑标记属性，自定义一个标记，然后输入相应的计算公式实时计算标高，如图 3-32 及图 3-33 所示。

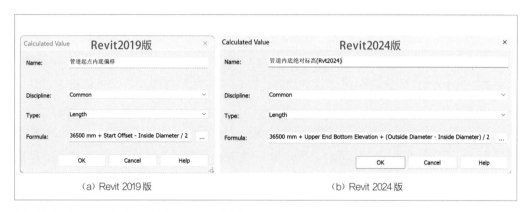

（a）Revit 2019 版　　　　　　　　　　（b）Revit 2024 版

图 3-32　Revit 2019 与 Revit 2024 中管内底标高计算方式

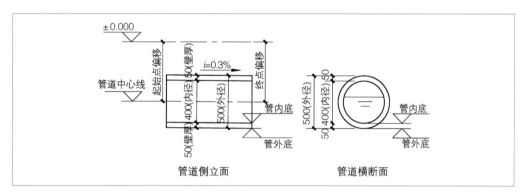

图 3-33　管内底标高计算示意

在 Revit 2019 版软件中，管内底的绝对标高＝本工程±0.000 对应的绝对标高（mm）+起始点偏移−管道内部直径/2。公式中的"起始点偏移"（Start Elevation）指的是管道中心线距离±0.000 的偏移量。例如：某工程±0.000 相当于绝对高程 36.500 m，其中某根室外混凝土污水管外径 500 mm，内径 400 mm，壁厚 50 mm，管道末端的中心线偏移为−3.000 m，管道在该端点的管道内底的绝对标高为：36.500+（−3.000）−0.400/2=33.300 m。

在 Revit 2024 版软件中，管道内置的参数有所不同，取消了"起始点偏移"参数，计算公式改为：管内底的绝对标高＝本工程±0.000 对应的绝对标高（mm）+ 管道端部外底标高+（管道外部直径－管道内部直径）/2。

式中的±0.000对应的绝对标高36 500 mm为示例，具体数值由项目具体情况确定。

2. 室外管线综合出图

室外管线综合协调过程中，即可边设计边排版，在 Revit 中设置好视图显示样式并生成图纸，同时开始标注管道关键参数，包括管道类型、起始点标高、管道坡度、管道长度等信息。由于室外管线综合的布管空间较为宽敞，因此一般不需要标注管道的平面定位，为施工留有一定的灵活性。但是在某些管线平行间距较小的局促空间，需要标注管道定位。该定位可以以建筑外墙面起算，也可以以某根地下室或单体建筑的轴线起算，当标注定位尺寸时，应遵循就近易识别的原则，必要时需将1∶500～1∶400的比例总平面图拆分成若干张1∶100的比例分区域总平面图，以利于标注不压图形，图纸清晰易读，如图3-34所示。

雨污水系统标注信息最多，需要分两级出图，整体图仅标注管道类型、管段长度和排水坡度，出图比例为1∶400。同时，拆分为A0图幅所能容纳的较大区域的分区图，补充标注每段管道的起始点管道内底高程以及平面定位，精确地指导施工。

表3-8展示了某用地面积约5.5万 m² 的商业办公建筑群项目的室外管线综合施工图图纸目录，可见室外管综最复杂的是雨污水系统，因为其依靠重力排水，每段水管始于跌水井、终于跌水井，管道两端标高不同，坡度一般按照重力流最小的坡度为0.3%设计，该项目室外雨水管道共分为122段，室外污水管道共分为160段，如果没有BIM技术，很难在1个月的时间内完成全部室外管线综合协调，并全部出图。

表3-8　某商业办公建筑群室外管线综合施工图图纸目录

图纸编号	图纸名称	比例	图幅
GMEP-01-v2.0-20220927	外网-全专业综合图	1∶400	A0+1/4
GMEP-02b-SEWERAGE-ALL-v1.0-20211015	外网-雨污水系统整体图	1∶400	A0+1/4
GMEP-02b1-SEWERAGE-REG1-v1.0-20211015	外网-雨污水系统分区图1	1∶100	A0
GMEP-02b2-SEWERAGE-REG2-v1.0-20211015	外网-雨污水系统分区图2	1∶100	A0
GMEP-02b3-SEWERAGE-REG3-v1.0-20211015	外网-雨污水系统分区图3	1∶100	A0
GMEP-02b4-SEWERAGE-REG4-v1.0-20211015	外网-雨污水系统分区图4	1∶100	A0
GMEP-03-WATER-SUPPLY-v2.0-20220927	外网-室外给水图	1∶400	A0+1/4
GMEP-04-SPONGE-v1.0-20211015	外网-海绵城市系统图	1∶400	A0+1/4
GMEP-05-ELEC-v2.0-20220927	外网-电力系统图	1∶400	A0+1/4
GMEP-06-GAS-v2.0-20220927	外网-燃气系统图	1∶400	A0+1/4
GMEP-07-HOLE-v2.0-20220927	外网-挡土墙预留洞图	1∶400	A0+1/4

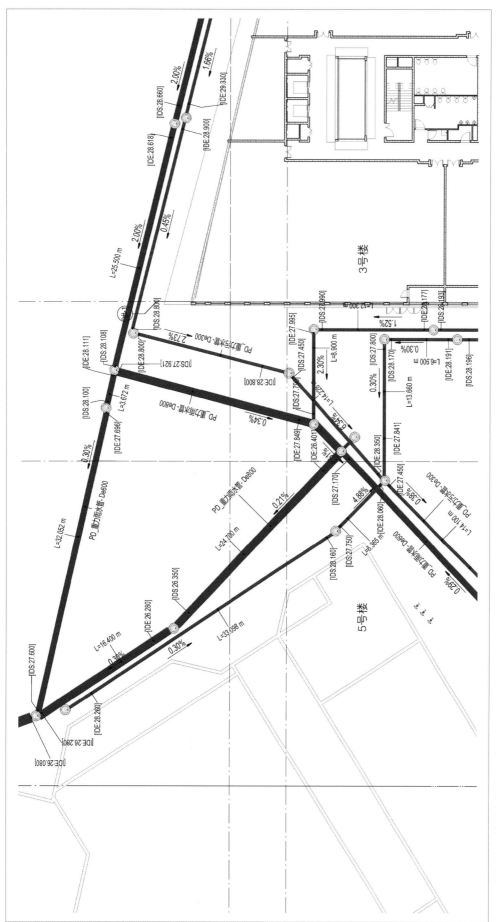

图 3-34 某商业办公建筑群室外局部雨污水管 1∶100 施工图

3.2.4 小结

综上所述，室外管线综合具有管道尺寸大、管路长、标高限制多以及管道所有权归属复杂等特点，尤其是当场地起伏大时，如何合理地进行管道逐级衔接、避让景观构筑物、协调车行道路成为室外管线综合设计的关键点。在 BIM 技术的协助下，可以实时判断管道坡度、标高及碰撞情况，准确给出管道沿线的挡土墙预留洞定位及尺寸，能有效减少现场返工，极大地提高建设效率，同时也在项目运维阶段提供基础模型，以利于有的放矢地检修和维护。

3.3 BIM 技术在全专业一体化设计中的应用

当工程项目达到一定规模时，其复杂性呈非线性提高，并同步影响到建筑、结构、机电、室外景观、市政管线等众多专业，一般的二维平面设计将难以满足全专业综合协调的要求，而 BIM 技术则为全面协调设计各方提供了有力支持，包括设计结果实时呈现、"一处修改、处处更新"以及多专业同步设计等诸多优势，BIM 模型成为施工现场的数字孪生，在建造过程中实时进行设计和施工的交互反馈，极大提高了建造的效率和精准度。

3.3.1 Revit 软件中的全专业协作模式

1. Revit 和 AutoCAD 的工作流程比较

基于 AutoCAD 的平面施工图设计流程具有顺序性的特点，按照常规的工序，建筑专业先行消化建筑方案、随后翻画成施工图条件图，提资给各专业，各专业分别进行设计，而后在给定的时间节点返资给建筑专业，如此循环推进，但时常出现某个专业提资/返资不及时而影响项目质量的情况，具体流程见图 3-35。

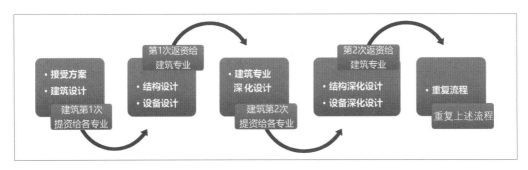

图 3-35 AutoCAD 平台下全专业协作流程

Revit 的施工图设计流程则有更多的并行性。在接收到方案提资后，各专业可以同时开始设计。建筑专业建模填充墙、内隔墙和门窗楼梯等；结构专业建模梁、板、柱、剪力墙和基础；设备专业布置水、风及电系统；室内装饰专业建模吊顶、大型家具和灯具系统；幕墙专业建模建筑表皮系统。Revit 平台各专业并行协作流程如图 3-36 所示。

序号	任务名称	工期	开始时间	完成时间
1	某小型公建BIM研学项目	33 个工作日	2012年02月08日	2012年03月23日
2	安装Autodesk Revit 2012版建筑、结构、机电3个模块的建模软件	2个工作日	2012年02月08日	2012年02月09日
3	各专业学习软件	7个工作日	2012年02月10日	2012年02月20日
4	3.1 建筑专业建立初步模型	7个工作日	2012年02月10日	2012年02月20日
5	3.2 各专业学习和熟悉软件	7个工作日	2012年02月10日	2012年02月20日
6	3.3 BIMJ小组阶段性交流会（公司高管参与）	0.5 个工作日	2012年02月20日	2012年02月20日
7	各专业启动初步建模研学	7 个工作日	2012年02月21日	2012年02月29日
8	4.1 建筑专业根据建设方意见修改模型，同时进一步熟悉软件	7 个工作日	2012年02月21日	2012年02月29日
9	4.2 结构专业初步建模工作	7个工作日	2012年02月21日	2012年02月29日
10	4.3 给排水专业初步建模工作	7个工作日	2012年02月21日	2012年02月29日
11	4.4 电气专业初步建模工作	7个工作日	2012年02月21日	2012年02月29日
12	4.5 暖通专业初步建模工作	7个工作日	2012年02月21日	2012年02月29日
13	4.6 BIMJ小组阶段性交流会（公司高管参与）	0.5 个工作日	2012年02月29日	2012年02月29日
14	研学项目深化设计	8 个工作日	2012年03月01日	2012年03月12日
15	5.1 建筑模型深化调整	2个工作日	2012年03月01日	2012年03月02日
16	5.2 结构设计算和模型调整	6个工作日	2012年03月05日	2012年03月12日
17	5.3 给排水模型深化调整	6个工作日	2012年03月05日	2012年03月12日
18	5.4 电气模型深化调整	6个工作日	2012年03月05日	2012年03月12日
19	5.5 暖通模型深化调整	6个工作日	2012年03月05日	2012年03月12日
20	5.6 BIMJ小组阶段性交流会（公司高管参与）	0.5 个工作日	2012年03月12日	2012年03月12日
21	全专业初步成果综合调整	6 个工作日	2012年03月13日	2012年03月20日
22	6.1 建筑模型优化调整	2个工作日	2012年03月13日	2012年03月14日
23	6.2 结构模型优化调整	4个工作日	2012年03月15日	2012年03月20日
24	6.3 给排水模型优化调整	4个工作日	2012年03月15日	2012年03月20日
25	6.4 电气模型优化调整	4个工作日	2012年03月15日	2012年03月20日
26	6.5 暖通模型优化调整	4个工作日	2012年03月15日	2012年03月20日
27	6.6 BIMJ小组阶段性交流会（公司高管参与）	0.5 个工作日	2012年03月20日	2012年03月20日
28	各专业排版、出电子图，召开项目总结会进行全专业汇报（公司高管参与）	3 个工作日	2012年03月21日	2012年03月23日
29	该小型公建BIM研学项目结束，撰写研学经验小结	0.5 个工作日	2012年03月23日	2012年03月23日

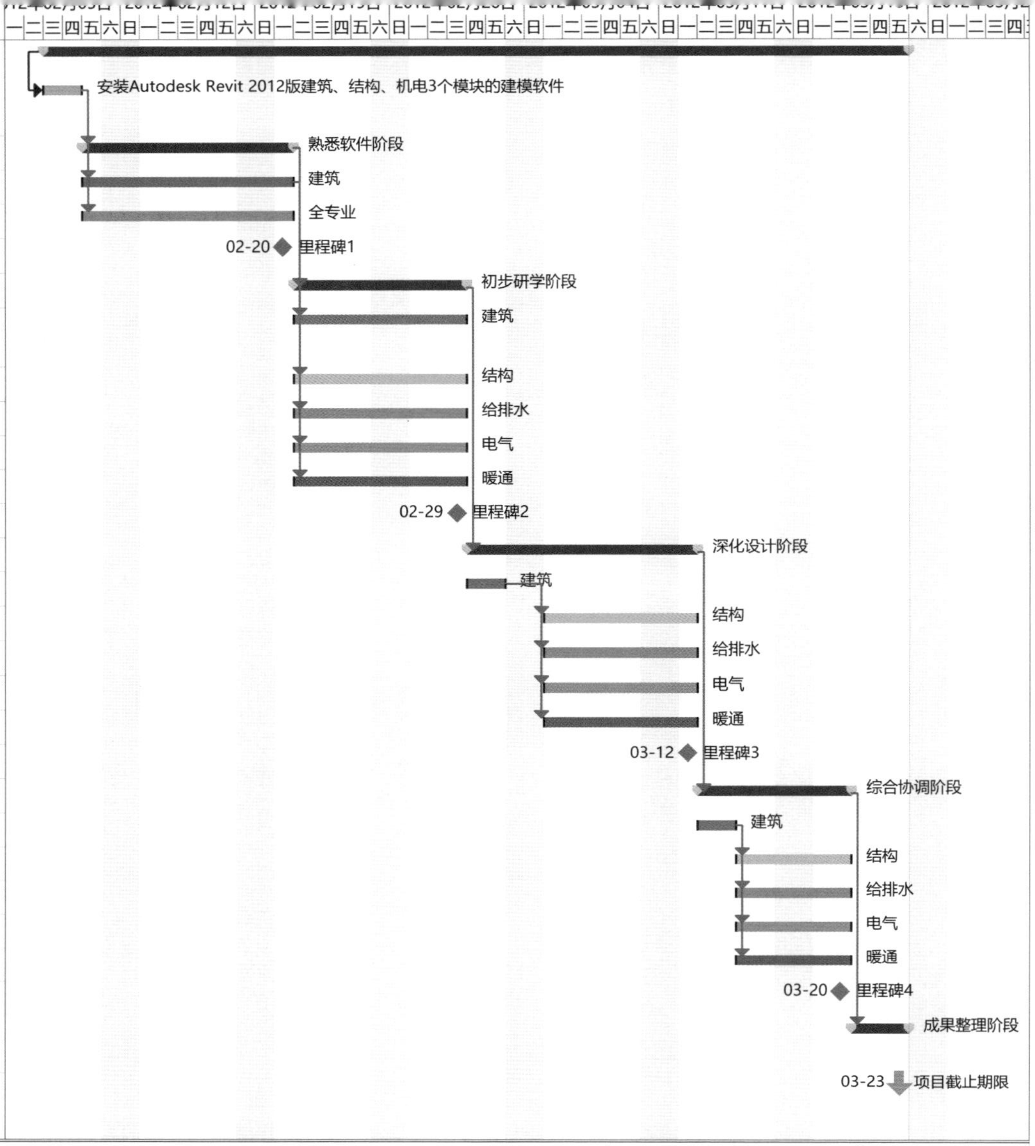

图例：项目总工期或子任务工期　　分专业工期　　里程碑　　项目截止期限

图 3-36 Revit 平台全专业并行协作流程

由于各专业在同一个"虚拟建造"的模型里工作，所以这是在三维空间进行复核校验，其构件、管线之间的一致性或矛盾性会被直观地体现，有效避免了图纸到达施工现场才发现难以修正的不一致性错误。

2. 基于相互链接模型的协同工作模式

该工作模式是使用"插入→链接 Revit"的方式引入外部参照模型，类似于 AutoCAD 的外部引用 Xref 图块。该工作模式的优点是"去中心化"、单个模型的文件量相对较小，按需要进行加载，不容易产生误操作等；缺点是模型需要手动刷新而不能实时更新，部分跨专业协同（如结构梁开洞、卫生洁具调整及管道移位）需要在不同的模型中多次操作等。

该工作模式可用于将场地上的独立建筑合并成总图模型、分工设计建筑的若干部分、构件类别差异较大的专业间协调等几何相互作用较小的模型"拼接"，可参见附录 C. 2. 7 节的"工作分解结构"。

3. 基于中心文件（模型）的协同工作模式

该工作模式是多专业在 Revit 平台通过"中心文件"共享一个模型，分别用既定的账户登录，修改自己被授予编辑权限的部分，其优点是允许用户实时查看和编辑当前项目的任何变化，但同时其需要依赖高速网络，若参与用户越多，权限管理就越复杂。其中，文件同步更新遵循如下规则：当不同用户编辑并更新中心模型时，如果不同的用户编辑的是同一构件，则先同步中心模型的修改有效，随后同步的修改无效；如果不同的用户编辑的是不同构件，则先后同步的修改均有效，具体如图 3-37 所示。

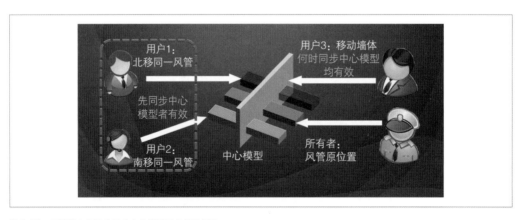

图 3-37　不同用户修改并同步中心模型的有效性差异

该工作模式可用于联系非常紧密的工作，例如：复杂单体建筑单专业内部分工协作等，可参见附录 C. 2. 7 节的"模型操作逻辑概念"。

4. 基于互联网云模型的协同工作模式

该工作模式是最高级的协作模式，跨越了时间和空间，不再受局域网的限制。Revit 软件提供了相应的功能，称为"保存至云模型（Cloud Model）"，由于借用了软件厂商的服务器资源，因此需要付费购买才能使用。

　　该模式的优点是全球互联，但当今远程控制软件（例如：TeamViewer、向日葵、ToDesk 等）的兴起，可以通过远程控制软件操作公司的局域网，与互联网云模型所依赖的互联网速度相同，因此该模式的优势已不够显著。反之，该模式的缺点则日益凸显，首先是文件安全问题，如果采用国外厂商的 BIM 平台及其存储服务器，一旦发生国际摩擦或者外国服务器宕机事件，则项目实施将受到极大的影响；即使采用中国国内的服务器，如果采用 BIM 软件的本地模型存储格式直接进行互联网协同，则上传和下载的数据吞吐量巨大，除非设置千兆光纤网专线，否则必然会受到互联网其他数据流量的占用带宽而降速。如果将本地操作软件退化为虚拟终端窗口，抛弃传统的本地模型格式，直接采用云模型，则存储格式的兼容性亦有待检验，一旦云模型不能访问，必须在本地快速重建参数化模型才不至于影响项目进度。

5. 专业交叉构件建模的分工策略

　　建模分工中有若干种构件的属于专业交叉构件，相关不同的专业均可以建模，故需从模型长期维护的便捷性出发分配建模任务，如表 3-9 中标注了"（交叉）"属性的图元类型和图 3-38 中圆圈交集处的图元表示专业交叉构件。

表 3-9　分专业建模分工策略表

图元类型	建筑	结构	机电
轴网	建模所有者	参照/监视	参照/监视
标高平面	建模所有者	参照/监视	参照/监视
内隔墙	建模所有者	参照/监视	参照/监视
门、窗	建模所有者	参照/监视	参照/监视
吊顶	建模所有者	参照/监视	参照/监视
楼梯	建模所有者	参照/监视	参照/监视
停车位	建模所有者	参照/监视	参照/监视
卫浴设施（交叉）	建模所有者	参照/监视	参照/监视
结构墙（交叉）	建模所有者	参照/监视	参照/监视
楼板（交叉）	建模所有者	参照/监视	参照/监视
墙体预留洞（交叉）	建模所有者	参照/监视	参照/监视
楼板预留洞（交叉）	建模所有者	参照/监视	参照/监视
结构梁预留洞（交叉）	参照/监视	建模所有者	参照/监视
梁	参照/监视	建模所有者	参照/监视
柱	参照/监视	建模所有者	参照/监视
基础	参照/监视	建模所有者	参照/监视
设备基础（交叉）	参照/监视	建模所有者	参照/监视
空调管道及设施	参照/监视	参照/监视	建模所有者（暖通专业）
机械通风管道及设施	参照/监视	参照/监视	建模所有者（暖通专业）
电力照明设施	参照/监视	参照/监视	建模所有者（电气专业）
电力供电系统	参照/监视	参照/监视	建模所有者（电气专业）
电气火灾自动报警系统	参照/监视	参照/监视	建模所有者（电气专业）
生活给排水系统	参照/监视	参照/监视	建模所有者（给排水专业）
自动喷水灭火系统	参照/监视	参照/监视	建模所有者（给排水专业）
消火栓系统	参照/监视	参照/监视	建模所有者（给排水专业）

卫浴设施定位一般由建筑专业确定，而与卫浴设施相连的管道属于给排水专业设计，洁具布置是前置工作，管道连接居后，故建模任务归属建筑专业。在链接模型的工作模式下，给排水专业需采用 Revit 的"复制/链接"工具将建筑模型中的卫浴设施复制到给排水模型中，并监视其移位、删除等变化，当在建筑模型中移动或删除洁具时，给排水专业需重新载入建筑模型并运行"协调"工具，使给排水模型中的卫浴设施依照外部链接的建筑模型洁具的变化而变化，与卫浴设施相连的管道随后跟随卫浴设施移动。

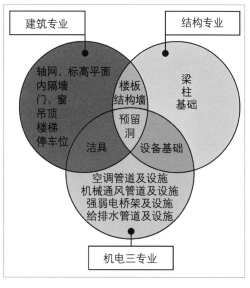

图 3-38　分专业建模构件类别示意

结构墙和楼板上通常要开设穿管预留洞，此类预留洞是由建筑专业协调室内房间功能布局之后确定，包括竖向加压风井的各层楼板开洞、外墙上的外门窗洞口等，此类洞口有时直接在结构墙体上开设，同时还需设置外墙内或外保温；如果交由结构专业开洞，则需要建模两层外墙，一层是钢筋混凝土墙体，另一层是建筑保温层、抹面层等建筑构造层，当结构专业在钢筋混凝土墙体中开洞之后，建筑专业还需在建筑复合墙体中再次开洞，这样既耗费时间、也容易出现与结构开洞定位不一致的情况。从建筑设计原理来说，不论墙体核心层材料是砌块填充墙还是现浇钢筋混凝土墙体，都应与内外保温系统整合为一种复合墙体，而不应将建筑构造和结构核心层墙体切分为两片墙、分发至两个专业建模。从建模工作量来看，建筑专业承担的任务相对繁重，但对于项目整体来说，此种建模方式避免了多专业同时操作同一构件的权限冲突风险，更有利于项目长期调整与维护。

楼板包括若干构造层，相比于外墙，楼板的空间属性更复杂，不仅涉及楼板本身的建筑构造做法，还需考虑不同房间建筑完成面的高差。如卫生间、厨房的建筑完成面一般比主要功能房间的建筑完成面低 20～30 mm；阳台板、露台板的建筑完成面需低于相邻室内房间的建筑完成面等。楼板交由建筑师建模，将极大有助于建筑师理解建筑空间和构造做法，在早年的 AutoCAD 制图年代，建筑平面图是不表达楼板的，仅表达房间楼板的建筑完成面标高、开洞以及坡度等文字信息，直到项目中后期绘制剖面图或者墙身大样图时，才表达楼板的竖向标高定位、建筑面层厚度等信息，相当于将建筑的竖向设计滞后了，容易导致后期管道碰梁、室内净高不足等设计失误甚至是工程质量问题[32]。

设备基础（支撑设备而不需要支撑主体结构）一般是主体结构完成之后再行建造，可以直接设置在结构梁板上或者地下室筏板基础上，其定位和尺寸需要根据机器设备选型方能确定，因其本质上是土工构件，故交由结构专业建模和修改较为合理，必要时也可由建筑专业建模。

3.3.2 基于 BIM 技术的全专业一体化设计

出于现代建筑的复杂性和建造时间的紧迫性，作为一个整体的建筑不得不分化为若干个专业分别进行专项设计，然后再由建筑师将其协调整合。此种工作模式的优势在于极大缩小建筑师所需要精通的知识面，将建筑学本源之外的工程设计分包给结构、给排水、电气、暖通、室内装饰及幕墙等专业工程师团队，以利于在较短的时间内完成一栋完整的建筑。但该工作模式也存在明显的不足，即各工程专业均侧重于自身的专项设计，忽略了与其他专业的横向联系，失去了对建筑空间的整体优化意识。

在二维平面设计的时代，各专业工程师通过计算机"叠图"的方式来判别构件之间是否存在碰撞，但像是一只在莫比乌斯环上爬行的蚂蚁无法感知其穿越的是三维空间一样，因受到二维空间的限制，平面叠图的碰撞检测效率很低，需要人为推算构件密集区的各处标高，不容易发现竖向的设计缺陷。BIM 技术则极大改观了上述缺陷，同时保留并改进了二维设计中的分工方式，实现全专业一体化设计、边设计边协同调整的高效工作模式，某大型商业办公建筑群整体 Revit 模型如图 3-39 所示。

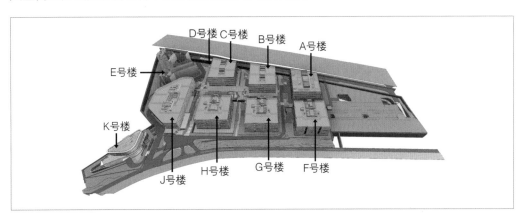

图 3-39 某大型商业办公建筑群整体 Revit 模型

1. 工程案例 1：某大型地下车库防火分区及疏散路线调整

工程问题描述：某办公园区大型地下室的地下二层汽车坡道遮挡含有高差的地下室疏散路线，有一部室内台阶不可通行，导致疏散路线改变，防火分区边界修改。

问题分类：该案例属于建筑、结构、管线综合一体化设计，需要同时兼顾如下几个方面。

（1）建筑专业：考虑每个防火分区疏散路线沿线净高不低于 $H+2.200\,\text{m}$，最长疏散距离不超过 60 m。

（2）结构专业：地下层筏板的高差应有规律变化。

（3）机电专业：考虑疏散路线上方的管道底标高不低于 $H+2.200\,\text{m}$。

解决方案：放弃被遮挡的疏散路线，重新规划疏散路线并相应改变防火分区划分界限，如图 3-40 和图 3-41 所示。

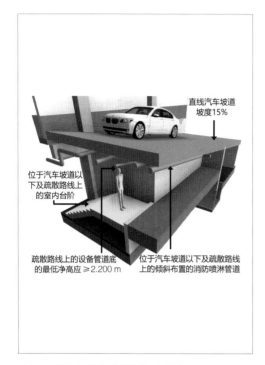

图 3-40 汽车坡道下疏散通道 Revit 模型

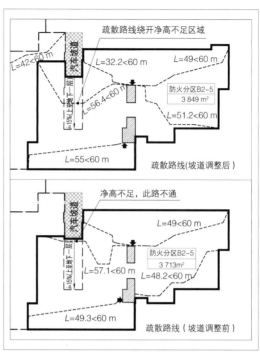

图 3-41 防火疏散路线调整平面图

2. 工程案例 2：某办公建筑周边室外场地管线设计

1）工程问题描述

某办公建筑的首层室内排水管连接外部排水干管时，二者高差较大，且室外排水管排水坡度也较大，需要解决如何与室外排水管可靠、经济、简单连接的问题。

2）问题分类

该案例属于建筑、结构、管线综合一体化设计，需要同时兼顾如下几个方面。

（1）建筑专业：应控制排水管道在地下一层顶部穿出挡土墙时的室内标高不应低于吊顶控制标高，也不应高于室外道路的路面标高。

（2）结构专业：应避免在结构挡土墙上开设过大直径洞口以致降低挡土墙的稳定性。

（3）室外管线综合专业：以室外管线标高为基准，反算室内出管的最佳标高，尽可能减少室内、室外管道的接口。

方案 1：维持原管道路由及标高，挡土墙多次穿洞（按照外径 400 mm 考虑），可能存在防水问题。此外，管道在结构空腔内悬空，如何支撑？如果采用地面支撑，则需要分段设置不同标高的支撑，施工有一定难度，如图 3-42 所示。

方案 2：室外雨污水管线顶标高下降至 33.450 m 标高之下，修改管线路由，在 9 号楼东北角在空腔的覆土中穿行，随后在 9 号、10 号楼交叉口处 31～32 m 标高处接入检修井，高差约 1.5 m，排水坡度基本可行。但需要避让沿路的结构承台和集水坑，不一定能走直线，可能要走折线，如图 3-43 所示。

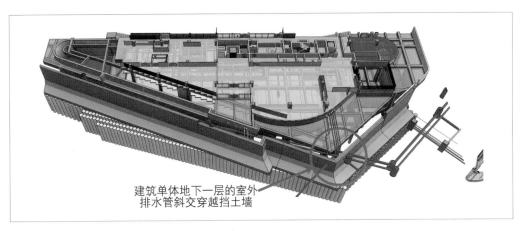

图 3-42　建筑单体 9 号楼首层室外管线路由方案 1：穿越挡土墙

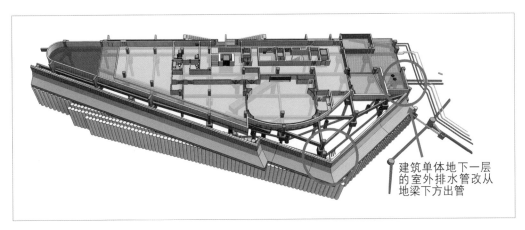

图 3-43　建筑单体 9 号楼首层室外管线路由方案 2：地梁下布置管道，避让挡土墙

　　解决方案：双方案比选，因为"方案 1"的雨污水管位于东侧出管，需要多个穿越挡土墙的留洞，直径 400 mm 的管道斜交穿越结构挡土墙导致挡土墙承载力不足，对结构安全造成很大隐患；单体周边的管道标高高于室外地坪，需要额外增设支架用于支撑凌空的管道，增加了工程造价；此外，在室外管线综合初步设计方案结束时，施工现场已经完成挡土墙的施工，失去了预留穿墙套管的机会，之后开洞又将对结构墙体产生不可忽视的损伤，无法满足结构可靠性要求。因此，最终采用"方案 2"，地梁下布置室外管道，避让挡土墙，同时雨污水管改在北侧出管。

3. 工程案例 3：某地下汽车坡道顶板设计

1）工程问题描述

　　某大型地下室的机动车出入口坡道位于建筑单体下方，该坡道平面为折线形，坡道顶板为跌落式标高。

2）问题分类

　　该案例属于建筑、结构、景观一体化设计，需要同时兼顾如下几个方面。

（1）建筑专业：考虑汽车坡道梁下净高不低于 2.200 m。

（2）结构专业：坡道顶板避免错落，避免板面出现反梁，影响室外管线布置或顶板疏水，避免反梁露出景观跌落式台阶。

（3）景观专业：跌落式台阶不应与坡道顶板的结构梁、板碰撞。

3）解决方案

车库坡道结构顶板为平板，控制板边梁底至坡道完成面净高≥2.200 m，如图 3-44 所示。

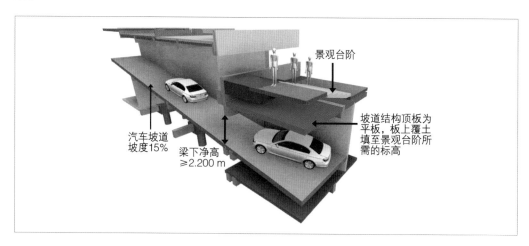

图 3-44　某办公建筑地下汽车坡道顶板设计 Revit 模型

4. 工程案例 4：某地下变电站跌落式顶板设计

1）工程问题描述

某办公园区地下汽车通道上方为消防救援道路，该消防救援道路在 40 m 长度内高差下降约 1.80 m，坡度约 4.38%，沿道路方向正下方为地下汽车通道顶板。

2）问题分类

该案例属于建筑、结构、景观、室外管线一体化设计，需要同时兼顾如下几个方面。

（1）建筑专业：汽车通道顶板有防水层、保护层等建筑构造层，总厚度按照 200 mm 考虑。

（2）结构专业：汽车通道顶板结构梁、板的覆土厚度限制是不超过 1.8 m，否则配筋困难、造价偏高。

（3）景观专业：消防车道两端的标高不应改变，否则会引起大面积场地的标高衔接需要调整，设计修改工作量大。

（4）室外管综：汽车通道顶板之上要考虑沿道路方向埋地敷设室外管线的可能性，管道外径按照 400 mm 考虑，管道顶部覆土按照 0.7~1.0 m 考虑。

3）解决方案

地下车库顶板分 2 级跌落，靠近地面消防车道高点沿车道延伸 3 个柱跨，共计 3×

6.0＝18.0 m，该段消防车道下的结构顶板覆土为 0.6～1.8 m，平均覆土厚度约 1.5 m，未超过结构设计的最大荷载要求；随着消防车道标高逐步下降，第 1 级在 1 个柱跨内跌落 0.2 m，第 2 级在 1 个柱跨内再跌落 0.5 m，此两级跌落的结构顶板上方最薄覆土厚度不小于 0.9 m，满足室外重力管道敷设的最小要求，如图 3-45 所示。

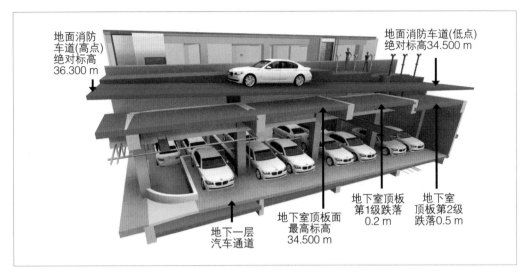

图 3-45　某地下汽车通道跌落式顶板设计 Revit 模型

5. 工程案例 5：某办公建筑净高控制设计

1）工程问题描述

某办公楼地下 1 层采用 VRV 中央空调系统及新风系统，楼层顶部含有消防排烟风管、新风及回风风管、卧式风机盘管、消防水管、生活给排水管、电缆桥架和智能化网络桥架等系统，在局促的净高空间内需完成上述管道的进出管井翻弯避让及末端管路布置。

2）问题分类

该案例属于建筑、结构、室内装修、室内机电一体化设计，需要同时兼顾如下几个方面。

（1）建筑专业：地下一层底面标高为 -4.300 m，结构顶板板面标高 -0.250 m，最大结构梁高 600 mm，吊顶底面控制标高为 H+2.800 m，扣除吊顶自身的构造厚度 100 mm，剩余的结构梁下管线布置净高不超过 550 mm。综合上述各专业要求建模"吊顶分色平面图"，如图 3-46 所示。

（2）结构专业：尽量减少管道穿梁，当不可避免时，应在梁跨 1/5～1/4 处弯矩和剪力均较小的部位穿梁。由图 3-47 可知，在理想均布荷载工况下，框架梁在梁跨 1/5 处的弯矩接近 0，剪力约为梁端最大剪力的一半；简支梁在梁跨 1/5 处的弯矩约为跨中最大弯矩的 66%，剪力仍约为梁端最大剪力的一半，基本上满足了弯矩和剪力"均较小"的设计原则。

《混凝土结构构造手册（第 5 版）》[33] 一书中规定了梁腹板开设矩形或者圆形洞口的构造要求。一般来说，孔洞边缘应远离梁端的距离 S_2 应不大于 1.0～1.5 h 梁高。假设梁高为 600 mm，则在梁端 600～900 mm 范围内的梁腹板不应开设洞口，且孔洞上、下边

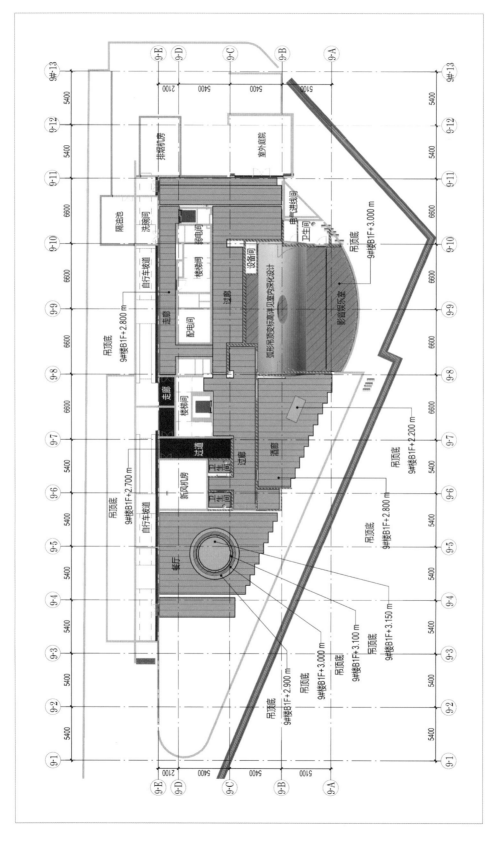

图 3-46 某办公楼地下一层吊顶标高平面分色平面图（单位：mm）

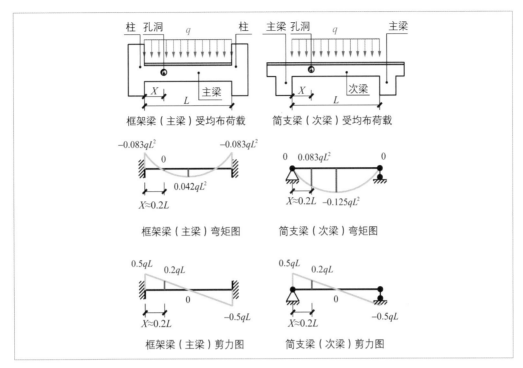

图 3-47　结构梁的弯矩、剪力图及腹板开洞的推荐水平位置示意

缘距离梁的顶、底面均不应小于 200 mm。在某些特殊情况下，还需提请结构专业提交梁的截面高度，使设备管线能在梁高中部穿过而不触及梁的顶、底部纵向受力钢筋。

（3）室内装修：尽可能提高吊顶底面的标高，主要功能房间控制 H+2.800 m，辅助过道控制 H+2.700 m，多功能厅控制 H+3.000 m。

（4）室内机电：需要在局促的吊顶石膏板顶面至上层结构楼板或结构梁底面之间排布 7～8 种管道，同时避免交叉碰撞。

3）解决方案

在 Revit 中自定义基于面的公制常规模型的开洞"族"，用于开设穿梁的孔洞和穿墙的孔洞，截面形式分为圆形和矩形两类，以直径和长、宽为参数。为了增加孔洞"族"的适用范围，可在孔洞内壁增设套管并用"是/否"参数控制其可见性，当遇有室内梁或墙体开洞时，关闭套管显示；当遇有地下室外墙开设孔洞时，打开套管显示。现场开洞施工状况如图 3-48 所示。

图 3-48　某办公楼地下一层的结构梁开洞现场照片

6. 工程案例 6：某办公建筑幕墙深化设计

1）工程问题描述

某办公楼地上 2～3 层采用玻璃幕墙系统，需要在楼地面设置结构体用于幕墙的底座。

2）问题分类

该案例属于建筑、结构、幕墙一体化设计，需要同时兼顾如下几个方面：

（1）建筑专业：一是按照露台、屋面的排水坡度反算幕墙底部结构反坎高度，该反坎既要高于室外建筑完成面最高点以利于防水，也要有足够的宽度以承托上方的幕墙龙骨（例如：300 mm 宽）；二是要给出与建筑面积测算一致的幕墙外表面控制线，所有的幕墙玻璃外表面都不得超出该控制线，否则将导致容积率超标而受到城市规划管理部门处罚或责令返工整改；三是要按照建筑热工设计的结果给出幕墙框料和玻璃的构造要求供幕墙单位深化设计 [例如：采用两玻一腔"隔热金属多腔密封窗框 6 中透光 Low-E+12 氩气+6 透明"或者三玻两腔"隔热铝合金型材 6 高透光 Low-E+12A+6+12A+（6+1.52PVB 夹胶+6）"等]。

（2）结构专业：需要为幕墙设计单位提供详细的结构设计图作为幕墙底部预埋件和连接件定位安装的控制条件。

（3）幕墙专业：严格按照建筑、结构专业提供的反坎平面定位和剖面详图尺寸进行预埋件、连接件和玻璃幕墙构造设计。

3）解决方案

建筑专业按照方案设计给定的面积计算外轮廓线作为幕墙表皮控制线，考虑到幕墙底座需要能支撑三玻两腔幕墙的最小龙骨截面尺寸约为 200 mm×70 mm，故结构底座至少需要 300 mm 宽度。从室内外防水的角度，结构反坎距离室内完成面至少高出 100 mm，如图 3-49 所示。

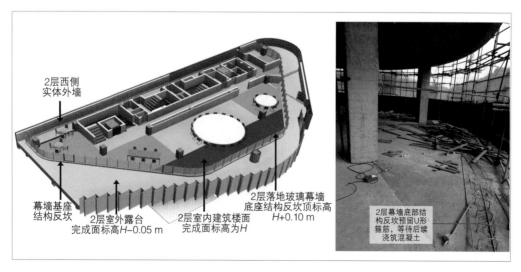

2层西侧实体外墙

幕墙基座结构反坎

2层室外露台完成面标高 H-0.05 m

2层室内建筑楼面完成面标高为 H

2层落地玻璃幕墙底座结构反坎顶标高 H+0.10 m

2层幕墙底部结构反坎预留U形箍筋，等待后续浇筑混凝土

图 3-49　某办公楼第 2 层幕墙系统基础反坎 Revit 模型及现场施工照片

3.3.3　全专业一体化设计出图

1. 快速跨模型（文件）传递视口设置

由于设计过程中时间紧张，来不及仔细设置各视口的范围框、显示样式等，在出图前需要尽可能统一以利于提高图纸的可识别性和美观度，但是如果每位不同专业的工程师都按照项目管理手册单独设置视口样式，则造成重复劳动。一种能快速设置视口样式的方法是：其中一名建模工作量相对较小的工程师负责设置所有的视口范围及显示样式，然后通过"Juan Osborne Transfer Single"插件在不同的 Revit 模型文件之间完成视口传递。截至 2023 年，该插件的最新版本为 3.5.3 版，最高支持 Revit 2023 版，该插件的操作界面如图 3-50 所示。

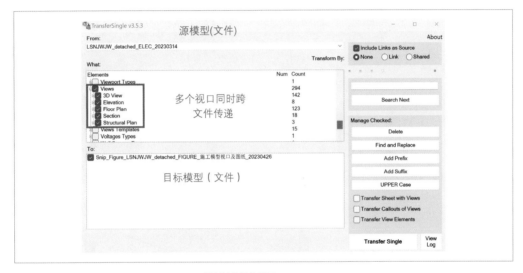

图 3-50　Juan Osborne Transfer Single 3.5.3 版插件的操作界面

2. 快速统一基准标高设置

当地下建筑地面建筑同步设计时，不同专业的工程师可能依据自身的建模习惯临时选用某一参照标高进行管道布置，但是在出图标注时则需要管道模型本身具有统一的参照标高，否则 Revit 将以管道建模时的参照标高进行标高标注，虽然管道处在同一位置，但是由于建模时的参照标高可能不同而导致标注混淆。例如，在同一个整体模型中，1 号楼单体和地下车库的 ±0.000 对应的绝对标高分别是 32.900 m 和 36.500 m，假设在出图时需要统一以地下车库的 ±0.000 标高为基准，给出所有地下、地上给排水管道的相对标高或绝对标高，则必须将 1 号楼的所有给排水管的参照标高切换为地下车库的 ±0.000 为参照标高。如果采用立面框选地面以上管道后，直接修改属性中参照标高，会导致管道连接件（弯头、三通等）被删除，不得不花费较多的时间再次连接失联的管道。

可通过开源 Dynamo 脚本程序"Change Level By Selection.dyn"实现管道参照标高的批量自动切换，无需逐个移动管道，这样能避免管道连接件因为管道移位而强制删除的情况，Dynamo 脚本程序的操作界面如图 3-51 及图 3-52 所示。

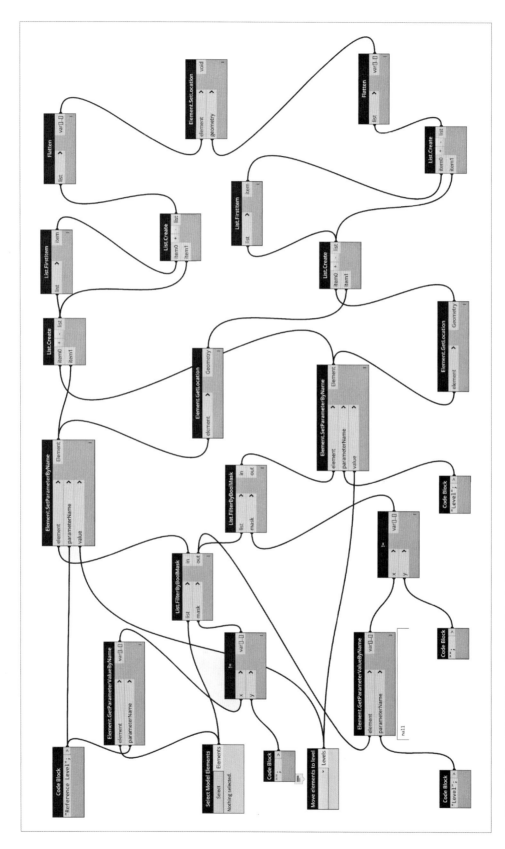

图 3-51 Dynamo 脚本程序"Change Level By Selection"的可视化编程界面

图 3-52　Dynamo 脚本程序 "Change Level By Selection" 运行界面

　　需要注意的是，Dynamo 脚本程序是比一般菜单操作更接近于软件内核的程序，因此其 API 函数和变量可能会在不同版本的 Revit 软件中有所改变，进而导致 Dynamo 脚本程序不能直接被其他版本的 Revit 软件使用，需要用当前版本的 Revit 软件 API 函数和变量先行修正 Dynamo 脚本程序，才能继续使用。

3. 图纸打印

　　全专业设计出图时，需要考虑彩色图和黑白线条图两种配色样式，原因是出图成本的限制以及增强管道的可识别性。以一个总建筑面积约 4.5 万 m^2、地下共两层的地下室为例，常规采用最大的 A0 或 A0+1/4 图幅，1∶100 的出图比例分区域出图，以最经济的分区方式（即每张图尽可能覆盖尽量多的平面区域），出图内容为给排水、电气、暖通三大系统的各个分系统，标注内容为管道类别、管道尺寸（圆管管径、矩形截面宽和高等）、管道标高、管道平面定位，则出具管线综合设计施工图的总数量约 70 张左右。打印黑白线条图和彩色块图的成本差异如表 3-10 所列。

表 3-10　打印黑白线条图和彩色块图的成本差异比较（2023 年市场价）

分类	出图图幅	单张价格 / (元·张$^{-1}$)	出图数量 /张	1 套图合价 /元	8 套图总价 /元
黑白线条硫酸图+晒蓝图	A0	14+ 3= 17	70	（14+ 3×1）×70 = 1 190	（14+ 3×8）×70 = 2 660
黑白线条打印图	A0	10	70	700	5 600
彩色线条打印图	A0	80	70	5 600	44 800
价差	—	70	—	4 900	39 200

可见，大型地下车库管线综合一次出图的总成本，彩色打印图大约高出黑白线条打印图3.9万元，高出"硫酸图+蓝图"约4.2万元，折算成单位建筑面积的出图成本接近1.0元/m²，不论是总价还是单价，都是一笔不小的数额，再考虑到工程项目的长期维护，还有可能出具升版图、变更图，则彩色打印的出图成本将更高，以致于有可能超过该项目的设计利润。因此，对于中小型设计公司来说，打印黑白线条图的节约效果是显著的，但是黑白线条图对于线条密集的管线综合施工图并不适用。在数字化时代，制作一套电子版彩色填充的管线综合图，可供设计者重复使用，提高设计单位在建设方心中的高质量服务形象，为后续合作创造有利的准入条件。

以表 3-11、图 3-53 及图 3-54 分别是某 3 层办公建筑的管线综合施工图图纸目录以及彩色图和黑白线图的样式对比，展示了三大机电系统及其分系统的复杂性。

表 3-11 某 3 层建筑单体管线综合施工图图纸目录

图纸编号	图纸名称
DC20220615-9#	单体 BIM 管综施工图图纸目录（9号楼）
BLD09#-B1F-01-MEP-v2.0-20220615	地下一层（顶）-全专业及吊顶标高图
BLD09#-B1F-02a-PLUMB-DOME-v2.0-20220615	地下一层（顶）-消火栓和给排水系统
BLD09#-B1F-02b-PLUMB-SPKR-v2.0-20220615	地下一层（顶）-喷淋水系统
BLD09#-B1F-03-ELEC-v2.0-20220615	地下一层（顶）-强弱电系统
BLD09#-B1F-04b-MECH-v2.0-20220615	地下一层-吊顶风系统
BLD09#-1F-01-MEP-v2.0-20220615	一层（顶）-全专业及吊顶标高图
BLD09#-1F-02a-PLUMB-DOME-v2.0-20220615	一层（顶）-消火栓和给排水系统
BLD09#-1F-02b-PLUMB-SPKR-v2.0-20220615	一层（顶）-喷淋水系统
BLD09#-1F-02c-PLUMB-DOME-v2.0-20220615	一层（楼面）-排水系统
BLD09#-1F-03-ELEC-v1.0-20211231	一层（顶）-强弱电系统
BLD09#-1F-04a-MECH-v2.0-20220615	一层-楼面风系统
BLD09#-1F-04b-MECH-v2.0-20220615	一层-吊顶风系统
……	……
二至三层图纸编号规则同一层，此处略	二至三层图纸命名规则同 1 层，此处略
……	……
BLD09#-RF-01-MEP-v2.0-20220615	屋面层-全专业
BLD09#-MEP-SEC-1-v1.0-20211231	管线综合剖面图-南北向
BLD09#-MEP-SEC-2-v1.0-20211231	管线综合剖面图-东西向
BLD09#-MEP-CEILING-v1.0-20211231	吊顶分色平面图

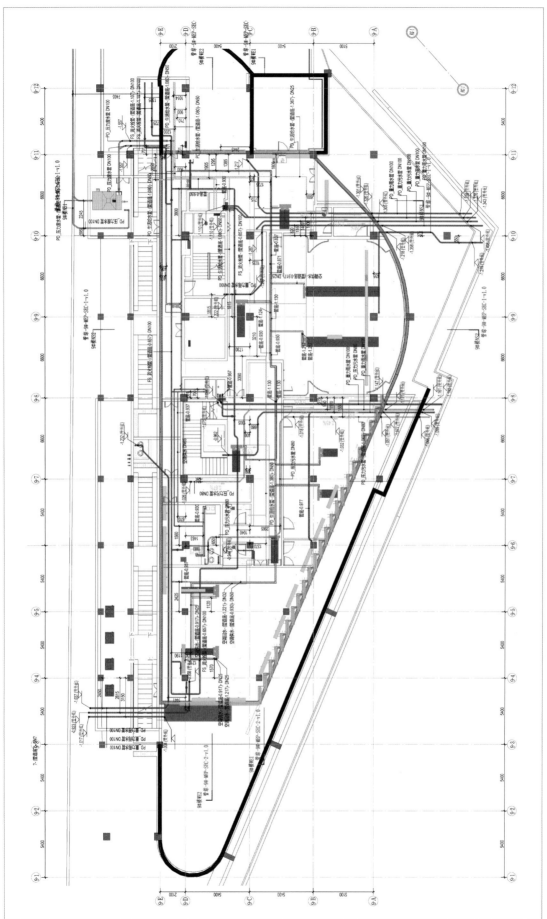

图 3-53 某 3 层办公楼地下一层（顶）给排水管道彩色图

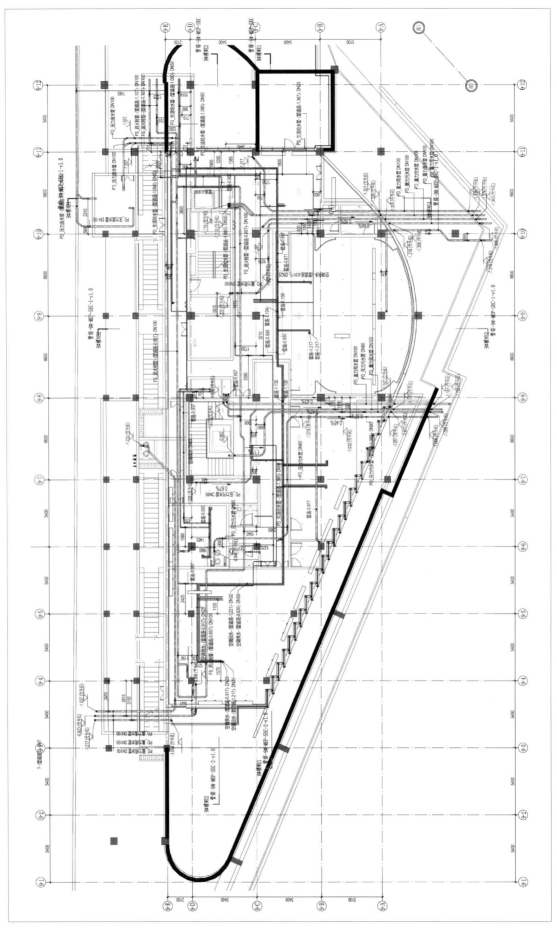

图 3-54 某 3 层办公楼地下一层(顶)给排水管道

3.3.4　小结

从以上项目实践中可以看出，BIM 技术在全专业一体化设计中起到了举足轻重的作用。其优势体现在以下几点。

（1）全专业设计的三维可视化。设计阶段便及时发现并解决平面二维设计难以捕捉的潜在风险，此为 BIM 技术最基本的功用。

（2）设计、排版出图同步化。可由不同的工程师分工，同步进行设计和排版，提高设计效率，且动态设计修改不影响图纸排版。

（3）图档管理高效统一性。BIM 软件中的图纸不再是孤立静态的图纸，而是包含了图签信息的"参数化图纸"。其中的图纸编号、图纸名称、图幅、出图比例、版本信息和出图日期均可以进行检索、排序、成组、筛选，图纸目录可以直接读取图签信息汇集而成，消除了人工罗列图纸清单的潜在错误风险。

（4）虚拟建造。工程设计阶段的建模工作，相当于是对施工现场进行数字孪生，通过云端的数字模型解决施工现场问题，大幅减少出差频数。类似于中国空间站在地面也建造了一个 1∶1 等比例的孪生组合体，可以模拟空间站的操作状态并给出应对措施，用于远程指导空间站航天员在轨维修飞船。与之相比不同的是，由于建筑工程体量巨大和不可重复性，设计院不可能在办公室里面建造一个 1∶1 的等比例实体模型进行碰撞检查，甚至连 1∶10 的实体模型都不会去建造。因此，使用 BIM 技术进行设计是最经济可行的虚拟建造方式，付出的代价仅是几十平方米的办公面积、若干台计算机和若干名工程师的薪水，二维设计与 BIM 设计模式差异对比如图 3-55 所示。

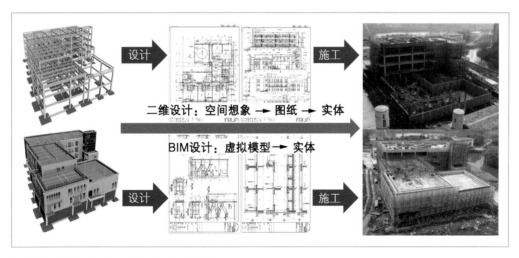

图 3-55　二维设计模式与 BIM 设计模式的差异对比

第 4 章

项目管理与 BIM 设计协同

BIM

卓有成效是管理者能够做到而且必须做到的事。

—— ［美］彼得·德鲁克《卓有成效的管理者》

4.1 项目管理概述

项目管理就像排兵布阵，项目管理者对于专业知识的理解以及对于 BIM 技术的理解共同决定了 BIM 设计协同的质量和成败。基于技术的项目管理与所采用的协同工具无关，主要是需要树立项目管理文档化、可视化的概念。

4.2 美国项目管理知识体系 PMBOK 简介

项目管理知识体系指南（Project Management Body of Knowledge，PMBOK）是美国项目管理协会（Project Management Institute，PMI）对项目管理所需的知识、技能和工具进行的概括性描述。《项目管理知识体系指南（PMBOK 指南）第七版》[34] 是由 PMI 召集具有项目管理经验的志愿者协商开发而成，吸取了部分有使用体验的干系人的观点。该书自 1987 年首次推出至今，沉淀了美国所历经的超级工程项目管理经验，以系统化的视角论述了项目管理。该书描述了项目管理的 12 项原则，包括：德行、团队建设、干系人、价值创造、系统交互、领导力、裁剪、质量管控、驾驭复杂性、风险应对、项目韧性和驱动变革。上述项目管理原则指引着 8 个项目绩效域的具体实施，包括：干系人、团队、开发方法与生命周期、规划、项目工作、交付、测量和不确定性。该知识体系的要点如下。

项目管理的定义是：指导项目工作以交付预期成果。该定义表明了项目管理要促使项目工作输出成果，既包括具体的工件，也包括对群体、社区或环境等的无形贡献，这些成果最终会为组织及其干系人带来效益或价值[35]。

项目管理的首要原则是"成为勤勉、尊重和关心他人的管家"，提倡项目管理者以正直、关心、可信、合规的态度开展活动，他们应对其所支持的项目的财务、社会和环境影响作出广泛的承诺。

项目经理的定义是由执行组织委派，领导项目团队实现项目目标的个人，项目经理履行多种职能，主要是引导项目团队工作交付预期成果。换言之，项目经理的选拔应以结果为导向、以解决问题为标准。在选拔项目关键人选时，如果偏向于任人唯亲而疏远持有不同人生信念的能人，那么带来最大的危害在于项目执行过程中为了维持融洽的人际关系而掩盖、回避了很多问题，为项目的后续建造和长期运行埋下隐患。

项目目标属于一种"战略工件"（模板、文件、输出或项目可交付物），一般被包含于项目章程中，在项目启动时创立，通常不会发生较大的变化，但是整个项目期间都可能对其进行审查。在科学研究或者工程建设过程中，总会出现一些意想不到的问题，项目启动之初不可能全部预判到将来可能遭遇的困难。故此，项目目标不必是一个确有把握的预期目的，应允许适度超越现有的技术水平和人员的能力，将目标设立为一个在有限时间内产出有价值成果的技术期望，用以鼓励项目团队发挥主观能动性，通过创新驱动来完成任务。

风险的定义是指一旦发生，即可能对一个或多个目标产生积极或消极的不确定事件或条件。应对风险的措施需具有及时性，成本效益，因地制宜，与干系人达成共识，由一名责任人承担等特征。

对于错综复杂的任务，需要通过"裁剪（Tailor）"操作来简化任务、突出重点。裁剪是指对有关项目管理方法、治理和过程深思熟虑后作出调整的操作，使之更适合特定环境和当前任务。裁剪过程受项目管理原则、价值观和文化的驱动。例如：某组织的核心价值观是"以股东为中心"，则投资项目的活动倾向于资金投资回报率的最大化；如果核心价值观是"以客户为中心"，则项目活动就需要与客户保持互动，最大限度地获取用户需求信息。

在动态决策方面，鲜有项目会按照最初的计划执行到最后，大多数项目在某个阶段都会遇到挑战或障碍，项目团队开展项目的方法应同时具有适应性和韧性，以利于从容应对不断变化的外部环境、应对冲击力并快速从失败中恢复行动能力。支持适应性和韧性的能力包括：预测多种潜在情形并做好应对预案、持续学习和改进、定期检查和纠偏、汇集广泛技能组合的团队、组织开放式对话、将决策推迟到最后责任时刻以及谋求管理层的支持等。

《项目管理知识体系指南（PMBOK®指南）（第七版）》提出了"为实现预期的未来状态而驱动变革"的原则，建议项目团队与有关干系人合作，破除环境中现存的保守文化。有效的变革管理应采用激励性策略而不是强制性策略，例如：通过职位升迁、薪酬奖励来吸引保守主义者加入变革的行列中来，而避免使用裁员等强制手段推动变革。

4.3　两个超级工程对项目管理的启示

美国在 20 世纪中叶，多次成功实施了多个超级工程，这类超级工程均汇集了十几万人的智慧和力量，包括：曼哈顿计划（1942—1945 年）、阿波罗登月计划（1961—1972 年）、IBM system360 操作系统开发（1961—1964 年）等，均离不开卓有成效的项目管理，这些大型项目管理经验，可以为建筑工程项目管理提供宝贵的借鉴意义。以下以曼哈顿计划和 IBM system360 操作系统开发为例，借以开拓 BIM 项目管理的视野。

4.3.1　美国"曼哈顿计划"对于建筑工程项目管理的启示[36]

曼哈顿计划是美军在第二次世界大战期间实施的利用核裂变反应来研制原子弹的计划，该工程动员了 10 万多人，历时 3 年，耗资约 20 亿美元，按计划制造出两颗实用的原子弹。在工程执行过程中，工程总负责人莱斯利·R·格罗夫斯将军和罗伯特·奥本海默博士应用了系统工程的思路和方法，大大缩短了工期，使整个工程取得了圆满成功。

1962 年，美国的莱斯利·R·格罗夫斯将军在其著作《现在可以说了——美国制造首批原子弹的故事》（*Now It Can Be Told: The Story of The Manhattan Project*）[37] 中讲

述了美国制造首批原子弹背后鲜为人知的故事，格罗夫斯将军从项目管理者的角度记录了原子弹研发的过程，除了组织原子弹本身的科学研究外，格罗夫斯将军还需要协调美国国防部、欧洲情报机构、美国各军种长官以及曼哈顿工程区数万名人员的后勤部门等大量的非技术因素。虽然书中没有出现任何当代项目管理的各种网络流程图，也未提到任何精确的术语，但项目管理的概念和精神已经融入曼哈顿计划的流程管理、人事决策、时间计划和协同机制中。对于 BIM 工程项目管理具有以下七点重要的启示。

1. 明确的项目目标

曼哈顿计划以"制造出超级炸弹，尽快结束战争"为项目目标，动员优秀人力资源参与。项目之初，出于保密要求，很多人因为不知道自己日常从事的计算、建造任务的目标而导致工作意愿随时间推移而下降，但当领导者将上述目标告知一线工程人员时，团队士气得到鼓舞，效率再次提升，"当人们愿意做出努力时，任何事情都可能成功。"

对于即将实施的 BIM 设计项目，由于不同项目的运营方式、设计范围、参与人员组成、建模精度的差异，为避免项目中后期走向无序和拖沓，需要根据项目的具体情况拟定项目目标。例如，在设计周期内完成待建项目的三维可视化建模并消除碰撞，为建设方提供经济可靠的建造方案；同时，结合项目培养 BIM 团队的技术能力，为后续承接更大规模的 BIM 项目进行知识储备。图 4-1 所示的水泵房模型中，综合了给排水、电气、暖通三个专业的设计，需在满足消防和生活供水水箱布置、管道布置的基础上为水泵提供电力供应、为水泵房提供事故排风，此类电气、通风管道与水系统需同步协调，缺一不可。

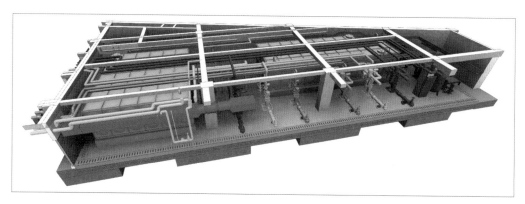

图 4-1　某商业办公项目地下消防及生活水泵房 Revit 模型

2. 用人唯贤

曼哈顿计划启动后，一个重要的问题是为该项目寻找一名科研领导人，但当时没有人设计过原子弹，原子弹大概有多大，谁也不知道（包括奥本海默）。因此，只能通过一定的原则在当时的科学家群体中选拔。当时存在两种观点：一种是科研领导人应是诺贝尔奖获得者，这样才能树立在科学家群体中的威望，同时，该领导人也应具备行政管理经验，以利于协调科研中的非技术因素；而格罗夫斯将军则持有另一种观点，他认为诸如诺贝尔奖等荣誉并不像早年那样备受尊崇，因为近年来许多人已经做出了出色的成绩却并未获得诺贝尔奖，换言之，是否获奖并不是能否成为曼哈顿计划科研领导人的必要条件。最后，格罗夫斯将军举荐奥本海默博士作为科研领导人，主要是基于他在理论物理学方面具有深厚的功底、在学术界很受尊敬。格罗夫斯将军把握住了关键人员任用的核心要素：用人唯贤，只要该人员具有与当前任务相匹配的才干，他的出身、过往的荣耀都可以退居次位，选人用人的主要目的是要令项目成功。

3. 要事优先

在项目运行过程中需要分清主次，集中精力解决主要矛盾。在曼哈顿计划中，为了在军方、国会各方面争取协作资源，加速推进项目。格罗夫斯将军在上任后不到 48 h 内就成功地把计划的优先权升为最高级，认为"时间具有压倒一切的重要性"，军方在常规武器的研发均应让位于原子弹研究，包括科学家、矿石资源、行政指令的优先级等。

在建筑工程领域，设计业务管理事务主要包括如下内容。

（1）由设计院领导任命本项目的技术负责人并赋予其在管理该项目时的必要权限，具体权限包括：牵头组建项目团队、实施培训计划和项目运作资金的筹措等。此环节具有至关重要的优先级。

（2）由技术负责人拟定项目管理文档，梳理项目关键信息和时间进度计划，明确技术团队的主要干系人及其职责。此环节具有重要的优先级。

（3）人事、财务职能部门协助配合项目技术负责人推进项目，解决项目执行过程中的人员补给、设备升级。此环节具有较重要的优先级。

（4）技术团队成员遵循"各司其职"的原则，在项目技术负责人的统领下推进项目。此环节属于一般性的操作流程。

上述设计业务管理的层次及相互关系如图 4-2 所示。

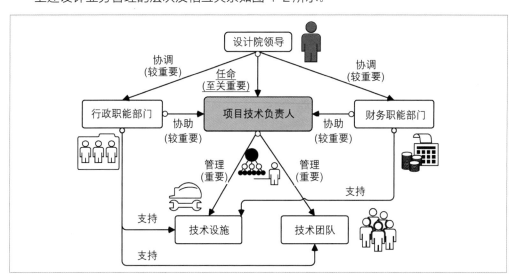

图 4-2　设计业务管理的层次及相互关系

4. 通过权责分工及流程应对风险

曼哈顿计划属于绝密任务，在曼哈顿工程区一共有超过 15 万人参与工作，但其中只有 12 个人知道全盘的计划，可见该项目的保密程度和重要程度。尽管参与人数众多，但因为遵循了分层级管理流程，将泄密的可能性降到了最低。例如：不同机要部门之间不允许直接联系，必须以向其上级部门汇报的方式交换信息。曼哈顿计划的组织架构如图 4-3 所示。

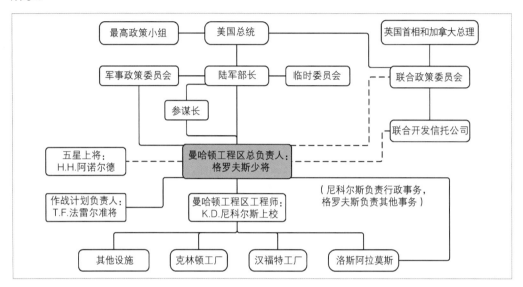

图 4-3　曼哈顿计划的组织架构
（图片来源：《现在可以说了——美国制造首批原子弹的故事》中的插图）

在建筑工程领域，为减少由于个人疏忽而导致的设计质量偏差风险，设计图纸的出具需要在设计院内部 OA 系统流转，经过设计、校对、审核和审定直至走完所有的审批流程等环节后，才能加盖设计单位的出图印章，完成设计图成果的交付。最后加盖项目负责人的职业资格印章，是上述应对风险措施的特征之一，由该名注册建筑师作为第一责任人承担相应的风险，是建筑师负责制的具体体现，设计院 OA 审批流程如图 4-4 所示，设计院图签见图 4-5。

5. "三边工程"动态决策

"三边工程"即边勘察设计、边施工、领导边提修改意见，曼哈顿计划属于典型的"三边工程"。计划伊始，参与各方均不知道如此风险巨大且时间紧迫的开创性研究是否最终会成功，但为了尽快结束战争，时间成了决定性因素，要等到万事俱备是不可能的，所以必须研究、试验、设计、建造同步进行。

在建筑工程领域，计划经济时代的各种前置条件都具备的工程建设环境已经逐渐远去，取而代之的是建设方为了迎合市场需求，在项目竣工前，根据营销方、施工方的反馈意见，不断优化工程，逐步达到适用、经济、美观的目标。因此，"三边工程"将常态化，

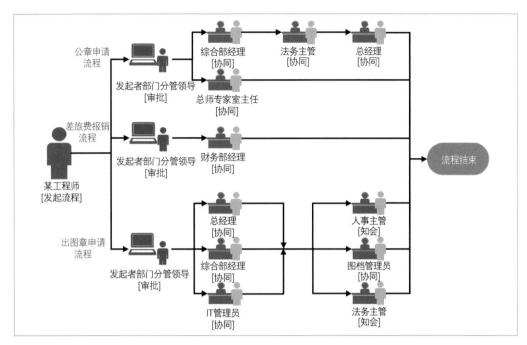

图 4-4　某设计院公司的 OA 审批流程

成为未来建设项目的主角。"三边工程"对项目团队提出了动态决策和应对的更高要求，只有持续精进、提升工作效率、改进工作方法，才能在快速变化的环境中有效地平衡建造速度和工程质量。

6. 采用先进的通用目的技术

通用目的技术（General Purpose Technologies，GPTs）是指对长期技术进步和经济增长起到显著推动作用的关键技术，该关键技术具有 3 个主要特征[38]。

（1）通用性（General Purposes）是指该关键技术具有某些通用的功能适用于对于大量的现存技术系统或者未来潜在技术系统。例如，"连续旋转运动"技术起初用于蒸汽机，后来用于电动马达；"二进制逻辑"技术起初用于电子集成电路，现在用于计时器。

（2）技术动态性（Technological Dynamism）是指该关键技术可以随着时间的推移持续创新，在

图 4-5　某设计院公司的图签

执行功能的过程中不断提升效率、降低成本、扩大适用范围。例如，铁路起初仅供蒸汽机车行走，现今发展成电气化铁路和磁悬浮铁路，运输速度越来越快。

（3）创新互补性（Innovational Complementarities）是指该关键技术的先进性使早期使用者获得可观的利润，进而倾向于大规模使用该技术。例如，远古时代的智人学会了种植农作物和饲养动物的技术，避免了风餐露宿，结束了游牧生活，择地定居，促进了繁衍生息，逐步形成了集镇、城邦，推动人类文明的大发展。

曼哈顿计划需要为原子弹发射轨道进行精确的计算，避免人工手算速度慢并且容易出错的缺陷，美国军方任命宾夕法尼亚大学的莫奇来（Mauchly）博士设计了当时最先进的真空管大型计算机——电子数字积分器与计算器（Electronic Numerical Integrator And Calculator，ENIAC）。第二次世界大战结束后，计算机不断发展，相继诞生了晶体管、集成电路计算机以及量子计算机，这些被广泛应用于办公、教育、娱乐、医疗、生产制造、互联网等众多领域，成为 20 世纪最有影响力的通用目的技术之一[39]，并且还将延伸到更遥远的未来。

在建筑工程领域，BIM 技术是超越平面 AutoCAD 制图的通用目的技术，除了建筑本体信息模型外，还扩展到市政设施信息模型（Facility Information Model，FIM）、城市信息模型（Urban Information Model，UIM）、地理信息系统（Graphic Information System，GIS），并与计算机辅助制造（Computer Aided Manufacturing，CAM）相融合，逐步构建出数字地球和智慧社区。BIM 技术对项目管理的影响包括：设计成果三维化、设计流程并行化、构件信息同步化等。因此，建筑工程项目管理应密切关注 BIM 技术的发展动向，并适时将其融入项目管理中，如图 4-6 所示。

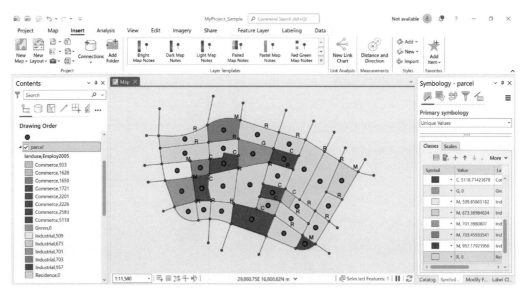

图 4-6　ESRI 公司的地理信息系统软件 ArcGIS Pro 3.0.2（2022 版）的操作界面

7. 重视后勤保障工作

曼哈顿计划的汉福特厂区中连接住区和办公区之间的碎石路很容易磨坏鞋子，管理人员得到消息后第二天，就调来若干卡车铺设柏油路，解决员工因生活琐事产生的烦恼，进而提高整体工作效率。

在建筑工程领域，BIM 项目的实施对于人员和计算机设备的配置要求较高，需要公司的人力行政部门、财务部门需为设计团队提供高效、细致的服务，在计算机升级、打印机购买与维修、办公环境优化、员工培训等方面给予项目团队及时的帮助，才能确保项目平稳有序地运行。

4.3.2　IBM system 360 操作系统开发对建筑工程项目管理的启示[40]

《人月神话》（*The Mythical Man-Month*）[41] 一书是被誉为美国计算机软件工程之父的小弗里德里克·布鲁克斯对大型计算机软件开发经验总结的论著，其中讲述了布鲁克斯在 1961—1965 年间身为 IBM system360 计算机操作系统开发的项目经理，是如何理解项目设计和管理的。该操作系统耗资超 5 亿美元，总计约有 100 万行代码，投入超过 2 000 名软件工程师，耗时约 5 000 人年①，拉开了计算机软件工程的序幕。

布鲁克斯的观点除了被计算机专业工程师所熟知外，也吸引了如医生、律师、建筑师等其他领域的读者群，因其观点以人与团队为导向，阐述了项目设计和管理的通识和忠告，可为跨专业的工程人员借鉴和参考。

1. 焦油坑

焦油坑（La Brea Tar Pits）位于美国加利福尼亚州洛杉矶市中心著名的拉布雷亚，该焦油坑是一种沥青湖，其是从地层中冒出来的石油干涸后，只留下半固态的焦油沥青，在烈日的照射下，焦油变软，无论什么东西接触到它，就永远地陷在其中。在历史的长河中，恐龙、猛犸象、剑齿虎这些地球上曾经的巨兽，都无法逃脱焦油的束缚，挣扎得越猛烈，被焦油纠缠得越紧，最后都沉到了坑底，具体可见图 4-7。

布鲁克斯在论著开篇，用"焦油坑"比喻大型软件系统开发的艰难：各种团队，大型的或小型的，庞杂的或精干的，一个个淹没在了焦油坑中，虽然其中大多数团队开发出了可以运行的系统，但只有极少数项目满足了目标、进度和预算的要求。从表面上看，好像没有任何一个单独的问题会引发其他问题，每个问题都能获得解决，但是当它们相互纠缠在一起时，团队行动就会变得越来越慢，整合协同的难度呈非线性快速增长的趋势。

在建筑工程设计领域也不能幸免，单个专业遇到的问题似乎解决起来并不难：建筑外观要赏心悦目，内部空间要满足功能，结构构件具有足够的强度和稳定性，给排水系统尽可能直接顺畅，电气系统负载均衡，通风空调系统要节能减排，室内装饰要舒适合理。但当上述分系统合成时，各种矛盾便显露出来：结构构件和设备管线与室内空间净高的矛盾、建筑空间与设备管线转换的矛盾、建筑外立面效果与采暖通风能耗的矛盾等，项目整合协同的难度快速增大以至于淹没在"焦油坑"中，建筑最后成了"遗憾的艺术"，全专业管线综合 Revit 模型如图 4-8 所示。

---

① 人年：是工作量的计量单位，指项目所有参与总工作量的累计，是项目管理中常用概念。

图4-7 焦油坑中挣扎的
巨兽们（作者自绘）

图4-7表现了
焦油坑（Tar Pits）是
一种沥青湖。从地层
中冒出来的石油干涸
后，只留下半固态的
焦油沥青，深度可达
到数十米。在烈日的
照射下，焦油变软，无
论什么东西接触到
它，都会永远陷到
其中。在历史的长河
中，恐龙、猛犸象、剑
齿虎、草原狼这些曾
经主宰地球的巨兽
们，都无法逃脱焦油
坑的束缚，挣扎得越
猛烈，焦油纠缠得越
紧，最后都沉到了
坑底。

本书中用焦油坑
来比喻大型工程的复
杂性将远超身处其中
工程师的预想，很容易
陷入其中不能自拔。

焦油坑中挣扎的巨兽们

创作于二零二零年春

易毫 ト

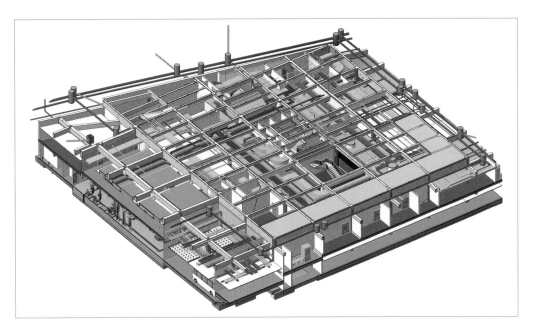

图 4-8　某商业办公楼地下一层全专业管线综合 Revit 模型

2. 人月神话

所谓"人月",指的是计算机软件开发的工作量统计,是一种计量单位的名称,与上文的"人年"类似,例如,6 个人开发某个系统,耗费 4 个月时间完成,则该开发系统的工作量是 6×4= 24 人月。由此很容易引发联想,如果已经估算出工作量,能否用反算的方法来调节所需的人员或者工期呢?例如,若增加 2 个人,是否能使工期由 4 个月缩短为 24÷(6+ 2)= 3 个月呢?

布鲁克斯认为在系统开发中,人和月不具备互换性,理想中采用增加人手来缩短工期的办法具有欺骗性,这只是一个遥不可及的"神话"。究其原因,系统开发不像割小麦或者收获棉花那样可以独立作业;而对于关系错综复杂的任务,新增的人员之间需要进行相互交流和协同工作,以及通过必要的培训来熟悉项目,期间所消耗的时间已经抵消了对原有任务分解所产生的有利作用,"向进度已然落后的计划中添加更多的人力,只会使进度更加落后",如图 4-9 所示。

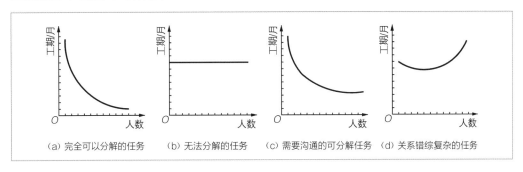

图 4-9　人月关系示意

对于工程项目设计实践，设计院团队曾经尝试过在项目行进过程中增加人力，但效果并不理想，例如：建筑专业后期增加人员设计楼梯大样和墙身大样等详图，但由于该类详图需要与整体建筑图相匹配及同步调整，虽然减少了整体建筑图设计人员设计详图的时间，但却增加了协调和沟通时间，最后即使项目能够按时完成，也会留下或多或少图纸不一致的缺陷，为后期施工服务埋下隐患。

3. "外科手术"团队

如何组建一个既分工明确又具备总体协同能力的团队？布鲁克斯认为最理想的是团队应类似于"外科手术团队"，主要成员包括外科医生、副手、麻醉医师和专业护士等角色，其中外科医生需要极高的天分，拥有丰富的经验、系统的专业知识并能熟练应用知识，负责实施手术；副手应能完成任何工作，仅是相对实践经验较少，其主要作用是作为思考者、讨论者和评估人员，外科医生试图与之沟通，但不受其建议的限制；其他辅助人员的工作则是按照外科医生的指令给予必要的协助。

以建筑工程设计的各方角色做类比，则建设方类似于"病人"，存在着林林总总的需求；设计项目经理类似于主刀外科医生，负责获取建设方的需求信息，经过整理后分发给各专业技术负责人；各专业技术负责人类似于外科医生的副手，接到设计项目经理的信息后作出技术评估，如果可行则将设计指令下达至设计人员；设计人员类似于辅助人员，接到专业技术负责人的设计指令后，按部就班地执行即可。

但值得注意的是，上述职责的划分，不存在利益的差别，设计人员在深化设计过程中，遇到技术困难也可以向专业技术负责人反映，整个设计过程不是单向不可逆的，而是不断迭代反馈和修正。

项目的复杂性带来的协同时间大增、人力与工期的不可替换性在建筑工程实践中屡见不鲜，布鲁克斯认为组建一个高效的项目团队，通过为项目组成员分配不同的任务并适当留有可替换性，能一定程度缓解项目部分问题的难度，而不应机械地增加人手或延长工期。

4. 系统设计

法国兰斯大教堂（图4-10）经历了8代拥有自我约束和牺牲精神的建筑师们的努力才得以建成，其中每个人都牺牲了自己的一些创意，以获得纯粹的设计。

布鲁克斯借用兰斯大教堂的设计建造来比喻系统设计的"概念完整性"（此处计算机科学家跨领域从建筑学获取灵感，其共同之处是任务被分成了若干人完成），他主张："在系统设计中，概念完整性应是最重要的考虑因素，宁可省略一些可能很好的设计，也不提倡独立和无法整合的系统。"概念完整性必须由一个人或者少数互有默契的几个人来实现，而牺牲其余具体编码人员的部分创意。

在工程项目设计领域，建筑方案设计获取建设方需求后，对整体建筑风格、内部功能布局、主要材料选用、总体技术经济指标等作出了方向性的约束；施工图设计则在建筑方

图 4-10　法国兰斯大教堂外景

（图片来源：https：//unsplash.com/photos/_xAUCK4KtHo）

案设计的概念方案基础上进行深化设计，力求从工程上实现建筑方案设计的概念构想。
"方案设计图的每根线条是设计师用笔绘制出来的，工程实体的每根线都是用建筑材料施
工而成的"。从另一个角度讲，施工图设计也并非毫无创意可言，为了实现概念方案，通
过多种技术措施的比选以降低施工难度、节约材料用量，同样可以实现技术、质量和经济
相协调的创新设计。

5. 巴比伦塔的失败

"巴比伦塔"又名"通天塔"，源于《圣经·创世纪》，故事讲述了很久以前地球的人
类只讲同一种语言，他们试图建造一座通往天国的通天塔，上帝知道后大为震惊，于是打
乱了人类的语言，使之不能听懂他人的话语，以至于被迫停止建造通天塔。如图 4-11
所示。

布鲁克斯引用寓言故事，说明交流协作对于系统设计的重要性。对于大型项目，如果
有 n 个工作人员，则有（n^2-n）/2 个相互交流的接口，有近 $2n$ 个必须合作的潜在小团队。
因此，项目组织者需要进行人力划分并限定各层级成员的职责范围，通过树状层级结构来
减少庞杂的网络化交流，提高沟通的效率。

在工程设计过程中，每个项目会有 m 个单位工程（建筑单体），每个单位工程又至少
有五个专业协同工作，每个专业设置 1 名专业负责人及 n 名设计人员，项目经理采取何种
信息传递策略对于项目推进具有很大的影响，其交流的原则应包括以下几点。

图 4-11 油画《巴比伦塔》（［荷兰］勃鲁盖尔，1563 年）

（1）日常技术交流或者信息咨询，可以采用无约束的自由讨论方式，不受职责范围和层级的约束，详见附录 C.2.4 节中的图 C-1 全通道式群组所示。

（2）不需要反馈的共享项目信息，应由项目经理直接书面通知项目组全体成员，例如：项目图签信息、项目暂停或延期通知、项目受到奖惩等，详见附录 C.2.4 节中的图 C-2 轮式群组所示。

（3）需要技术决策的项目信息应由项目经理书面通知各专业负责人，各专业负责人经讨论形成解决方案后，交由设计人员执行，详见附录 C.2.4 节中的图 C-3 图环式群组所示。

6. 没有"银弹"

所谓"银弹"，是指在古老的传说里，狼人是不死的，但可以用银制的子弹将其杀死（漫威系列电影《金刚狼》中也有类似的说法），故常用"银弹"比喻解决难题的灵丹妙药。

布鲁克斯以"没有银弹——软件工程中的根本问题和次要问题"一文作为《人月神话》结尾，称"在未来十年内，无论在技术上还是管理方法上，都看不出有任何突破性的进步，能够保证大幅度提高软件生产率、可靠性和简洁性"，原因在于现代软件系统中无法回避的内在特性：复杂度、一致性、可变性和不可见性。这些特性是现代软件系统与生俱来的在短暂的时间取得极大突破是不可能的，故称"没有银弹"。

在布鲁克斯描述的现代软件系统中无法回避的 4 个内在特性中，除了不可见性外，其余三个特性基本可以直接用于描述现代建筑工程设计的根本困难，其中包括：

1）复杂度

相比古代建筑以结构建筑为主体，现代建筑的子系统逐渐增多，如强弱电系统、采暖通风系统、消防系统、保温系统、幕墙系统等。在原有的 n 个系统基础上每增加 1 个系统，就会增加 n 种系统间的相互协调工作；每增加 m 个系统，就会增加 $f(m) = C_{(n+m)}^2 - C_n^2 = \dfrac{(m^2 + 2mn - m)}{2}$ 种系统间的相互协调工作，可见其协同工作的增速是非线性的，呈快速上升的抛物线。令 $n_0 = 2$，表示最初只有建筑和结构两个子系统，则 $f(m) = C_{(2+m)}^2 - C_2^2 = \dfrac{(m^2 + 3m)}{2}$，如图 4-12 所示。

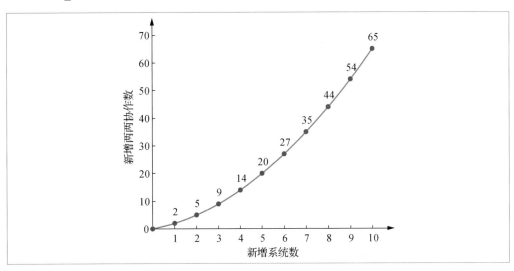

图 4-12　子系统增加对协同工作量的影响

2）一致性

对于建筑工程而言，一致性包含了单专业自身设计的一致性（如平面、立面、剖面图和大样图一致、计算模型与设计参数一致、系统图和平面布线图一致等）和多专业碰撞检查，是协同工作无法回避的问题。虽然可以尝试采用基于 AutoCAD 的二维协同平台来减少图纸错、漏、碰、缺等问题，但此举仅是解决了设计人员整合图纸的意识问题，由于二维图纸相互独立，不具备自相关性和同步更新性，故未能实质性地解决图纸自身的逻辑对应问题，常常由此埋下施工隐患。图 4-13 中的水平、铅锤剖面可以是任意位置，因而三维模型可以实时生成无限个剖面，效率远比二维设计单独绘制剖面高。

3）可变性

在市场经济为主导的大环境中，建设方要随市场而动才能获取利润，由此引发产业链下游的设计、施工、材料紧随其变，唯一不变的就是"改变"。

布鲁克斯教授作为计算机科学家，其观点和解决问题的方法却不局限于计算机学科，而是博采众长，由此积累的经验也令其他领域工程师受益：为了获得工程的概念完整性和一致性，项目团队中需要有灵魂人物；为了团队能齐心协力，需要建立高效的沟通机制。

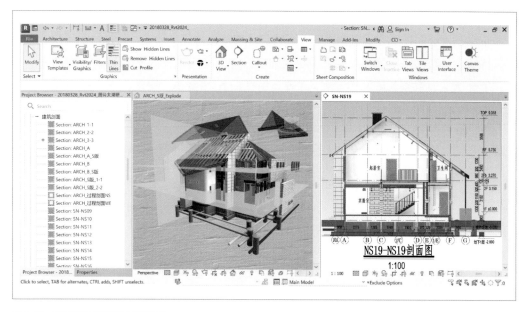

图 4-13　三维模型具有无限个剖面示意

　　然而唯独在应对项目根本困难上，布鲁克斯教授没有给出令人期待的答案，他认为"没有银弹"。在建筑工程领域，BIM 技术具有集成化、智能化、数字化以及模型关联性等优点，其能否架起工程建设沟通的桥梁，令建设方、施工方、设计方、材料供应商在统一的信息模型下协同工作，成为"银弹"，再造工程项目建设的"巴比伦塔"？这或许要等时间来证明。

　　计算机软件开发的复杂度和难度并不亚于建筑工程项目，甚至因其不可见性以致开发难度超过建筑工程项目。因此，适用于计算机软件开发的原则和方法，也能移植到 BIM 工程项目管理中。通过采取项目管理的文档化、工程设计的可视化、团队协作的层级化、职责权限明晰化等策略，可以有效防止项目管理走向无序，提高建筑工程项目实施的稳定性和可持续发展性。

 BIM 设计协同

4.4.1　设计协同的前期准备工作

　　设计协同的关键在于项目管理，BIM 软件或者专用的协同平台均仅在工具层面提供支撑，但管理的理念与方法仍是由工程师所掌控。俗语说："磨刀不误砍柴工。"开始设计协同前，必须做好前期准备工作，包括计算机软硬件的安装和检测、确定项目协调机制、编写项目管理文档等。对于一般规模的项目，前期准备工作大约需要 1～2 周的时间才能搭建起项目运作的总体框架，设计协同不是一场"说走就走的旅行"，无法随时启动，它是

需要项目管理者用心策划的"智取威虎山行动"，运筹帷幄之中，决胜千里之外。详见附录 A—附录 C 的"项目操作指引"工程案例。

4.4.2　Revit 软件下的团队协作模式

Revit 为用户提供了两种主要的协作模式：中心模型和链接模型，此两种协作模式各有优缺点，既可以单独使用，也可以混合使用，具体选择取决于计算机硬件水平、项目的复杂程度和团队成员的技术能力。当项目简单、参与协作的专业少时，可以采用纯中心模型的协作模式；当项目复杂、分系统较多时，应采用混合协作模式。中心模型与链接模型协作模式的特点如表 4-1 所列。

表 4-1　中心模型与链接模型协作模式的比较

比较内容	中心模型协作模式	链接模型协作模式
对局域网服务器的硬件水平要求	高	一般
对终端个人电脑的硬件水平要求	高	一般
对局域网传输速度和稳定性要求	高	一般
专业之间的实时一致性	高	一般
专业间联系的紧密程度	相对紧密	相对松散
文件操作权限的要求	相对严格	相对宽松
软件操作流程的复杂程度	相对复杂	相对简单
模型文件的灾难备份及恢复能力	略低，模型集中存储，且要恢复较多的历史操作记录文档	较高，因为模型分布式存储，有利于灾难备份
对项目管理者的技术水平要求	高	较低
对建模成员的技术水平要求	高	较低

虽然中心模型协作模式对于人员和计算机硬件的要求比较高，但是其"实时一致性"的优点充分体现了 BIM 技术的核心理念。只要计算机和网络设施足够快，中心模型便是一种理想的协作模式，应当优先选用。至于灾难备份及恢复能力，可以通过局域网服务器 RAID 磁盘阵列或者网络硬盘实时或定时自动备份的方式加以解决。

1. 中心模型协作的主要概念及操作流程

中心模型协作主要包含三个基本概念：中心模型、本地模型、工作集。

中心模型（Central Model）是指工作共享项目的主项目模型，一般存储在网络服务器上。各用户下载相关的中心模型到本地终端电脑，另存为模型副本文件，然后对模型副本进行修改，操作完成后将模型修改同步至中心模型，令其他用户可以看到他们的工作成果。基于中心模型的协作流程如图 4-14 所示。

本地模型（Local Model）是指项目模型的副本，是由不同的用户从中心模型下载并存储在本地计算机上的模型。

工作集（Workset）是指项目中图元的集合。工作集明确了团队成员的分工，每个团队成员在自己的权责范围内更新模型，使设计过程既相互协同又最大程度减少潜在冲突。可以设置工作集的可见性或"以灰色显示非活动工作集"（对所有视图生效），以便加快显示速度，消隐次要构件，利于专业协作。但需留意，在工作集中设置可见性，会影响到所有编辑该中心文件的成员，该操作属于全局性的视图显示控制，应慎用。通常情况下，建议不用的用户在本子副本文件的"视图可见性/图形替换"中控制图元的显示，如图 4-15 所示。

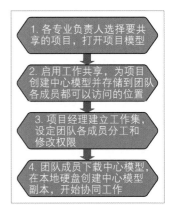

图 4-14 中心模型的协作流程

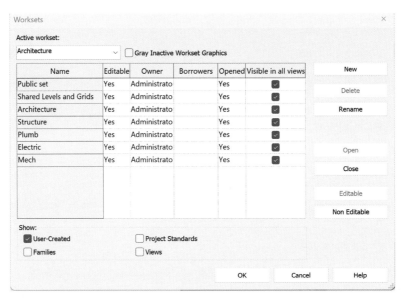

图 4-15 工作集设置对话框

中心模型的操作要点包括以下几点。

（1）与中心模型同步时，建议选择"同步并修改设置"选项，此时会弹出对话框供设计者修改同步选项、填写注释，以利于后期用"协作-管理模型-显示历史记录"工具浏览并打开中心模型查看历史修改记录，如图 4-16 所示。但是须留意，如果下载中心模型时选择"分离并放弃工作集"，则上述历史记录将被清空。

（2）下载中心模型时，若选择"分离并放弃工作集"，则该文件将不再有任何路径或权限信息，也将清除该模型的历史修改记录信息。此操作对于不在项目模型中工作、但可能要打开项目模型进行查阅、又不妨碍团队工作的项目经理或旁观者来说很有用，如图 4-17 所示。此外，关闭本地模型时，可勾选"放弃所有图元和工作集"，可以避免由于误操作引起的图元修改权限锁定，如图 4-18 所示。

图 4-16　中心模型修订历史记录检索

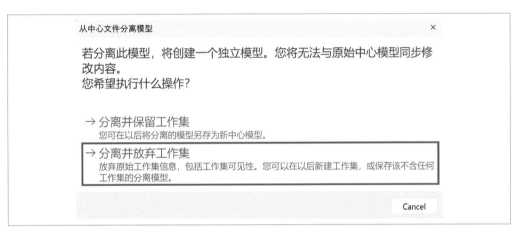

图 4-17　旁观者从中心文件分离模型

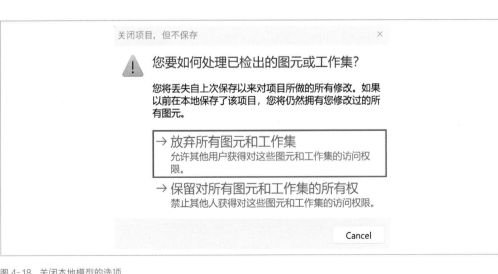

图 4-18　关闭本地模型的选项

（3）如果要以不同的用户名同时编辑两个中心模型，需打开两个 Revit 进程，否则如果先打开一个中心模型，中途改用户名，后打开另一个文件，则先打开的文件无法保存，提示用户名改变。

（4）映射网络服务器路径的一致性。假设开通了网络服务器整个 E 盘的权限，例如"\\ xxx. xxx. xxx. xxx \ BIM"和"\\ xxx. xxx. xxx. xxx \ E \ BIM"两个地址均可以成功映射，如果两台计算机采用上述不同命名的网盘映射路径（与本地盘符名称 X、Y、Z 无关），则会出现其中一台计算机上的网盘保存中心文件后，另一台计算机无法下载本地文件的情况，此情形不易发觉并会导致异地编辑不能同步中心模型。

（5）关于精简中心模型的文件量。在本地模型清理图元后再与中心文件同步，可减少中心模型的文件量，但由于中心模型还需存储工作集分权、日志和修改记录，故仍旧会大于本地模型的文件量。在本地模型执行"清除（Purge）"操作时，需要其他成员均放弃未编辑图元的所有权，否则将出现大量的放置请求而无法快速执行，故最好在其他成员均不在线的情况下执行清理中心模型的操作。

另一种清理中心文件的方法是以管理员的身份直接打开网络的中心文件，清理完后，另存为同名文件，并选择"将此文件作为中心文件"的选项以覆盖网络原文件。

（6）当出现三维视口的"裁切框（Section Box）"被其他成员锁定的情况时，可通过临时新建一个三维视口来调整裁切范围框，完成设计后再删除该临时视口，避免等待其他成员权限释放，节约修改时间。

2. 链接模型协作的主要概念及操作流程

链接模型协作主要包含三个基本概念：链接模型、参照类型、复制与监视。

1）链接模型（Link Model）

链接模型是指在当前模型的基础上外部引用的另外一个或多个模型，其本质与 AutoCAD 平台下的"外部参照"相同，被链接模型不能直接编辑和修改，仅当绑定到当前模型中才能进行编辑。基于链接模型的协作流程如图 4-19 所示。

2）参照类型（Reference Type）

参照类型是指嵌套链接情况下的子链接模型可见性样式，如图 4-20 所示。对嵌套链接，可通过调整"管理链接"的"附着（Attachment）"或"覆盖（Overlay）"类型来控制其在最高级模型中的可见性。

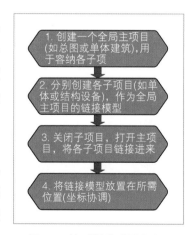

图 4-19 基于链接模型的协作流程

例如：建筑模型作为最高级的主模型链接结构模型，同时结构模型又链接给排水模型，则给排水模型相对于建筑模型而言就属于嵌套链接，如果建筑模型选择"附着"类型，则当链接结构模型时也会将给排水模型链接至建筑模型，不必再次链接给排水模型；如果建筑模型选择"覆盖"类型，则链接结构模型时不会同步链接给排水模型，而需要另行再链接一次给排水模型。一般情况下，由于专业之间相互链接，"附着"类型会导致循环嵌套，此时多数采用"覆盖"类型链接模式，只有当链接模型的可见性以单向控制为主时（例如将已经链接了结构、机电各专业模型的建筑模型链接到场地总平面模型中），采用"附着"类型才是高效的，参见第 3.2.1 节中部分内容。

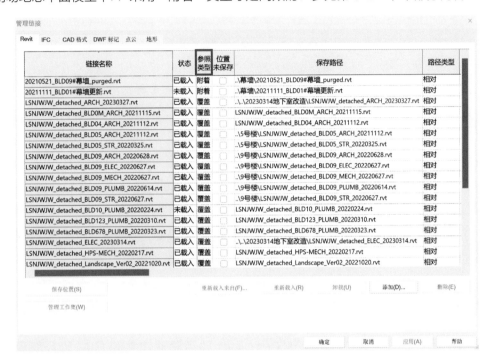

图 4-20　管理链接对话框

3）复制与监视（Copy/Monitor）

适用于跨规程的小型团队在某一建筑项目采用链接模型协作时的一种自动校审工具。监视工具可监视下列类型图元的修改：标高、轴网、柱（但不是斜柱）、墙、楼板、洞口、MEP 设备。

将链接项目中的图元对象复制到主体项目中，用于追踪链接模型中图元的变更和修改，以便及时协调和修改当前主项目模型中的对应图元。

对于主体项目中已创建的图元对象，可通过"监视"工具监视当前项目中对象与链接项目同类对象的相对位置，例如：轴网、标高等。

链接模型的操作要点包括以下内容。

（1）为了避免产生过大的文件量和频繁借用他人工作集的情况，建议不同专业的中心模型之间采用相互链接的方式协同工作。例如：建筑链接结构和机电，同时结构链接建筑和机电，机电链接建筑和结构等。

（2）如果要在同一台计算机上同时编辑主模型和被链接模型，则要启动 2 个 Revit 程序才能同时编辑，不能在 1 个 Revit 程序中同时打开主模型和被链接模型，否则会强制主模型卸载链接模型。

（3）默认情况下，主体项目视图按照主体项目的当前视图可见性设置来显示链接模型的投影，包括视图过滤器、视图深度范围、阶段、详细程度、对象样式、颜色填充等设置。如果链接模型已经设置好了着色样式，则可以通过主体模型中的可见性控制中的"按链接视图"来显示链接模型中的图元在主模型中的着色，同时主体模型图元的着色不受影响。

（4）当出现单体各专业和地库各专业的模型相互多重链接的情况时，"附着"类型的链接只能用 1 次。例如：在地库模型中，链接其他专业中心模型用"覆盖"类型的链接，地库链接本专业单体中心模型时用"附着"类型的链接；在单体模型中，只能用"覆盖"类型来链接该单体的其他专业模型，不能再以"附着"类型来链接地库模型，否则会出现循环链接的逻辑错误。上述链接方式实现的效果是：在任一个专业的地库模型可以查看全专业的地库和单体模型，但在任一单体模型中只能查看本单体的全专业模型。目前，尚未能找到同时兼顾多对多模型、多对多专业同步显示的双向链接逻辑，有待日后进一步探索。

（5）本地 AutoCAD 链接对异地编辑的影响。如果某个模型的修改工作在项目进行中途临时更换代班设计人员，而该代班设计人员链接了其本地磁盘中的 AutoCAD 文件，则当原设计人重新返回岗位继续修改时，会发现该链接模型重新加载很慢，此时需把代班设计人员的本地 AutoCAD 链接删除，就可改善模型重载的速度。

4.4.3 基于 PMBOK 指南和 MS Project 项目管理软件的 BIM 项目管理

笔者在主持 BIM 项目时，均结合项目特点和 Revit 软件具体操作，编写了《项目操作指引》，为项目团队各司其职、标准化作业提供了基础文档，该文档借鉴了美国项目管理协会编写的《项目管理知识体系指南（PMBOK® 指南）（第六版）》[42] 的表格化管理思想，使项目过程明晰并具有可追踪性，通过逻辑条理清晰的项目管理文件使得相关工作计划、工作内容、责任人都有迹可循，分工明确，有利于优化项目进度、减少冗余工作、提高项目质量。项目管理文档目录如表 4-2 所列，详见附录 A—附录 C 工程案例。

考虑到项目管理的复杂性，有软件公司推出了项目管理软件。此类软件的特点是通过项目管理者输入项目的关键任务及持续时间，生成直观的进度计划图，包括甘特图、网络图等，同时能够辅助计算关键路径、时差等参数，为项目管理者梳理项目脉络提供了有力的帮助。其中，MS Project 是美国微软公司推出的项目管理软件，也是笔者在项目实践中采用较多的一款软件，主要用于项目时间进度管理。截至 2023 年，该软件的最新版本是 LSTC2021 版，其操作界面如图 4-21 所示。不过俗话说："合适的才是最好的。"MS project 软件并非完全智能化的灵丹妙药，项目管理需要信息化、流程化，但项目管理工具的选用也要与公司的环境及当前项目特性相匹配，既要避免用大炮打蚊子，也要防止用步枪应对原子弹。

表 4-2　项目管理文档目录

文件序号	文件名	版本	修订概要

PM00- 项目管理文件目录（Project Manage Files Contents）

项目名称（Project name）：		某商业办公建筑群 BIM 设计项目		
制作人（Prepare by）：	某某	制作日期（Date）：		某年某月某日

项目管理文件修订记录：
某年某月某日，［修订版本］ + ［修订概要］

文件序号	文件名	版本	修订概要
※ PM00	项目管理文件目录（Project Manage Files Contents）	V1 版	
※ PM01	项目章程（Project Charter）	V1 版	
PM02	项目干系人管理（Project Stakeholders）	V2 版	给排水专业负责人变更
PM03	团队合作沟通协议（Project Team Collaboration Protocol）	V1 版	
※ PM04	文件和工作集管理（Project File Work sets Management）	V2 版	结构专业修改权限变更
※ PM05	项目范围及精度说明书（Project Scope and Precision Guidance）	V2 版	全专业建模精度变更
※ PM06	工作分解结构（Project WBS）	V4 版	电气建模分工变更
PM07	里程碑清单（Project Milestone List）	V1 版	
※ PM08	项目时间计划（Project Time Planning）	V3 版	总体进度提前
PM09	人员策划表（Members Planning）	V2 版	建筑专业参与人员变更
PM10	质量管理（Project Quality Management）	V1 版	
PM11	变更管理（Project Revision Management）	V1 版	
PM12	问题日志（Project Problem History）	V3 版	暖通专业问题更新
PM13	风险管理（Project Risk Management）	V1 版	
PM14	项目签收及总结（Project Delivery Summary）	V1 版	

注：※ 表示在全项目成员工作群发布，其余存在局域网服务器以下文件夹中，自行查阅：\\ xxx. xxx. xxx. xxx \ BIM \ LSBIM2020001 \ 项目管理 \ BIM 项目管理系列文档。

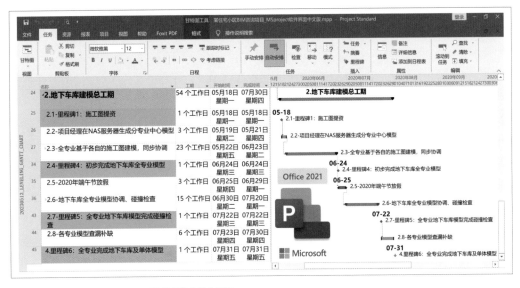

图 4-21　微软公司的 MS project 项目管理软件操作界面

第 5 章

BIM 技术在绿色建筑
节能设计中的应用

BIM

江南好，风景旧曾谙；日出江花红胜火，春来江水绿如蓝。能不忆江南？

——［唐］白居易《忆江南》

5.1 BIM 技术融入绿色建筑节能设计流程

中国为了实现对世界承诺的"2030 年前实现碳达峰，2060 年前实现碳中和"的双碳目标，建筑节能的重要性大幅提升，须在设计阶段融入能耗分析的精确计算结果，反馈至材料选用和机电设备选型，力求降低建筑长生命周期的综合能耗，改善生存环境质量，重塑人与大自然和谐共生的生态图景。绿色建筑节能设计是一个循序渐进、不断反馈和修正的过程，如图 5-1 所示。

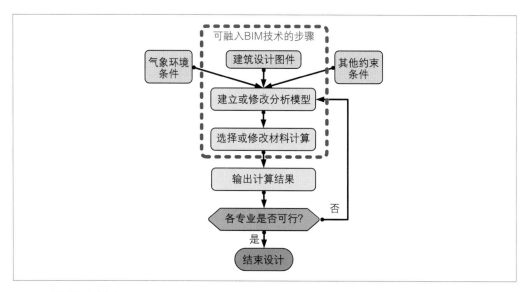

图 5-1　建筑节能设计流程

由图 5-1 可见，外部环境、其他约束条件以及能耗分析的核心算法都是共性影响因素，不因采用不同分析软件而异，BIM 技术能够发挥优势的流程节点是"建筑设计图件""建立或修改分析模型""选择或修改材料计算"三个环节。

5.1.1　建筑设计图件

在二维设计平台，建筑设计图件来源均为二维平面图，绿建工程师通过半自动或全手动的方式将建筑设计图转化为分析模型的围护结构，主要转换的围护结构构件包括：内外墙、内外门窗、分层楼板、屋面、热桥梁柱等，转换后的分析模型均为"层模型"，对于错层或者局部大空间的建筑需通过不同层标高的子模型拼装建模。在完成分析模型的围护结构搭建后，尚需补充定义房间类型、围护结构材料构造等热工参数，之后才能进入节能设计和计算。

在 BIM 平台，建筑设计图件来源得到较大的扩展，既可以是二维平面图的翻模，也可以是直接链接各专业的 BIM 模型，还可以是导入 SketchUp、Rhino、ArchiCAD、

CATIA 等参数化三维设计软件生成的方案模型。

5.1.2　建立或修改分析模型

由于结构专业 BIM 模型中的钢筋混凝土墙、梁、柱的尺寸和定位是相对准确的，只要链接入分析模型中即可，故能节省建筑专业重复建模热桥的时间，并且降低估算结构梁高的出错概率。

分析模型所需的窗洞边线性热桥主要包括洞边构造柱和洞顶过梁，结构专业一般是在设计总说明中以文字的形式表示构造柱的设置尺寸和部位，由施工单位现场实施。基于 BIM 平台的分析软件直接根据门窗洞口的尺寸、定位以及结构设计说明自动生成洞边线性热桥，为后续的节能分析提供基础数据。

5.1.3　选择或修改材料计算

热桥节点的二维稳态传热计算涉及求解偏微分方程，故其稳定性、算法合理性需得到很好的处理，目前部分节能设计软件采用"节点查表法"的模式，例如：对于窗左右口节点，固化窗洞边构造和窗框定位（居中、靠外或靠内），对于其他节点，同样是固化的查图集节点。但在实际工程项目中，有些窗洞边的做法选材、厚度都不同于图集的固化做法，因此，完全采用查图集的方法存在设计落地的问题。笔者经过在可自定义热桥构造的软件中测试，发现窗边保温材料、窗框的位置向内或向外平移 10～20 mm，可能会导致窗洞节点线传热系数 ψ 值产生 0.01～0.02 W/（m·K）的变化，但是由于整栋楼窗洞周圈的线性热桥长度可能长达上千米，故线传热系数 ψ 值的微小变化都会导致外墙整体传热系数 K 值的可观变化。因此，建议软件产品计算线传热系数 ψ 值的精确度应达到 0.001～0.002 W/（m·K）的级别，才有利于外围护结构节能构造的精细化设计。

截至 2023 年，大部分节能分析软件的"二维线性热桥"功能还不能支持自建材料块或节点构造，导致线性传热系数与实际构造存在一定的偏差。BIM 模型有条件生成更接近实际的线性热桥节点并计算其线传热系数。

5.2　绿色建筑节能设计软件概览

5.2.1　传统节能设计软件及其特点

节能设计软件主要包括美国劳伦斯伯克利国家实验室的 eQuest 软件，在进行相关设计时因需要与国内标准对比，所以一般工程项目在建筑施工图审查阶段设计师多采用国产软件，主要包括：北京绿建软件股份有限公司的 GBSware 系列节能设计软件、北京构力科技有限公司的 PKPM 绿建与节能系列软件等，如图 5-2 所示。

（a）eQuest 软件

（b）绿建 GBSware 软件

（c）PKPM 绿建节能系列软件

图 5-2　设计及审查阶段常用的节能设计软件

　　此类软件都是基于二维平面的"层模型"进行分析，对于部分形态凹凸较多的不规则建筑、曲面外形建筑只能通过工程师的经验采用简化建模的方式来近似模拟，最终的计算结果可靠度和精确度主要取决于该名工程师的实践经验。

5.2.2　基于 BIM 技术的节能设计软件及其特点[43]

　　基于 BIM 技术的代表性节能分析软件包括：北京盈建科公司的 Y-GB、北京绿建软件股份有限公司的 BECS for Revit、北京构力科技的 PKPM-BIMbase 绿建分析平台等，通过与国产的 BIM 平台对接，或者基于国外的 BIM 平台开发，期望简化二维设计图转三维分析模型的中间环节，减少数据损失。截至 2023 年年底，此类软件还处于改进之中，其中一个关键问题是：施工图 BIM 模型的信息丰富，细节饱满，需要对模型进行"减肥"或者"消肿"，因为分析模型是节能概念设计的结果，要把与热工分析无关的信息隐藏，同时要增加相关图元的空间属性、材料属性等，如何能兼顾施工图模型和分析模型共存，而不是另行导入/导出分析模型，是此类 BIM 三维平台分析软件需要解决的问题。

　　BIM 三维平台分析的优越性在于，直接从空间模型判别构件属性，而不是通过拼装的层模型分层统计，特别是一些特殊造型的建筑，具有不规则外墙、屋面、挑空楼板的建筑，按照空间模型测算的体形系数更接近于实际情况，有望用数字模型替代缩尺模型进行能耗分析，如图 5-3 和图 5-4 所示。

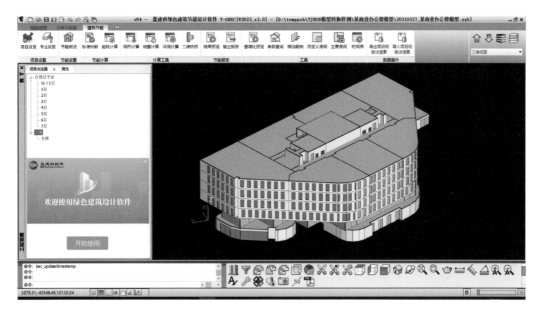

图 5-3　北京盈建科 Y-GBEC（V2023_ r2.0 版）绿建分析平台的操作界面

图 5-4　北京构力科技 PKPMGreen-BIMbase（2023 R1.1 版）绿建分析平台的操作界面

采用模拟分析软件可以对建筑群或建筑单体进行热工模拟计算，并将计算结果用于构件选型和分析，如图 5-5—图 5-9 所示。

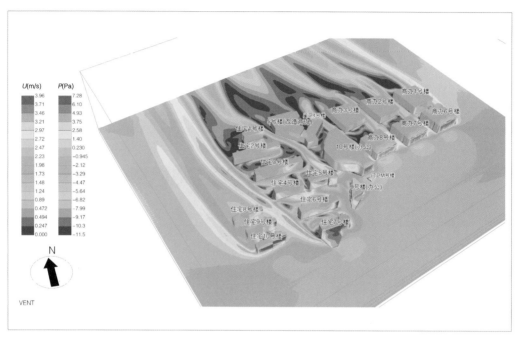

图 5-5 某商业办公建筑群室外风环境模拟的场区风速云图

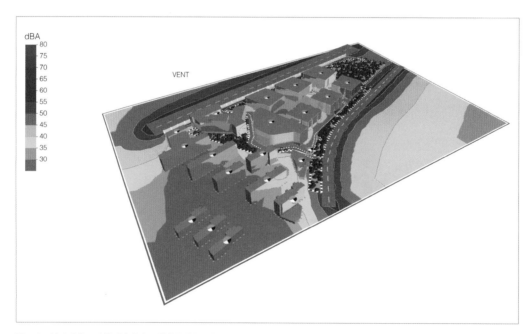

图 5-6 某商业办公建筑群室外声环境模拟的场区外表面声压

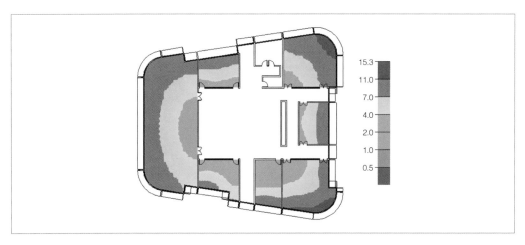

图 5-7　某外国语学校综合楼采光分析

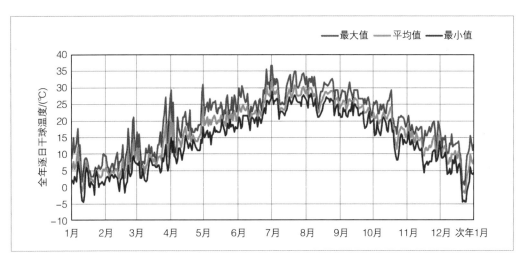

图 5-8　上海地区逐日干球温度

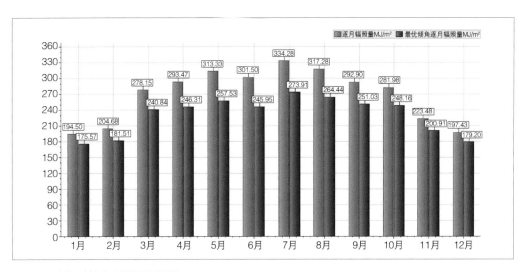

图 5-9　上海地区某光伏阵列的逐月辐照量

5.3 BIM 设计与绿色建筑评价

《绿色建筑评价标准》（GB/T 50378—2019）[44] 第 9 章"提高与创新"的第 9.2.6 条规定，应用建筑信息模型（BIM）技术，评价总分值为 15 分。在建筑的规划设计、施工建造和运行维护阶段中的一个阶段应用，得 5 分；两个阶段应用，得 10 分；三个阶段应用，得 15 分。换言之，在百分制的绿建评分中，BIM 技术可以为总分贡献 5/10～15/10＝0.5～1.5 分。在《绿色建筑评价标准技术细则 2019》[45] 给出了上述得分的具体要求，BIM 应用应至少包含规划、建筑、结构、给排水、电气、暖通 6 大专业的相关信息。当在两个及以上阶段应用 BIM 时，应基于同一个 BIM 模型开展以体现信息的共享互用。

在《住房和城乡建设部关于印发推进建筑信息模型应用指导意见的通知》（建质函〔2015〕159 号）中明确了建筑的设计、施工、运行维护各阶段应用 BIM 的重点工作内容，其中规划设计阶段如表 5-1 所列。

表 5-1　规划设计阶段应用 BIM 技术的重点工作内容

阶段	重点工作内容	具体要求
规划设计	投资策划与规划	基于 BIM 和 GIS 技术，对项目规划方案和投资策略进行模拟分析。参见第 4.3.1 节图 4-6
	设计模型建立	构建包括建筑、结构、给排水、暖通空调、电气设备、消防等多专业信息的 BIM 模型。参见第 4.3.2 节图 4-8
	分析与优化	进行包括节能、日照、风环境、光环境、声环境、热环境、交通、抗震等在内的建筑性能分析。根据分析结果，结合全生命期成本，进行优化设计。参见第 5.2.2 节图 5-5—图 5-7
	设计成果审核	利用基于 BIM 的协同工作平台等手段，开展多专业间的数据共享和协同工作，实现各专业之间数据信息的无损传递和共享，进行各专业之间的碰撞检测和管线综合碰撞检测，最大限度减少错、漏、碰、缺等设计质量通病，提高设计质量和效率。参见第 3.1.2 节图 3-7
施工		（此处略）
运营维护		（此处略）

进行绿色建筑评价时，在规划设计阶段和运营维护阶段，BIM 应分别至少涉及 2 项重点内容的应用，施工阶段 BIM 应至少涉及 3 项重点内容的应用，方可得分。项目投入使用满 1 年的项目，还可能存在运行维护阶段的 BIM 应用，要求至少涉及 2 项重点内容的应用方可得分。评价方式是查阅预评价所涉及内容的竣工文件、BIM 技术应用报告、重点审核 BIM 应用在不同阶段、不同工作内容之间的信息传递和协同共享。

第 6 章

绿色建筑 BIM 设计展望

我从不去想未来，因为它来得太快了。

—— [美] 阿尔伯特·爱因斯坦

　　时至 2023 年，经历了近半个世纪的成长和近 20 年爆发式的增长，BIM 技术已经不能称之为革命性的技术了，在 AutoCAD 主导的无纸化设计之后，工程建设行业再次迎来了 BIM 参数化设计的新纪元。美国著名的技术预言家凯文·凯利在其著作《科技想要什么》[46] 中认为，科技是除了真细菌、古细菌、原生生物、真菌、植物和动物共六大类生物之外的一种能够自我发展演化的"第七生命王国"，其发展演变已经卷入到智人的进化轨迹之中，像有机体一样，具有自适应的特征。美国等发达国家在经历了大量的由于构件碰撞而导致的返工缺陷之后，借计算机快速发展的东风，催生出了 BIM 技术。

　　因此，是否接纳和采用 BIM 技术，不是一道选择题，而是一个确认按钮，对于不同的个人或组织，差别仅在于按下这个按钮的时间不同，但有一点可以肯定的是，个人或组织必须尽早按下确认键，否则将永远失去转型升级的机会。以下是笔者对 BIM 技术的发展趋势作出一定的展望。

6.1　BIM 设计趋势

6.1.1　BIM 技术从辅助设计工具变为主导设计工具

　　随着大规模建设进入尾声，越来越多的建筑进入改造阶段，改造方式包括加层、重新分隔房间等，在改造过程中必然会涉及与原结构构件、设施设备管线的避让或调整，从经济节约的原则出发，对原构件和管道应尽量减少拆改，同时要保证拆改后的构件不影响正常使用的净高、净面积等要求，因此，正确地建立改造前后的 BIM 模型显得十分重要。

　　对于钢结构、装配式等建筑则必须采用 BIM 技术建模精确的加工尺寸，才能交付工厂批量生产，同时可在计算机中进行预拼装以检查设计的合理性，减少施工现场的人力、财力和机械设备消耗。

6.1.2　BIM 智能化审图

　　随着建筑系统日趋复杂，人类专家凭经验的审图模式受到了很大的挑战。跨入 2020 年以后，各地政府积极推进 BIM 智能化审图，从初期的简单规范条文判读逐步进化到人工智能辅助审查模型。例如：南京市于 2023 年 2 月颁布了《建筑工程施工图信息模型智能审查系统数据规范》（DB3201/T 1142—2023）、《建筑工程施工图信息模型智能审查规范》（DB3201/T 1143—2023）、《建筑工程施工图信息模型设计交付规范》（DB3201/T 1144—2023）、《建筑工程竣工信息模型交付规范》（DB3201/T 1145—2023）4 本标准文件；上海市住房和城乡建设管理委员会联合北京构力科技有限公司于 2023 年开发了 BIM 智能化审图平台，在轻量化的 BIM 模型中对于不同的规范条文类型进行智能审查，如图 6-1所示。

图 6-1 上海市工程建设项目审批管理系统（BIM 智能辅助审查子系统的操作界面）

2023 年 7 月 31 日，住房和城乡建设部发布了《住房城乡建设部关于推进工程建设项目审批标准化规范化便利化的通知》（建办〔2023〕48 号）。意味着在不久的未来，将在国家层面全面推进 BIM 智能化模型审查，依靠人力翻箱倒柜查找规范条文的审图模式将成为历史。

6.1.3 BIM 设计与工业制造 CAM 融合

截至 2023 年，BIM 技术的应用场景主要集中在建筑工程领域，对大尺度构件进行参数化建模。随着时间的推移和设计的日渐精细化，建筑物中的部分工业制品需要精确地与主体建筑相结合，例如：复杂造型的钢结构雨篷与主体结构的连接、悬挂式太阳能板与主体结构的连接等，工业制品一般是由 Inventor、SolidWorks 等更为精细化的工业建模软件以"零件（Part）"的方式生成，需要精确地链接到主体建筑对应部位。当二者协调一致后，由工业设计软件生成能为制造机器能识别的操作指令后制造出来，进而产生了 BIM 设计与工业制造 CAM 相融合的需求，例如：Autodesk Inventor 工业设计软件的操作界面如图 6-2 所示，该软件与 Autodesk Revit 软件可以产生关联，将 Inventor 生成的零件精确地链接进入 Revit 模型中成为建筑模型的一部分。当建筑模型调整时，可以返回Inventor 调整零件尺寸，然后在 Revit 中重载 Inventor 零件实现更新。

6.1.4 利用量子计算机处理复杂模型

传统的冯·诺依曼架构的计算机算力在多核多处理器的云计算模式下达到了巅峰，但由于其本质是并行计算，按照阿姆达尔定律（Amdahl law，1967 年），并行计算对算力的提高是有限的，假设 a 是并行部分所占的比例， n 为并行处理结点总数，则并行加速比 $S = 1/[(1-a) + a/n]$，当 $n \to \infty$ 时，极限加速比 $S \to 1/(1-a)$，故继续增加处理器核心数量、服务器数量的边际效应将锐减，终会无法承受高精度仿真模型。

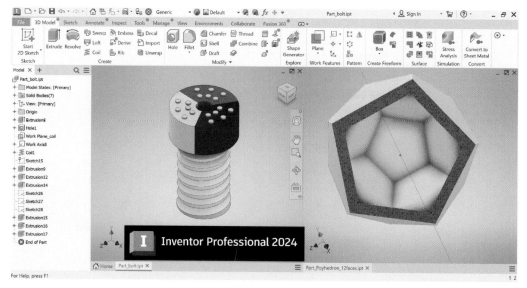

图 6-2　Autodesk Inventor 软件操作界面

　　量子计算机则在本质上改变了计算原理，利用量子运动状态的"态叠加原理"进行计算，其算力比传统的冯·诺依曼架构计算机呈指数级提升，为复杂模型的实时运算提供了强大的硬件基础设施。

6.1.5　沉浸式混合现实建模技术

　　在科幻电影《钢铁侠》中，钢铁侠托尼·史塔克通过全息投影技术操作空气中虚拟的电脑屏幕来设计机械战甲。中国空间站于 2022 年 10 月 12 日举办天宫课堂，航天员陈冬成功利用混合现实 MR 眼镜进行拟南芥样本采集，展示了虚拟现实技术已经被成熟应用，如图 6-3 所示。

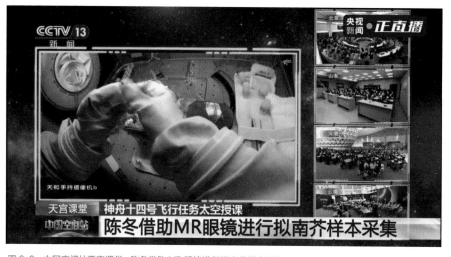

图 6-3　中国空间站天宫课堂：陈冬借助 MR 眼镜进行拟南芥样本采集

图 6-4 原子世界，比特世界和被计算的建筑（作者自绘）

图 6-4 展现了大原子世界是一个典型的原子世界，八大行星以太阳为中心旋转，与微观世界的电子绕原子核旋转的概念模型是相同的。

比特世界以最简单的 0 和 1 代表夫和开、虚和实、阴和阳，进而派生出世间万物，其抽象程度远高于原子的概念模型。

建筑物通过实体原子组合为人类提供了三维栖居空间，但建筑物实体却比较基合方式和配比组于比特的计算所操控。

由此可以预见，未来的 BIM 建模方式可能是人带上 MR 眼镜，身临其境地漫步于虚拟的建筑空间，抬头可见管道，并可以实时获取当前位置管道净高，用手势调整管道上下左右移动，同时眼前有虚拟屏幕或全息投影显示整体管线的空间布局，实时比较当前位置与整体的关系等，形成沉浸式混合现实建模技术。

6.2　原子世界、比特世界和被计算的建筑

中国学者吴伯凡[47] 将物质世界与当代计算机科学作对比，认为原子代表了"重"的物质世界，而计算机科学中的比特（BIT，计算机专业术语，用 0 和 1 表达信息，二进制数的 1 位所包含的信息就是 1 比特，例如：二进制数 0110 等于 $0 \times 2^3 + 1 \times 2^2 + 1 \times 2^1 + 0 \times 2^0 = 6$ 比特）代表了"轻"的虚拟世界，人类社会正由"重"转"轻"，从原始社会的刀耕火种、工业文明的机械设备逐步过渡到计算机信息时代以比特为基本单元的虚拟网络世界。建筑工程行业也不能幸免，从早年的人工作业升级为预制装配式自动化施工，再到当前基于 BIM 模型的虚拟建造，还有基于风环境流体力学模拟的住区建筑布局、基于热工性能模拟计算的围护结构选材等由"比特"主宰的设计约束条件，已经令当代的建筑成为"被计算的建筑"，原子世界正在被比特世界渗透和"操控"，如图 6-4 所示。

6.3　BIM 设计与建筑师的未来

当今的建筑师是幸运的，因为他们成长、工作于一个物质极大丰富的时代，从琳琅满目的工业产品到丰富易得的信息资源；但是当今的建筑师又是不幸的，因为他们身处历史和未来的十字路口，背后是传统的手绘技法和建筑学本原的基础知识，前方是广袤的人工智能世界和百花齐放的设计思潮。如何才能继往开来、砥砺前行？也许用"铁人三项"（图 6-5）来形容建筑师未来的处境最为恰当，该运动主要是考验运动员的体力和意志力，融合了长跑 10 km、游泳 1.5 km、骑自行车 40 km 三项运动，寓意设计师除了熟悉设计也要了解工程建造过程，还应掌握 BIM 技术，把自身变为三头六臂的哪吒，设计观念由绘图转变为虚拟建造，才能为建设方提供可信赖的长生命周期技术服务。

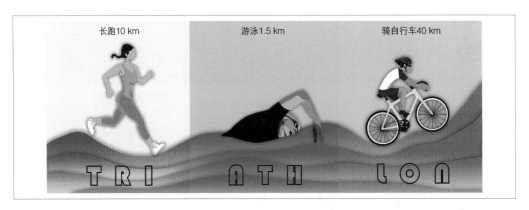

图 6-5　建筑师的"铁人三项"

附录 A

某住宅小区地下车库 BIM 项目操作指引

A.1 工程信息

工程名称：某住宅小区地下车库 BIM 辅助设计项目。

A.2 项目操作指引

A.2.1 PM00——项目管理文件目录（Project Manage Files Contents）

参见 4.4.3 节示例，此处略。

A.2.2 PM01——项目章程（Project Charter）

1. 项目基本情况（Project Basic Information）

项目客户：某地产公司。

项目名称：地下车库 BIM 设计。

BIM 项目操作指引手册制作人：易某。

BIM 项目操作指引手册制作日期：2018-01-08。

BIM 技术负责人（BIM Tech Manager）：易某（建筑、结构、室内）、陈某（给排水、电气、暖通）。

2. 项目描述（Project Basic Information）

本项目属于大型 BIM 项目，包括 2 个大型地下车库。项目目标共有 3 个。

（1）形成能用于按模型施工的建立 Revit 模型的能力，为建设方创造实际价值。

（2）培养更多的 BIM 团队成员，为设计院向 BIM 辅助设计转型积累实践经验。

（3）结构、设备专业探索在 Revit 中结合盈建科公司的 REVIT-YJKS、鸿业同行科技公司的 BIMSpace 等插件辅助出图的可能性。但本次仅限于用±0.000 以上单体模型进行测试，避免影响地下车库施工模型。

3. 项目里程碑计划（Project Milestones）

项目里程碑计划包括时间和成果，具体可见表 A-1。

表 A-1 项目里程碑计划

里程碑编号	到期日	成果 （每个里程碑召开一次项目例会进行记录）
M01	2017-12-28	协同公司管理层召开项目预讨论会（已完成）
M02	2018-01-03	成立项目组，确定项目章程（已完成）
		后续节点详见"里程碑清单（Project Milestones List）"

4. 评价标准（Project Acceptance Criteria）

建筑、结构、给排水、电气、暖通、室内专业所完成的地下车库模型达到指导现场施工的深度，能提出优于常规二维设计的价值点，没有因内部因素导致的工期明显滞后或模型错误，没有有害的构件碰撞，则项目成功。

5. 项目主要风险点（Project Main Risk Point）

参与者因软件操作不熟练、人员中途变化或计算机性能偏低引起的质量不高，时间成本和设计院层面的项目间协调引起的时间成本的增加。

6. 项目假定与约束条件（Project Assumptions and Constrains）

1）项目假定

（1）假定甲方没有作出房型调整、总平面调整等重大变更。

（2）假定设计院多个项目间能够合理协调时间，避免项目组成员长期超负荷工作。

（3）假定项目组各成员不出现长期缺勤或意外退出。

2）约束条件

（1）项目需在 3 月中下旬结束，才能保证履行合同不违约。

（2）计算机升级所需费用要能平衡性能和项目收益。

（3）项目组各成员需自行阅读相关工具书并及时交流，解决技术难点。

7. 项目主要干系人（Key Stakeholders）

参见 C.2.2 节，此处略。

A.2.3 PM02——项目干系人管理（Project Stakeholders Management）

1. 项目基本情况（Project Basic Information）

同 A.2.2 节"PM01"示例，此处略。

2. 项目干系人登记册（Key Stakeholders Register）

参见 C.2.3 节示例，此处略。

3. 项目干系人管理策略（Key Stakeholders Management Policy）

参见 C.2.3 节示例，此处略。

A.2.4　PM03——团队合作协议（Team Collaboration Protocol）

参见 C.2.4 节示例，此处略。

A.2.5　PM04——文件和工作集管理（Files And Worksets Management）

1. NAS 服务器文件路径及文件夹结构（NAS File Path and Folder Structure）

右击"我的电脑"，映射网络驱动器至 NAS 服务器的地址：\\ xxx.xxx.xxx.xxx \ BIM，项目各子项文件夹在"LSBIM2018001 \ ［子项名］"各子项文件夹含义、中心（或链接）文件名，参见 C.2.5 节示例，此处略。本项目的文件夹结构见图 A-1、图 A-2，及表 A-2。

建模用户名设置：参见 C.2.5 节示例，此处略。

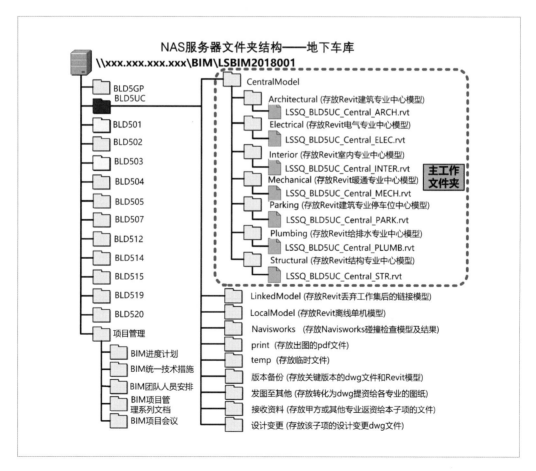

图 A-1　地下车库中心模型在局域网服务器存储的文件夹结构

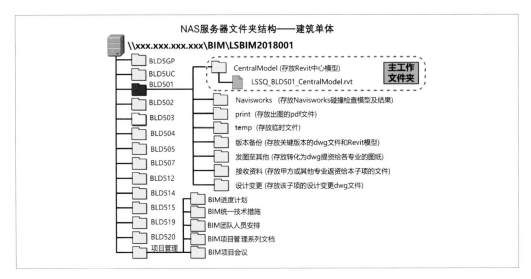

图 A-2 单体模型在局域网服务器存储的文件夹结构

表 A-2 第 5 号地块地下车库各子系统的文件存储结构

模型分类	子项名	专业分类	二级文件夹名	文件名
中心模型	BLD5UC	建筑	CentralModel \ Architectural	LSSQ_ BLD5UC_ Central_ ARCH. rvt
		结构	CentralModel \ Structural	LSSQ_ BLD5UC_ Central_ STR. rvt
		给排水	CentralModel \ Plumbing	LSSQ_ BLD5UC_ Central_ PLUMB. rvt
		电气	CentralModel \ Electrical	LSSQ_ BLD5UC_ Central_ ELEC. rvt
		机械	CentralModel \ Mechanical	LSSQ_ BLD5UC_ Central_ MECH. rvt
		室内	CentralModel \ Interior	LSSQ_ BLD5UC_ Central_ INTER. rvt
		停车	CentralModel \ Parking	LSSQ_ BLD5UC_ Central_ PARK. rvt
链接模型	BLD5UC	建筑	LinkedModel	LSSQ_ BLD5UC_ Linked_ ARCH. rvt
		结构	LinkedModel	LSSQ_ BLD5UC_ Linked_ STR. rvt
		给排水	LinkedModel	LSSQ_ BLD5UC_ Linked_ PLUMB. rvt
		电气	LinkedModel	LSSQ_ BLD5UC_ Linked_ ELEC. rvt
		机械	LinkedModel	LSSQ_ BLD5UC_ Linked_ MECH. rvt
		室内	LinkedModel	LSSQ_ BLD5UC_ Linked_ INTER. rvt
		停车	LinkedModel	LSSQ_ BLD5UC_ Linked_ PARK. rvt
		链接合并全专业	LinkedModel	LSSQ_ BLD5UC_ Linked_ All_ Discipline. rvt

2. 本地文件命名规则（Local Filename Rules）

参见 C.2.5 节示例，此处略。

3. 个人文件管理（Personal File Management）

个人需加强文件版本的管理和备份，同一项目采用相似的文件存档结构，以利于项目长期运行和后续接管人的工作延续。建议每周备份一次本人子项的 Revit 模型。

4. 模型视图命名规则（Model View Name Rules）

参见 C.2.5 节示例，此处略。

5. 工作集分权及命名规则（Worksets Separation and Name Rules）

参见 C.2.5 节示例，此处略。

6. 工作集分权：5 号地块地下车库（含单体±0.00 以下部分）

用户名生成规则："专业缩写+ 分工内容简称"，其间无空格、无双引号，例如：建筑专业地下车库 AB 分区，则用户名为 ARCHZAB；给排水专业地下车库消防系统，则用户名为 PLUMBFIRE，依此类推，用户名不区分大小写（详见前述"建模用户名设置"的示例），具体见表 A-3 所列。

表 A-3　分部工程建模分工

分部工程	工作集名称及登录用户名	编辑者	建模分工
建筑专业 中心模型 停车位 中心模型	ARCHZAB	吴某	A、B 区墙体（区分混凝土墙和填充墙）、顶底板（含开洞、集水坑）、停车位、楼梯、坡道、电梯、门窗（以下简称"上述建筑构件"）
	ARCHZCE	马某	C、E 区的上述建筑构件
	ARCHZD	易嘉	D 区的上述建筑构件
结构专业 中心模型	STRZAB	夏某	A、B 区梁、柱、基础（以下简称"上述结构构件"）
	STRZCE	王某	C、E 区的上述结构构件
	STRZD	王某	D 区的上述结构构件
给排水专业 中心模型	PLUMBFIRE	钟某	消防及喷淋水系统
	PLUMBDOMESTIC	年某	生活给排水系统
	PLUMBROOM	刘某	泵房等专用机房内部设备及管线
电气专业 中心模型	ELECPOWER	姚某	强电系统及照明灯具、插座
	ELECINFO	汝某	弱电系统、消防电气系统
	ELECROOM	姚某	强电及弱电机房等专用机房内部设备及管线
暖通专业 中心模型	MECHVENT	陈某	通风系统
	MECHHYDRO	翟某	水暖系统
	MECHROOM	王某	风机房、地源机房等专用机房内部设备及管线
室内专业 中心模型	INTERSTYLE	姜某	各单体地下室入口区域

项目前期，各成员均将属于自己的工作集设置为"可编辑"，成为该工作集的实际拥有者并在退出时保留权限，避免其他用户误操作。

室内专业存在跨建筑、水、电、风编辑的工作，项目中后期，等上述专业释放工作权限后再行登录编辑。住宅±0.000 以下公共区域的室内设计一般在不同楼栋内，同时操作一个构件的可能性较小，故室内专业统一为一个用户名和工作集，由专业负责人具体分工。

A.2.6　PM05——项目范围及精度说明书（Project Scope and Precision Guidance）

1. 项目基本情况（Project Basic Information）

同 A.2.2 节 "PM01"，此处略。

2. 项目范围简述（Project Scope Summary）

地下车库建模范围包括：

5 号地块地下车库及单体 ±0.000 以下地下室部分建筑、结构、给排水、电气、暖通、单体地下室公共区域地下室室内模型，地下总建筑面积约 59 333 m²，其中人防区域总建筑面积约 16 136 m²。

6 号地块地下车库及单体 ±0.000 以下地下室部分建筑、结构、给排水、电气、暖通、单体地下室公共区域地下室室内模型，地下总建筑面积约 51 471 m²，其中人防区域总建筑面积约 14 062 m²。

室内专业建模时，建议模型较核心筒边界外扩 1～2 m，以利于形成结构框架、电气入户配电箱等相对完整的部分。

模型应具有一定的可扩充性，以利于后期培训新成员做练习。最后将各楼栋通过共享坐标链接到总图，形成全小区总体模型。

3. 项目范围说明书（Project Scope Guidance）

子项 1：第 5 号地块地下车库

建模范围：按照人防院设计分区，共分为 5 个大区。建筑、结构专业分工，由 3 名成员分别建立 AB 区（合计约 25 753 m²）、CE 区（合计约 22 176 m²）和 D 区（约 11 404 m²）模型。设备专业分工按照设备系统及专用设备用房分区，全地库建立完整的模型，避免人为分区处的管线接头过多，对齐不便，具体可见图 A-3。

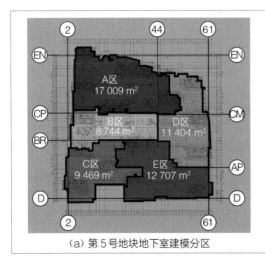
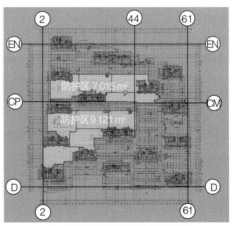

(a) 第 5 号地块地下室建模分区　　(b) 第 5 号地块地下室人防分区

图 A-3　第 5 号地块地下室建模、人防分区

子项 2：第 6 号地块地下车库

建模范围：按照人防院设计分区，共分为 3 个大区。建筑、结构专业分工，由 3 名成员分别建立 A 区（合计约 18 693 m²）、B 区（合计约 19 514 m²）和 C 区（约 13 264 m²）模型。设备专业分工按照设备系统及专用设备用房分区，全地库建立完整的模型，避免人为分区处的管线接头过多，对齐不便，如图 A-4 所示。

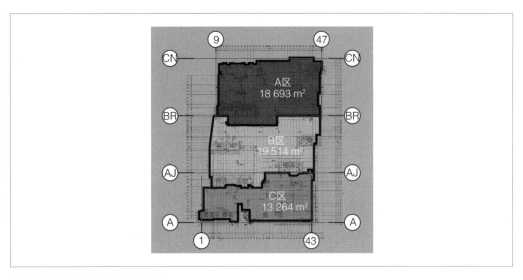

图 A-4　第 6 号地块地下车库建模分区

4. 项目精度说明（Project Precision Description）

1）模型交付标准（Model Deliver Standard）

本次模型交付标准采用美国 AIA 标准《AIA Document E202 2008》，模型精度在 LOD200～LOD300 之间，模型可以用于建筑造价估算、指导现场施工等的要求。

2）分专业信息粒度（Specialty Information Granularity）

（1）建筑、结构及室内专业应具备的信息，应满足以下要求，见表 A-4。

表 A-4　建筑、结构及室内专业模型精度信息汇总

建筑信息		LOD100	LOD200	LOD300	LOD400	LOD500
建筑外围护信息系统						
墙体/柱	基层/面层	—	△	▲	▲	—
幕墙	支撑体系	—	△	▲	▲	—
	嵌板体系	—	▲	▲	▲	—
门窗	框材/嵌板	—	△	▲	▲	—
屋面	基层/面层	—	△	▲	▲	—
建筑其他构件信息系统						
楼/地面	基层/面层	—	△	▲	▲	—
地基/基础	基础	△	△	▲	▲	—

（续表）

建筑信息		LOD100	LOD200	LOD300	LOD400	LOD500
楼梯	基层/面层	—	△	▲	▲	—
	栏杆/栏板	—	△	▲	▲	—
内墙/柱	基层/面层	—	△	▲	▲	—
内门窗	框材/嵌板	—	△	▲	▲	—
建筑装修	吊顶	—	△	▲	▲	—
	指示标志	—	—	△	▲	—
	家具	—	△	△	▲	—
结构梁	基层	—	△	▲	▲	—

注："▲"表示"应具备"；"△"表示"宜具备"；—表示"可不具备"，下同。

（2）给排水专业应具备的信息，应满足表 A-5 的要求。

表 A-5　给排水专业模型精度信息汇总

建筑信息		LOD100	LOD200	LOD300	LOD400	LOD500
生活水系统	给排水管道	—	△	▲	▲	—
	管件	—	△	▲	▲	—
	安装附件	—	△	△	▲	—
	阀门	—	△	▲	▲	—
	仪表	—	△	▲	▲	—
	水泵	—	△	▲	▲	—
	喷头	—	△	▲	▲	—
	卫生器具	—	▲	▲	▲	—
	地漏	—	△	▲	▲	—
	设备	—	▲	▲	▲	—
	电子水位警报装置	—	△	▲	▲	—
消防水系统	消防管道	—	△	▲	▲	—
	消防水泵	—	△	▲	▲	—
	消防水箱	—	△	▲	▲	—
	消火栓	—	△	▲	▲	—
	喷淋头	—	△	▲	▲	—

（3）电气专业应具备的信息，应满足以下要求，见表 A-6。

表 A-6　电气专业模型精度信息汇总

建筑信息		LOD100	LOD200	LOD300	LOD400	LOD500
动力	桥架	—	△	▲	▲	—
	桥架配件	—	△	△	▲	—
	变压器	—	△	▲	▲	—

（续表）

建筑信息		LOD100	LOD200	LOD300	LOD400	LOD500
照明	开关柜	—	△	▲	▲	—
	灯具	—	△	▲	▲	—
	母线	—	△	▲	▲	—
	开关插座	—	△	▲	▲	—
消防	消防设备	—	△	▲	▲	—
	报警装置	—	△	▲	▲	—
	安装附件	—	—	△	▲	—
安防	监测设备	—	△	▲	▲	—
	终端设备	—	△	▲	▲	—
防雷	接地装置	—	—	▲	▲	—
通信	通信设备机柜	—	△	▲	▲	—
	监控设备机柜	—	△	▲	▲	—

（4）暖通专业应具备的信息，应满足以下要求，见表 A-7。

表 A-7　暖通专业模型精度信息汇总

建筑信息		LOD100	LOD200	LOD300	LOD400	LOD500
暖通风系统	风管	—	△	▲	▲	—
	管件	—	—	▲	▲	—
	附件	—	—	△	▲	—
	风口	—	△	▲	▲	—
	末端	—	△	▲	▲	—
	阀门	—	△	▲	▲	—
	风机	—	△	▲	▲	—
	空调箱	—	△	▲	▲	—
暖通水系统	暖通水管道	—	△	▲	▲	—
	管件	—	—	△	▲	—
	附件	—	—	△	▲	—
	阀门	—	△	▲	▲	—
	冷热水机组	—	△	▲	▲	—
	水泵	—	△	▲	▲	—
	锅炉	—	△	▲	▲	—
	冷却塔	—	△	▲	▲	—
	板式热交换器	—	△	▲	▲	—
	风机盘管	—	△	▲	▲	—

A.2.7 PM06——工作分解结构和建模（Project WBS and Modeling）

1. 工作分解结构（Work Breakdown Structure，WBS）

工作分解结构划分依据是项目范围书、需求文件等，不超过 10 层。采用的工具与技术包括分解和专家判断，可用 MS Visio 或其他思维导图设计软件制作。详见图 A-5—图 A-7。

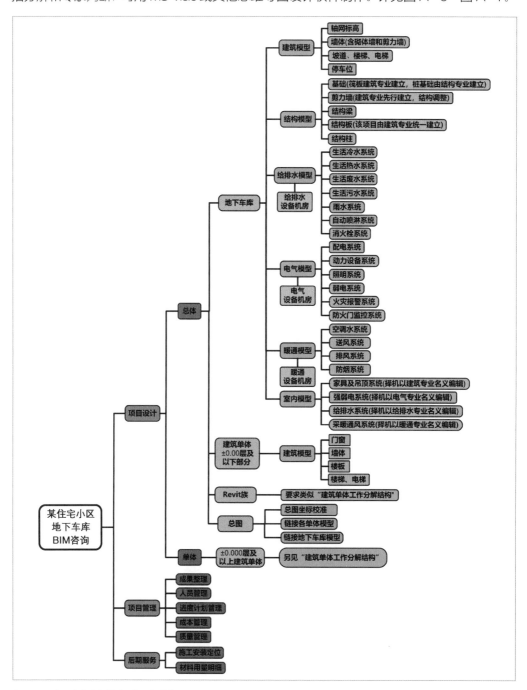

图 A-5　地下车库中心模型工作分解结构

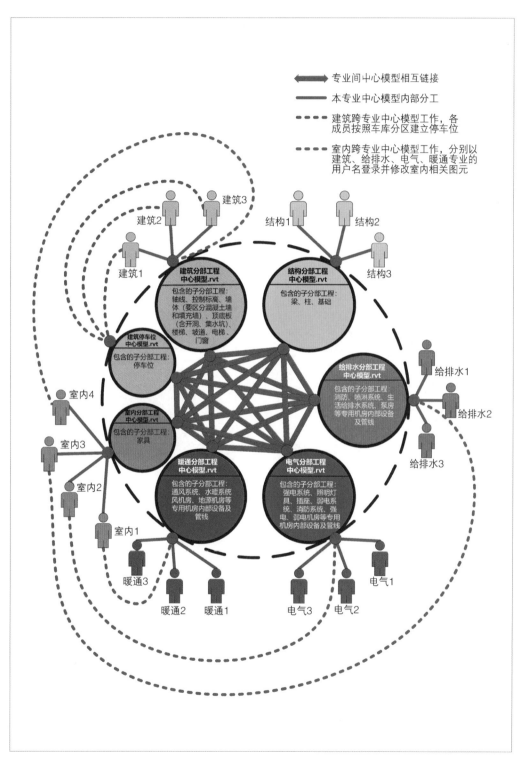

图 A-6 地下车库链接及中心模型两层级工作分解结构图示

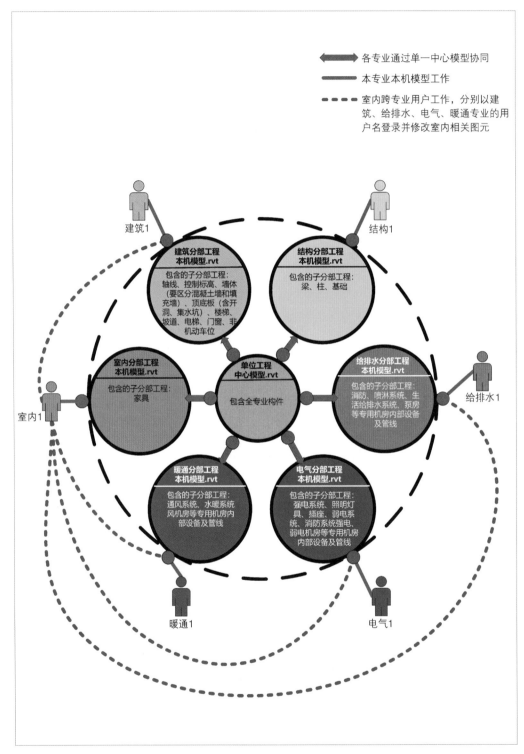

图 A-7 地面单体中心模型工作分解结构图示

2. 建模方法（Modeling Method）

为兼顾建模效率和质量，采用如下方式建模：总图模型采用链接各子项地上模型和地下车库模型的方式生成，地下车库通过分专业中心模型之间相互链接生成。

3. 地上地下分界图（Over Ground and Underground Limit）

地上及地下建模分析如图 A‑8 所示。

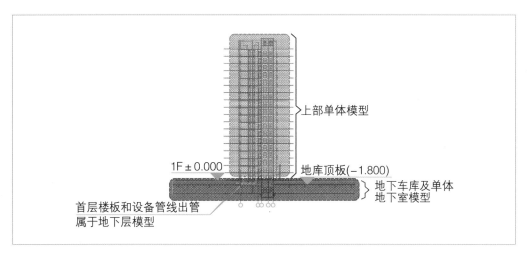

上部单体模型

1F±0.000　　地库顶板(−1.800)

地下车库及单体地下室模型

首层楼板和设备管线出管属于地下层模型

图 A‑8　地上及地下建模分界示意

4. 软件版本（Software Version）

采用 2016 版 Revit、Navisworks 系列软件，如图 A‑9 所示。

图 A‑9　Revit 2016 启动界面

A.2.8　PM07——里程碑清单（Project Milestones List）

项目里程碑清单包含里程碑的具体时间和成果完成的一些情况，具体可见表 A-8。

表 A-8　项目里程碑清单

里程碑编号	到期日	成果（每个里程碑召开一次项目例会进行记录）
M01	2017-12-28	协同公司管理层召开项目预讨论会
M02	2018-01-03	成立项目组，确定项目章程
M03	2018-01-18	召开项目启动会
M04	2018-02-09	启动 5 号及 6 号地块地下车库建模
M05	2018-03-09	完成 5 号及 6 号地块地下车库模型初稿
M06	2018-03-20	5 号地块地下车库模型初稿碰撞检查
M07	2018-05-09	完成 5 号地块地下车库模型碰撞修改
M08	2018-09-18	绿建评审 BIM 专项汇报
M09	2018-11-06	6 号地块地下车库模型初稿碰撞检查
M10	2019-01-11	完成 6 号地块地下车库模型碰撞修改，项目结束

A.2.9　PM08——项目时间计划（Project Time Planning）

时间计划表可以有甘特图（Gantt Chart）和日历计划图两种形式，具体采用何种形式可由项目经理根据需要选用。其中甘特图的制作软件包括微软公司的 MS Project、Oracle 公司的 Primavera Unifier 等桌面应用程序，也可采用在线平台。

由 MS Project 生成的甘特图见附图 1。

A.2.10　PM09——人员策划表（Project Member Planning）

参见 C.2.10 节，此处略。

A.2.11　PM10——质量管理（Project Quality Management）

1. 质量管理计划（Project Quality Management Plan）

采用美国项目管理协会（Project Management Institute，PMI）建议的项目管理方法，以表格形式发布项目管理任务给相关的信息接收者并令其付诸实施。

在项目过程各里程碑时段召开专业负责人群组会议，搜集项目进程信息并形成会议纪要，会后向全项目成员发布会议纪要从而进行总体质量管理。

制定统一的文件目录结构、文件命名规则、工作集命名规则、族命名规则、构件颜色设置规则、团队协调机制等统一技术措施，保证建模过程中各专业有序协调。

2. 质量管理工具（Project Quality Management Tools）

质量管理工具包括以下几项：

（1）PMBOK 配套项目管理实用表格。

（2）项目质量检查表（Project Quality Check List）。

（3）里程碑会议及其会议纪要。

（4）统一技术措施。

3. 项目质量检查表（Project Quality Check List）

项目质量检查表应包含检查时间、里程碑编号、成果要求和专业等信息，见表 A-9。

表 A-9　项目质量检查

检查时间	里程碑编号	里程碑到期日	成果要求	专业	完成情况及说明
2017-12-28	M01	2017-12-28	预讨论会，成立项目组	全专业	完成，形成会议纪要
2018-01-02	无	2018-01-02	接收人防院施工图第 1 次提资	全专业	完成，各专业进行施工图校审
2018-01-10	无	2018-01-10	生成中心文件	建筑	完成，生成地下车库 6 个专业的 7 个中心模型，生成中心模型之间的链接
2018-01-18	M03	2018-01-18	召开项目启动会	设计院	完成，形成会议纪要

A.2.12　PM11——变更管理（Project Revision Management）

1. 项目变更计划（Project Revision Plan）

当本项目涉及重大变更（如预算变化、项目结束时间变化、项目范围变化等），首先听取项目总负责人的意见；较大的变更（如专业间协调、统一技术措施等）由专业技术负责人协商一致后，形成会议纪要并公开发布，做好相关文档的升级和备份工作；一般局部修订（如项目指引文件勘误、局部调整等）通过办公交流软件向专业负责人的群传达，再通过分专业子群发布至各成员。

2. 变更的定义（Definition of Revision）

进度变更：指里程碑清单所列中间时间节点的较大变更或结束时间节点的重大变更。

预算变更：指项目非人力资源支出的重大变更（如计算机升级等）。

范围变更：指建模范围的重大变更（如扩展到核心筒以外的区域等）。

项目文档变更：指项目管理 PM 系列指引文件的较大变更。

3. 变更控制委员会（Revision Control Committee）

变更控制委员会包括角色、承担责任等信息，可见表 A‑10。

表 A‑10　变更控制委员会信息汇总

姓名	角　色	责　任
杨某	项目总负责人	服务合同签订者，项目总体控制
易某	专业技术负责人（建筑）	全专业总体协调、编写项目层面的指引文件、拟定总体建模措施
陈某	专业技术负责人（暖通）	设备专业（水、电、风）协调，包括技术性的和项目管理方面（人员、进度、质量等）
王某	专业负责人（结构）	结构专业协调
姚某	专业负责人（电气）	电气专业协调
钟某	专业负责人（给排水）	给排水专业协调

A.2.13　PM12——问题日志（Project Problem History）

1. 问题管理计划（Problem Management Plan）

由项目组各成员及时搜集设计过程的问题或成功经验，先自行记录，再分专业定期汇总（如每周汇总一次），项目结束时全专业汇总，作为项目总结的一部分。

2. 问题或经验记录（Problem or Experience Record）

1）ARCH‑Q01（建筑专业）

问题类别：地下车库链接模型；

提问日期：2018‑01‑02。

问题描述：坐标校准需要导入 CAD 文件；

解决方法：通过绘制模型线辅助成组和对齐。

2）ARCH‑Q02（建筑专业）

问题类别：总图。

提问日期：2018‑01‑03。

问题描述：专业间如何进行链接模型空间对齐？能否只保留一个专业的全部轴网，而其他专业只定义边界 4 根轴网和±0.00 标高平面？

解决方法：建议每个专业均保留所有轴网标高，否则一旦离开链接模型，所有标注、定位均消失，不利于单专业校核。

3）ARCH‑Q03（建筑专业）

问题类别：地下车库中心模型。

提问日期：2018‑01‑03。

问题描述：ADMIN 用户保有构件和视图编辑的权限。

解决方法：ADMIN 用户创建中心文件和共享轴网后，需放弃 PUBSHARE 等权限，则 LINK、REVISION 等用户才能修改文件。

（4）STR－Q01（结构专业）

问题类别：地下车库中心模型及链接模型。

提问日期：2018-01-10。

问题描述：有时本地用户无法刷新和重新载入链接模型，提示"LINK 用户未释放权限"；

解决方法：中心文件不同专业之间的链接模型，需链接模型的用户释放权限。

5）STR－Q01（结构专业）

问题类别：地下车库中心模型及链接模型。

提问日期：2018-01-17。

问题描述：视图不显示链接模型。

解决方法：须在视图可见性设置中，勾选链接模型的子分支下面的数字，才能完整显示链接模型。

6）ARCH－Q01（建筑专业）

问题类别：地下车库链接外部 dwg 文件。

提问日期：2018-02-14。

问题描述：当链接或导入 AutoCAD 底图时，若模型较复杂，有时会出现（实体）填充在有楼板的区域内不显示的情况，而同样的 dwg 底图，在空的 Revit 文件中可以显示？

解决方法：可以将楼板关闭或者设置为透明即可。

A.2.14 PM13——风险管理（Project Risk Management）

1. 风险管理计划（Project Risk Management Plan）

结合项目章程、事业环境因素、公司的生产方式，在项目规划阶段进行风险识别，生成风险登记册，以定性风险分析为主，制定应付策略，达到有效控制风险的目标。

2. 风险识别工具与技术（Project Risk Identify Tools and Techniques）

（1）文件审查法：查阅项目过程记录相关文档。

（2）头脑风暴法：罗列大量可能风险并开会讨论。

（3）类比法：通过以往经验或类似项目进行类比。

（4）专家判断法：谨慎选用有类似项目经验的专家意见。

3. 风险登记册（Project Risk Liber）

风险登记册主要包括风险说明、概率、风险等级等信息，具体见表 A－11。

表 A‑11 风险登记册

风险编号	风险说明	概率	影 响				风险等级
			范围	质量	进度	成本	
R01	计算机配置可能滞后于 Revit 对硬件的要求	高	高	高	高	高	高
R02	多个人员异地操作同一中心文件副本，导致其中一个人的修改失效	高	中	高	高	中	高
R03	其他项目需要使用本项目人员	中	中	中	高	中	高
R04	人防院地库设计施工图出现较多问题，可能导致模型做出相当程度的修改和返工	高	中	高	高	中	中

注：1. 概率评级：非常高（5分）、高（4分）、中等（3分）、低（2分）、非常低（1分）；
2. 影响范围、质量、进度、成本评级：非常高（5分）、高（4分）、中等（3分）、低（2分）、非常低（1分）；
3. 风险等级：高（6分）、中（4分）、低（0分）。

A.2.15 PM14——项目签收及总结（Project Delivery Summary）

1. 项目描述（Project Basic Information）

本项目是设计院提升整体 BIM 技术水平的实战项目。

2. 签收内容（Delivery Content）

签收内容包括项目目标、成功标准、偏差等信息，具体见表 A‑12。

表 A‑12 签收内容信息汇总

内容	项目目标	成功标准	是否满足	偏 差
范围	地下车库建模	完成地下车库建模	满足	
时间	2018-01-02—2018-03-30	项目截止日完成建模	满足	
成本	非人力资源开支小于 15 万元人民币（主要用于计算机升级）	未超支	满足	总耗资约 2 万元升级计算机
质量	达到指导施工深度，无有害碰撞	能满足绿建评价 BIM 应用的要求，且能正确指导现场施工	满足	
其他	无			

A.3 本工程项目管理经验小结

该项目地下车库总面积达到 11 万 m^2，参与建模的人数为 10～15 人，包括建筑、结构、给排水、电气、暖通 5 个专业，团队成员对于 BIM 技术的认识和熟练程度参差不齐，如何在短时间（1 个月）内既能使团队各成员目标清晰、技术水平进步、分工明确、减少相互干扰和人员变化的影响，又能够推进项目，是首要关注和解决的问题。

因此，笔者参照 PMI 的 PMBOK 的项目管理模板，为每个地块编写了详尽的项目管理文档，内容包含"项目章程""项目干系人管理""建模和工作分解结构""项目时间计划"等 14 份文档，合计约 1.4 万字，以图文并茂的方式描述项目工作流程。部分成员新入选 BIM 团队，处在边学边做的状态，其在项目管理文档的帮助下，也能快速适应任务需求。

该项目最终完成了 BIM 咨询成果编制，形成《某住宅小区 5 号地块地下车库 BIM 分析及应用报告》《某住宅小区 6 号地块地下车库 BIM 分析及应用报告》两份成果文件，两个地块累计检出 30 处复杂的多专业管线碰撞区域，依据碰撞检查结果在施工前与设计方协调修改，优化机电系统空间布局，减少图纸的错漏碰缺。

2019 年 12 月，该项目获得"三星级绿色建筑设计标识证书（居住建筑）"，按照《绿色建筑评价标准》（GB/T 50378—2014）第 11.2.10 条，BIM 设计与施工阶段应用作为绿建三星的创新类加分项，贡献了 2 分。

本项目的施工实景如图 A‑11 和图 A‑12 所示，Revit 模型如图 A‑13 和图 A‑14 所示。

图 A‑11 某住宅小区地下车库鸟瞰施工实景

图 A‑12　某住宅小区地下车库局部管线施工实景

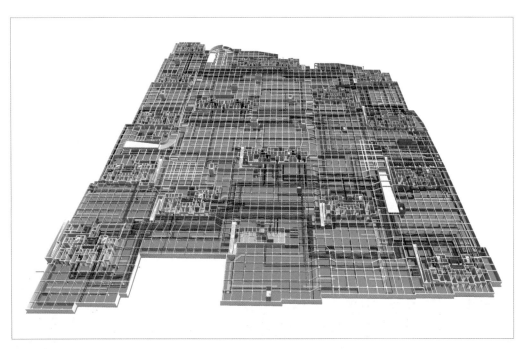

图 A‑13　某住宅小区地下车库整体 Revit 模型

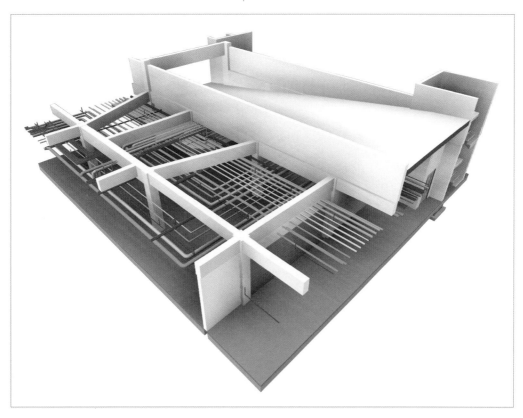

图 A‑14 某住宅小区地下车库局部管线综合 Revit 模型

附录 B

某住宅小区 BIM 咨询项目操作指引

B.1 工程信息

工程名称：某住宅小区 BIM 辅助设计项目。

B.2 本项目管理文档

B.2.1 PM00——项目管理文件目录（Project ManageFiles Contents）

参见第 4.4.3 节示例，此处略。

B.2.2 PM01——项目章程（Project Charter）

1. 项目基本情况（Project Basic Information）

项目客户：某地产公司。

项目名称：地下车库、3 号、9 号住宅首层及二层的全专业 Revit 模型。

BIM 项目操作指引手册制作人：易某。

BIM 项目操作指引手册制作日期：2020-05-13。

BIM 技术负责人（BIM Tech Manager）：易某（建筑、结构、室内）、陈某（给排水、电气、暖通）。

2. 项目描述（Project Basic Information）

本项目属于设计院内部实战培训项目，包括地下车库（包含单体地下室）、3 号、9 号住宅首层及二层，是设计院提升整体 BIM 技术水平的实训项目。项目目标共有两个。

（1）培养更多的 BIM 团队成员，为设计院向 BIM 辅助设计转型积累实践经验。

（2）为项目实际施工过程提供三维模型参考。

3. 项目里程碑计划（Project Milestones）

项目里程碑计划包括时间和成果，具体可见表 B-1。

表 B-1 项目里程碑计划

里程碑编号	到期日	成果（每个里程碑召开一次项目例会进行记录）
M01	2020-05-06	协同公司管理层召开项目预讨论会、成立项目组，确定项目章程（已完成）
M02	2020-05-18	召开项目启动会，正式启动项目（已完成）
		后续节点详见"里程碑清单（Project Milestones List）"

4. 评价标准（Project Acceptance Criteria）

达到以下 3 个要求则项目成功：

（1）建筑、结构、给排水、电气、暖通、室内专业所完成的地下车库模型及 3 号、9 号楼首层及二层模型，达到指导现场施工的深度。

（2）能提出优于常规二维设计的价值点。

（3）没有模型错误，没有有害的构件碰撞。

5. 项目主要风险点（Project Main Risk Point）

（1）参与者因软件操作不熟练、人员中途变化或计算机性能偏低引起的质量不高和时间成本增加。

（2）公司购买的 Revit 软件的总结点数为 6 个并发上限，以至于并非所有人员能同时在公司操作模型（在部分时间，部分人员需能将部分模型的副本携带回家修改）。

（3）设计院层面的项目间协调引起的时间成本。

6. 项目假定与约束条件（Project Assumptions and Constrains）

1）项目假定

（1）假定甲方没有做出房型调整、总平面调整等重大变更。

（2）假定设计院的多个项目间能合理协调时间，避免项目组成员长期超负荷工作。

（3）假定项目组各成员不出现长期缺勤或意外退出。

2）约束条件

（1）项目争取在 2020 年 7 月底结束。

（2）项目组各成员需自行阅读相关工具书或及时交流，解决技术难点。

7. 项目主要干系人（Key stakeholders）

参见 C.2.2 节示例，此处略。

B.2.3　PM02——项目干系人管理（Project Stakeholders Management）

1. 项目基本情况（Project Basic Info）

同 B.2.2 节"PM01"示例，此处略。

2. 项目干系人登记册（Key Stakeholders Register）

参见附录 C.2.3 示例，此处略。

B.2.4　PM03——团队合作协议（Team Collaboration Protocol）

参见附录 C.2.4 示例，此处略。

B.2.5　PM04——文件和工作集管理（Files And Worksets Management）

1. NAS 服务器文件路径及文件夹结构（NAS File Path and Folder Structure）

右击"我的电脑"，映射网络驱动器至 NAS 服务器的地址：\\ xxx.xxx.xxx.xxx \ BIM \ LSBIM2020001［子项名］各子项文件夹含义、中心（或链接）文件名及项目文件夹结构如图 B-1、图 B-2、表 B-2—表 B-5 所列，映射网络驱动器的方法参见 C.2.5 节示例，此处略。建模用户名设置：参见 C.2.5 节示例，此处略。

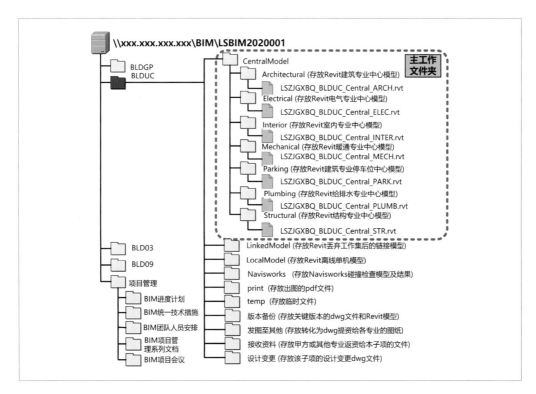

图 B-1　地下车库中心模型在局域网服务器存储的文件夹结构

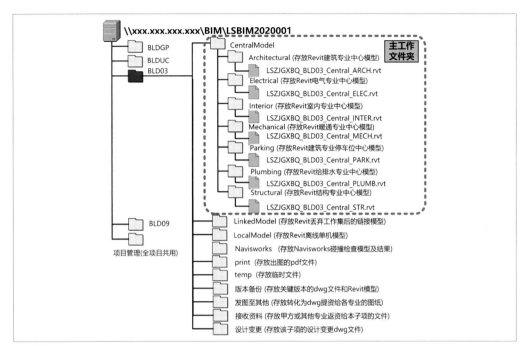

图 B-2 建筑单体中心模型在局域网服务器存储的文件夹结构

表 B-2 地下车库中心模型各子系统的文件存储结构

一级文件夹名	专业分类	二级文件夹名	文件名
BLDUC	建筑	CentralModel \ Architectural	LSZJGXBQ_ BLDUC_ Central_ ARCH. rvt
	结构	CentralModel \ Structural	LSZJGXBQ_ BLDUC_ Central_ STR. rvt
	给排水	CentralModel \ Plumbing	LSZJGXBQ_ BLDUC_ Central_ PLUMB. rvt
	电气	CentralModel \ Electrical	LSZJGXBQ_ BLDUC_ Central_ ELEC. rvt
	机械	CentralModel \ Mechanical	LSZJGXBQ_ BLDUC_ Central_ MECH. rvt
	室内	CentralModel \ Interior	LSZJGXBQ_ BLDUC_ Central_ INTER. rvt
	停车	CentralModel \ Parking	LSZJGXBQ_ BLDUC_ Central_ PARK. rvt

表 B-3 地下车库链接模型各子系统的文件存储结构

一级文件夹名	专业分类	二级文件夹名	文件名
BLDUC	建筑	LinkedModel \ Architectural	LSZJGXBQ_ BLDUC_ Linked_ ARCH. rvt
	结构	LinkedModel \ Structural	LSZJGXBQ_ BLDUC_ Linked_ STR. rvt
	给排水	LinkedModel \ Plumbing	LSZJGXBQ_ BLDUC_ Linked_ PLUMB. rvt
	给排水	LinkedModel \ Electrical	LSZJGXBQ_ BLDUC_ Linked_ ELEC. rvt
	机械	LinkedModel \ Mechanical	LSZJGXBQ_ BLDUC_ Linked_ MECH. rvt
	室内	LinkedModel \ Interior	LSZJGXBQ_ BLDUC_ Linked_ INTER. rvt
	停车	LinkedModell \ Parking	LSZJGXBQ_ BLDUC_ Linked_ PARK. rvt
	链接合并全专业	LinkedModel	LSZJGXBQ_ BLDUC_ Linked_ All_ Discipline. rvt

表 B‑4　地面单体中心模型各子系统的文件存储结构

一级文件 夹名	专业分类	二级文件夹名	文件名
BLD03/09	建筑	CentralModel \ Architectural	LSZJGXBQ_ BLD03/09_ Central_ ARCH. rvt
	结构	CentralModel \ Structural	LSZJGXBQ_ BLD03/09_ Central_ STR. rvt
	给排水	CentralModel \ Plumbing	LSZJGXBQ_ BLD03/09_ Central_ PLUMB. rvt
	电气	CentralModel \ Electrical	LSZJGXBQ_ BLD03/09_ Central_ ELEC. rvt
	机械	CentralModel \ Mechanical	LSZJGXBQ_ BLD03/09_ Central_ MECH. rvt
	室内	CentralModel \ Interior	LSZJGXBQ_ BLD03/09_ Central_ INTER. rvt

表 B‑5　地面单体链接模型各子系统的文件存储结构

一级文件 夹名	专业分类	二级文件夹名	文件名
BLD03/09	建筑	LinkedModel \ Architectural	LSZJGXBQ_ BLD03/09_ Linked_ ARCH. rvt
	结构	LinkedModel \ Structural	LSZJGXBQ_ BLD03/09_ Linked_ STR. rvt
	给排水	LinkedModel \ Plumbing	LSZJGXBQ_ BLD03/09_ Linked_ PLUMB. rvt
	电气	LinkedModel \ Electrical	LSZJGXBQ_ BLD03/09_ Linked_ ELEC. rvt
	机械	LinkedModel \ Mechanical	LSZJGXBQ_ BLD03/09_ Linked_ MECH. rvt
	室内	LinkedModel \ Interior	LSZJGXBQ_ BLD03/09_ Linked_ INTER. rvt

2. 本地文件命名规则（Local Filename Rules）

参见 C.2.5 节示例，此处略。

3. 个人文件管理（Personal File Management）

个人需加强文件版本的管理和备份，同一项目采用相似的文件存档结构，以利于项目长期运行和后续接管人的工作延续。建议每周备份一次本人子项的 Revit 模型。

4. 模型视图命名规则（Model View Name Rules）

参见 C.2.5 节示例，此处略。

5. 工作集分权及命名规则（Worksets Separation and Name Rules）

参见 C.2.5 节示例，此处略。

6. 工作集分权：全项目含地下车库及地上单体

用户名生成规则："专业缩写+ 分工内容简称"，其间无空格、无双引号，例如：建筑专业地下车库 A 分区，则用户名为 ARCHZA，给排水专业地下车库消防系统，则用户名为 PLUMBFIRE，依此类推，用户名不区分大小写（详见前述"建模用户名设置"的示例），具体如表 B‑6—表 B‑8 所列（该表同"工作分解结构 WBS"）。

表 B-6　地下车库分部工程建模分工

分部工程	工作集名称	编辑者	建模分工
建筑专业中心模型	ARCHZA	易某	A 区墙体（区分混凝土墙和填充墙）、顶底板（含开洞、集水坑）、楼梯、坡道、电梯、门窗（以下简称"上述建筑构件"）
	ARCHZB	张某 B1 区 腾某 B2 区	B 区的上述建筑构件，具体实施时，以 28 轴为界，西侧为 B1 区，东侧为 B2 区
停车位中心模型	PARK	易某	三维停车位
结构专业中心模型	STRZA	王某	A 区梁、柱
	STRZB	方某	B 区的上述结构构件
给排水专业中心模型	PLUMBFIRE	年某	消防及喷淋水系统
	PLUMBDOMESTIC	郝某	生活给排水系统
	PLUMBROOM	郝某	泵房等专用机房内部设备及管线
电气专业中心模型	ELECPOWER	姚某	强电系统
	ELECINFO	张某	弱电系统、消防电气系统
	ELECROOM	张某	强电及弱电机房等专用机房内部设备及管线
暖通专业中心模型	MECHVENT	陈某	通风系统
	MECHHYDRO	孙某	水暖系统
	MECHROOM	张某	风机房、地源机房等专用机房内部设备及管线
室内专业中心模型	INTER	姜某	9 号住宅二层 A-2 户型
		王某	3 号住宅首层及二层 B2 户型和 B 户型
		左某	3 号住宅首层 C-1 和 C-1 户型
		朱某	3 号住宅二层 C 户型

表 B-7　单体 3 号住宅±0.00 以上分部工程建模分工

分部工程	工作集名称	编辑者	建模分工
±0.000 以上中心模型	ARCH	张某	专业负责人与各成员协商拟定，并参考"工作分解结构 WBS"。其中，室内专业存在跨建筑、水、电、风编辑的工作
	STR	王某	
	PLUMB	年某	
	ELEC	姚某	
	MECH	孙某	
	INTER	王某	

表 B‐8　单体 9 号住宅±0.00 以上分部工程建模分工

分部工程	工作集名称	编辑者	建模分工
±0.000 以上中心模型	ARCH	腾某	专业负责人与各成员协商拟定，并参考"工作分解结构 WBS"。其中室内专业存在跨建筑、水、电、风编辑的工作
	STR	方某	
	PLUMB	郝某	
	ELEC	张某	
	MECH	张某	
	INTER	姜某	

项目前期，各成员均将属于自己的工作集设置为"可编辑"，成为该工作集的实际拥有者并在退出时保留权限，避免其他用户误操作。

室内专业存在跨建筑、水、电、风编辑的工作，项目中后期，等上述专业释放工作权限后再行登陆编辑。±0.000 以下公共区域的室内设计一般在不同楼栋内，同时操作一个构件的可能性较小，故室内专业统一为一个用户名和工作集，由专业负责人具体分工。

B.2.6　PM05——项目范围及精度说明书（Project Scope and Precision Guidance）

1. 项目基本情况（Project Basic Information）

同 B.2.2 节 "PM01"，此处略。

2. 项目范围简述（Project Scope Summary）

地下车库建模范围包括：

单体±0.000 以下单体附近 2 个柱跨内的建筑、结构、给排水、电气、暖通的地下室模型。如图 B‐3 所示。

单体±0.000 以上建模范围包括：

3 号、9 号住宅 1～2 层的建筑、结构、给排水、电气、暖通、室内的全专业模型。外窗、外门、内门采用单扇玻璃门窗族，不用复杂的遮阳卷帘窗族，仅需表达出洞口尺寸和定位。详见图 B‐4 和图 B‐5 中的阴影部分及粗线部分。

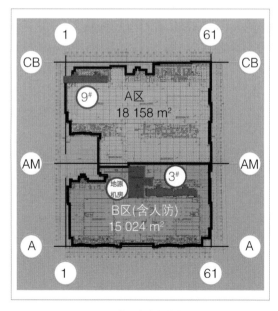

图 B‐3　地下车库建模分区

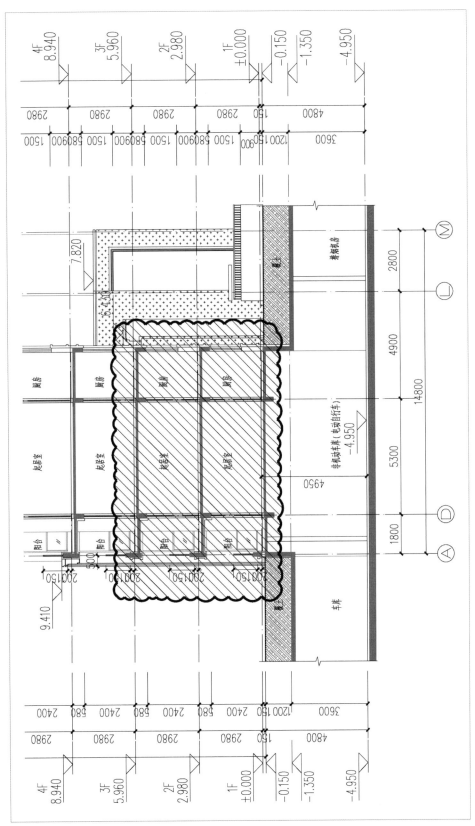

图 B-4 第 3 号住宅首层及二层建模分区剖面图

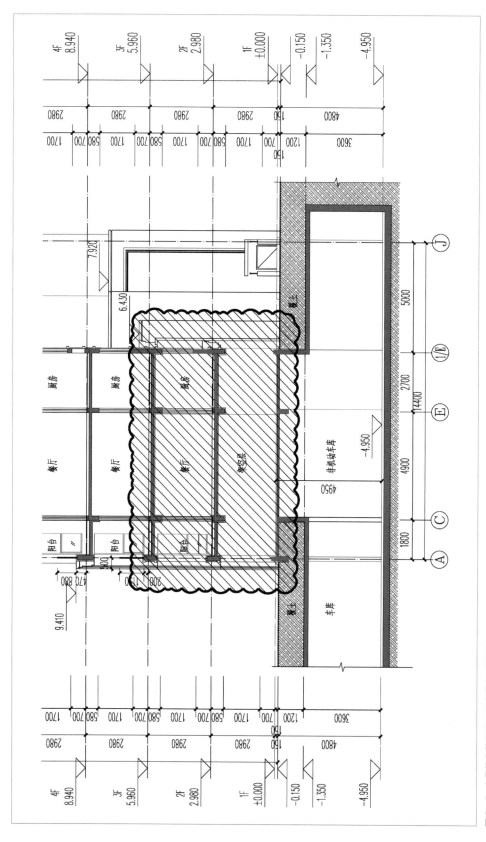

图 B-5　9 号住宅首层及二层建模分区剖面图

（3）单体不需要建模的内容包括：其他地面建筑单体。

模型应具有一定的可扩充性，以利于后期培训新成员做练习，最后将各楼栋通过共享坐标链接到总图，形成全小区总体模型。

3. 项目范围说明书（Project Scope Guidance）

子项 1：地下车库

建模范围：按照人防院设计分区，共分为两大区。建筑、结构专业分工，由 2 名成员分别建立 A 区（约 18 158 m²）、B 区（约 15 024 m²）模型。设备专业分工按照设备系统及专用设备用房分区，全地库建立完整的模型，避免人为分区处的管线接头过多，对齐不便。

子项 2：除地下室外的 3 号住宅首层及二层。建模范围见图 B‒4；除地下室外的 9 号住宅首层及二层。建模范围见图 B‒5。

4. 项目精度说明（Project Precision Description）

1）模型交付标准（Model Deliver Standard）

本次模型交付标准采用《建筑信息模型设计交付标准》（GB/T 51301—2018），模型精度在 G2～G3 之间，模型可以满足空间占位、主要颜色等粗略识别需求的几何表达精度。

2）分专业信息粒度（Specialty Information Granularity）

（1）建筑、结构及室内专业具备的信息，应满足以下 G3 级别的要求，具体见表 B‒9。

表 B‒9　建筑、结构及室内专业信息粒度汇总

建筑信息			G1	G2	G3	G4
建筑外围护信息系统	墙体/柱	基层/面层	—	△	▲	▲
	幕墙	支撑体系	—	△	▲	▲
		嵌板体系	—	▲	▲	▲
	门窗	框材/嵌板	—	△	▲	▲
	屋面	基层/面层	—	△	▲	▲
建筑其他构件信息系统	楼/地面	基层/面层	—	△	▲	▲
	地基/基础	基础	—	△	▲	▲
	楼梯	基层/面层	—	△	▲	▲
		栏杆/栏板	—	△	▲	▲
	内墙/柱	基层/面层	—	△	▲	▲
	内门窗	框材/嵌板	—	△	▲	▲
	建筑装修	吊顶	—	△	▲	▲
		指示标志	—	—	△	▲
		家具	—	△	△	▲
	结构梁	基层	—	△	▲	▲

（2）给排水专业应具备的信息，具体见表 B‑10。

表 B‑10　给排水专业信息粒度汇总

建筑信息		G1	G2	G3	G4
生活水系统	给排水管道	—	△	▲	▲
	管件	—	△	▲	▲
	安装附件	—	△	△	▲
	阀门	—	△	▲	▲
	仪表	—	△	▲	▲
	水泵	—	△	▲	▲
	喷头	—	△	▲	▲
	卫生器具	—	▲	▲	▲
	地漏	—	△	▲	▲
	设备	—	▲	▲	▲
	电子水位警报装置	—	△	▲	▲
消防水系统	消防管道	—	△	▲	▲
	消防水泵	—	△	▲	▲
	消防水箱	—	△	▲	▲
	消火栓	—	△	▲	▲
	喷淋头	—	△	▲	▲

（3）电气专业应具备的信息见表 B‑11。

表 B‑11　电气专业信息粒度汇总

建筑信息		G1	G2	G3	G4
动力	桥架	—	△	▲	▲
	桥架配件	—	△	△	▲
	变压器	—	△	▲	▲
照明	开关柜	—	△	▲	▲
	灯具	—	△	▲	▲
	母线	—	△	▲	▲
	开关插座	—	△	▲	▲

建筑信息		G1	G2	G3	G4
消防	消防设备	—	△	▲	▲
	报警装置	—	△	▲	▲
	安装附件	—	—	△	▲
安防	监测设备	—	△	▲	▲
	终端设备	—	△	▲	▲
防雷	接地装置	—	△	▲	▲
通信	通信设备机柜	—	△	▲	▲
	监控设备机柜	—	△	▲	▲

（4）暖通专业应具备的信息见表 B‑12。

表 B‑12　暖通专业信息粒度汇总

建筑信息		G1	G2	G3	G4
暖通风系统	风管	—	△	▲	▲
	管件	—	—	▲	▲
	附件	—	—	△	▲
	风口	—	△	▲	▲
	末端	—	△	▲	▲
	阀门	—	△	▲	▲
	风机	—	△	▲	▲
	空调箱	—	△	▲	▲
暖通水系统	暖通水管道	—	△	▲	▲
	管件	—	—	△	▲
	附件	—	—	△	▲
	阀门	—	△	▲	▲
	冷热水机组	—	△	▲	▲
	水泵	—	△	▲	▲
	锅炉	—	△	▲	▲
	冷却塔	—	△	▲	▲
	板式热交换器	—	△	▲	▲
	风机盘管	—	△	▲	▲

B. 2. 7 PM06——工作分解结构和建模（Project WBS and Modeling）

1. 工作分解结构（Work Breakdown Structure，WBS）

工作分解结构划分依据包括项目范围书、需求文件等，不超过 10 层。采用的工具与技术包括分解和专家判断，可用 MS Visio 或其他思维导图设计软件制作。详见图 B-6—图 B-9。

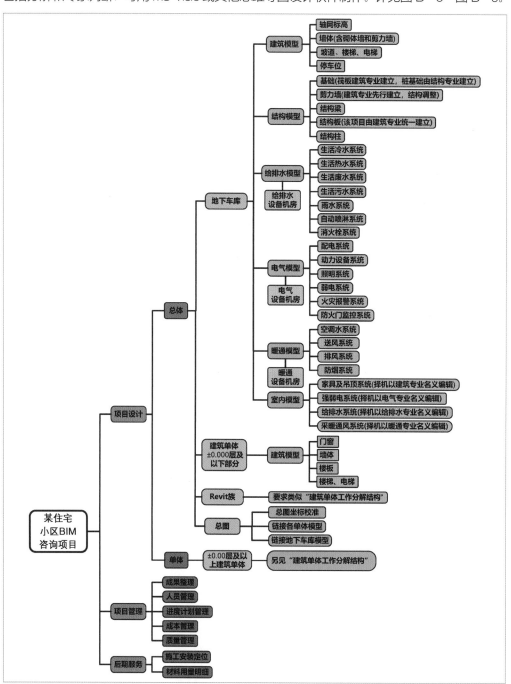

图 B-6 地下车库中心模型工作分解结构

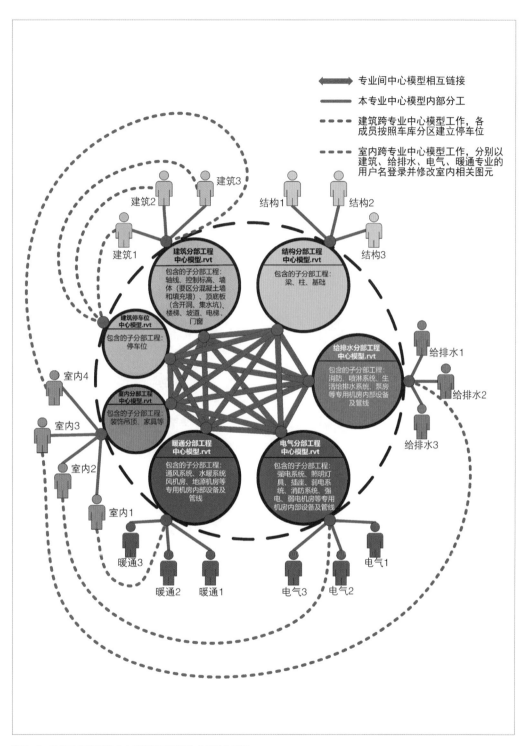

图 B-7 地下车库链接及中心模型两层级工作分解结构图示

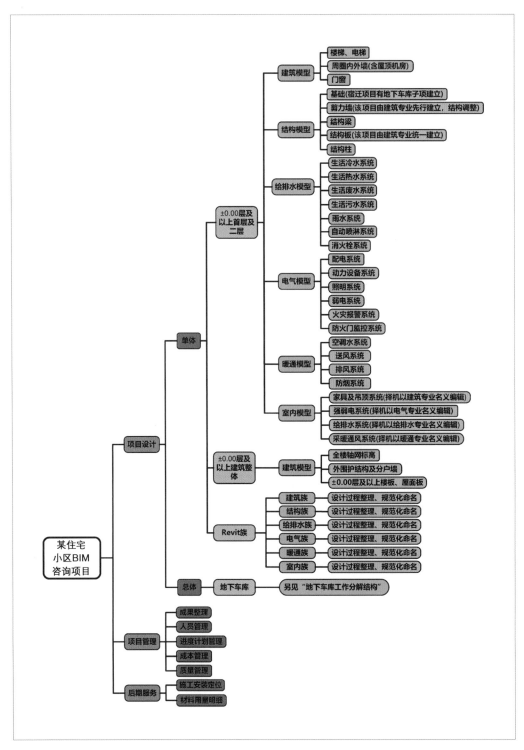

图 B‑8　地面单体中心模型工作分解结构

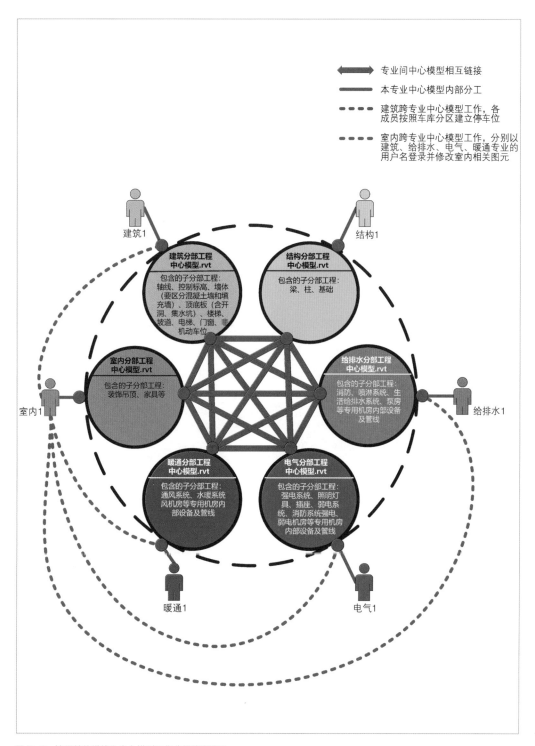

图 B-9　地面单体链接及中心模型工作分解结构图示

2. 建模方法（Modeling Method）

为兼顾建模效率和质量，采用表 B‒13 方式建模。

表 B‒13　提高建模效率和质量的建模方式

模型名称	对应子项	部位	生成模型方式
BLDGP	总图	全部子项	链接各子项地上模型和地下车库模型
BLDUC	地下车库	±0.000 及以下	生成地下车库分专业中心模型，然后各专业之间相互链接实现协同
BLD03	住宅 3 号楼	±0.000 以上	生成单体分专业中心模型，然后各专业之间相互链接，实现协同
BLD09	住宅 9 号楼	±0.000 以上	同 3 号楼

3. 地上地下分界图（Over Ground and Underground Limit）

地上及地下建模分界见图 B‒10。

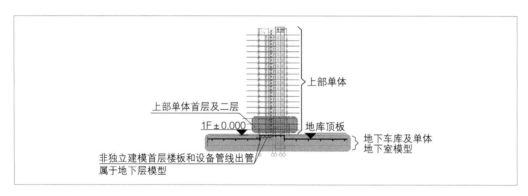

图 B‒10　地上及地下建模分界示意

4. 软件版本（Software Version）

本项目采用 Autodesk Revit 2019 版软件，该软件启动界面如图 B‒11 所示。

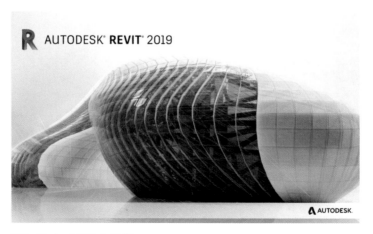

图 B‒11　Revit 2019 启动界面

B. 2. 8　PM07——里程碑清单（Project Milestones List）

项目里程碑清单包含里程碑的时间和成果，具体见表 B‑14。

表 B‑14　项目里程碑清单

里程碑编号	到期日	成果（每个里程碑召开一次项目例会进行记录）
M01	2020-05-06	协同公司管理层召开项目预讨论会、成立项目组，确定项目章程
M02	2020-05-18	召开项目启动会，正式启动项目
M03	2020-06-05	完成模型初稿
M04	2020-06-16	完成第 1 次碰撞检查修改
M05	2020-07-02	完成第 2 次碰撞检查修改及施工图修正
M06	2020-07-13	完成成果汇总整理，项目结束

B. 2. 9　PM08——项目时间计划（Project Time Planning）

时间计划表有甘特图和日历计划图两种形式，具体采用何种形式，可由项目经理根据需要选用。甘特图的制作软件包括微软公司的 MS Project、Oracle 公司的 Primavera Unifier 等桌面应用程序，也可采用在线平台。

由 MS Project 生成的甘特图见附图 2。

B. 2. 10　PM09——人员策划表（Project Member Planning）

建模人员策划表包括各专业分工人员所负责的图件信息，可见表 B‑15。

表 B‑15　建模人员策划

子项	BIM 建模专业负责	建筑 易某	结构 王某	给排水 年某	电气 姚某	暖通 陈某	室内 姜某
总图	建模	易某	—	—	—	—	—
地下车库	建模	易某/ 腾某/ 张某	王某/ 方某	年某/ 郝某	姚某/ 吴某	陈某/ 孙某/ 张某	姜某
3 号住宅首层及二层	建模	腾某	王某	年某	姚某	孙某	王某
9 号住宅首层及二层	建模	张某	方某	郝某	吴某	张某	姜某
合计	4 个子项						

B. 2. 11　PM10——质量管理（Project Quality Management）

1. 质量管理计划（Project Quality Management Plan）

参见 C. 2. 11 示例，此处略。

2. 质量管理工具（Project Quality Management Tools）

质量管理工具包括以下几项：

（1）PMBOK 配套项目管理实用表格。

（2）项目质量检查表（Project Quality Check List）。

（3）里程碑会议及其会议纪要。

（4）统一技术措施。

3. 项目质量检查表（Project Quality Check List）

项目质量检查应从时间、成果、专业等方面展开，具体见表 B‐16。

表 B‐16 项目质量检查

检查时间	成果要求	专业	完成情况及说明
2020-05-06	预讨论会，成立项目组	全专业	完成，形成 M01 会议纪要
2020-05-08	接收施工图第 1 次提资	全专业	完成，各专业进行施工图校审
2020-05-15	生成中心模型	建筑	完成，生成地下车库 6 个专业的 7 个中心模型，生成中心模型之间的链接
2020-05-18	召开项目启动会	设计院	

B.2.12 PM11——变更管理（Project Revision Management）

1. 项目变更计划（Project Revision Plan）

参见 C.2.12 示例，此处略。

2. 变更的定义（Definition of Revision）

参见 C.2.12 示例，此处略。

3. 变更控制委员会（Revision Control Committee）

项目变更控制需有专门对接的委员会组织，该委员会具体细则见表 B‐17。

表 B‐17 项目控制委员会汇总

姓名	担任角色	责任
陈某	项目总监	获取建设方的意见，判别修订可行性后，反馈信息给 BIM 团队
易某	BIM 技术负责人（土建）	土建 BIM 技术总体协调、编写项目层面的指引文件、拟定总体建模措施，包括技术性和项目管理方面（人员、进度、质量等）
陈某	BIM 技术负责人（机电）	机电 BIM 技术协调，包括技术性和项目管理方面（人员、进度、质量等）
王某	专业负责人（结构）	结构专业内部协调
姚某	专业负责人（电气）	电气专业内部协调
年某	专业负责人（给排水）	给排水专业内部协调
姜某	专业负责人（室内）	室内专业内部协调

B. 2. 13　PM12——问题日志（Project Problem History）

1. 问题管理计划（Problem Management Plan）

由项目组各成员及时搜集设计过程的问题或成功经验，先自行记录，再分专业定期汇总（如每周汇总一次），项目结束时全专业汇总，作为项目总结的一部分。

2. 问题或经验记录（Problem or Experience Record）

1）ARCH-Q01（建筑专业）

问题类别：专业间协作。

提问日期：2020-05-18。

问题描述：如何用最少的操作步骤将单体的全专业模型链接到地库全专业模型？

解决方法：地库的专业之间、单体的专业之间可以采用"覆盖"方式相互链接，但如果地库采用"附着"的方式链接单体，则只能单项链接某个单体的某个专业，而单体不再能反向"附着"地库，形成逻辑循环。

2）MECH-Q01（暖通专业）

问题类别：专业间协作。

提问日期：2020-05-26。

问题描述：单体的地下层能否以单体的用户名"MECH"在地下车库模型建模？

解决方法：±0.000 以下的部分，一般建议地下层以地下车库的用户名"MECHVENT"等登录建模，如果已经以单体的名义完成模型，且确信单体地下室的设备管线与地下车库无相互关联，也可以后续用地下车库的名义重新下载地库的中心模型，建立单体以外的地下车库暖通设备。

3）STR-Q01（结构专业）

问题类别：专业间协作。

提问日期：2020-05-26。

问题描述：为何单体的结构本地模型上梁、柱的位置与建筑墙体的平面关系正确，而建筑专业的本地模型则出现结构梁柱偏位？

解决方法：由于建筑模型被操作者误操作，移动了连接的结构模型，导致整体偏位，但因为结构模型采用了"覆盖"方式链接，只要建筑模型对位正确，则不会察觉此问题，可在建筑模型中锁定外部链接即可防止误操作。

4）STR-Q02（结构专业）

问题类别：专业间协作。

提问日期：2020-06-03。

问题描述：为何所链接的 5 个专业比结构模型垂直方向上偏一个楼层？

解决方法：可能是按住 Ctrl 键的同时，执行了移动操作，导致复制了 5 个其他专业的链接模型，实际模型中存在多余的链接模型，建议删除多余的链接模型即可。

5）STR‐Q03（结构专业）

问题类别：建模。

提问日期：2020‐06‐03。

问题描述：为何部分东西向轴线的施工图与模型轴线存在 7 mm 的误差？

解决方法：模型初始化存在 0.004 mm 的误差，后续建模可能会因建筑底图的偏差导致建模误差。

6）INT‐Q01（室内专业）

问题类别：视图操作。

提问日期：2020‐06‐03。

问题描述：为何三维视图的剖切框的拖拽点不可见？

解决方法：选中绿色的剖切框，则剖切框的 6 个面上会出现深蓝色的拖拽点。有时因为某些链接模型在很远处有构件，剖切框会显得很大。

7）ELEC‐Q1（电气专业）

问题类别：视图操作。

提问日期：2020‐06‐09。

问题描述：为何强电桥架和弱电桥架及其配件弯头不能自动区分颜色？应该如何设置桥架属性和过滤器？

解决方法：先行绘制的强电或弱电桥架，可在桥架的实例属性"设备类型"中选择该桥架的属性是强电还是电信，类似于给排水系统的"系统类型"，然后设置过滤器，赋予电缆桥架及其配件的颜色，在视图中应用过滤器即可。

8）ELEC‐Q2（电气专业）

问题类别：视图操作。

提问日期：2020‐06‐09。

问题描述：为何弱电槽式桥架只有"无配件梯式"，且无法自动生成三通或四通？

解决方法：由于样板文件的差异，可以新建一个基于"系统样板"的项目，将其中的"带配件槽式电缆桥架"跨文件复制到当前项目中即可。

9）ELEC‐Q3（电气专业）

问题类别：协作。

提问日期：2020‐06‐10。

问题描述：如何相对便捷地将模型带回家做？

解决方法：为便于回家建模，且避免与公司的共享模型冲突，可采取以下步骤。

（1）在本机新建一个交换目录，重新下载各专业的中心模型，下载时选择"从中心模型分离"选项，接着选"放弃图元和工作集"，这时下载的模型会自动增加后缀"（已分离）"，工作集也变灰失效，不再与中心模型有任何关联。

（2）下载完 6 个专业的模型后，以本专业有待修改的模型为主模型，在项目浏览器的"链接"树中依次右键选择各专业，然后选择"重新载入自……"，浏览到刚才下载的对应专业的"已分离"模型，实现重新链接，但此时的主模型和链接模型已经跟公司的中心模型失去联系，不再有编辑权限的限制。如此可打包 6 个专业的模型带回家。

（3）回家后，编辑、修改本专业模型。

（4）返回公司，同时打开公司的与中心模型有关联的本地模型和经回家修改的"分离"模型，将修改的图元 Ctrl+ C 复制，然后切换到公司的本地模型，选择"粘贴"，"与选定标高对齐"，然后选择修改图元所在的标高，将公司的模型与中心模型同步，即可将回家修改的成果更新到公司的模型并为其他专业所查阅。

10）ELEC‑Q4（电气专业）

问题类别：建模。

提问日期：2020‑06‑11。

问题描述：为何部分灯具在布置的时候不能自动吸附于楼板、天花板等构件？

解决方法：这与所选灯具的族类型有关。有的灯具族不依附于任何主体，此类灯具无法在放置时吸附于其他构件。可以选用具有"主体"属性的灯具族，并在放置时选择"放置面"，此时可以捕捉楼板各面和天花板面。但需留意，电气灯具只有"基于天花板"的族样板，才能设置放置灯具的物理参数。但由于 Revit 不能在链接模型中放置基于天花板的灯具，所以常规的电气灯具只能由室内专业结合吊顶放置，如果放置灯具的工作量交给电气专业跨文件基于面放置灯具，则需要用"基于面的常规模型"自行建模，且该族样板不能放置灯具光照对象。

11）PLUMB‑01（给排水专业）

问题类别：建模。

提问日期：2020‑06‑11。

问题描述：为何导入的 CAD 图中的喷淋头圆圈的圆心不能在 Revit 中捕捉？

解决方法：炸开 CAD 图中的天正喷淋头为普通圆，进入 Revit，在"管理→捕捉"中，将"对象捕捉"除了"中心"之外的捕捉选项全部放弃，则可以捕捉到链接模型的圆心。

12）PLUMB‑02（给排水专业）

问题类别：视图控制。

提问日期：2020‑06‑11。

问题描述：如何在链接了单体模型的地下车库模型中，只显示地下车库的轴网，而不显示单体的轴网？

解决方法：在可见性/图形面板中将单体链接模型的轴网关闭。

13）PLUMB‑03（给排水专业）

问题类别：建模。

提问日期：2020-06-11。

问题描述：为何在建立管道时，屏幕上方"管道偏移"工具栏可选数值下拉列表很长？能否仅保留少数常用的偏移数值供选择？

解决方法：可以启动绘制一根管道，在鼠标点击左键输入管道起点之前，点击"管道偏移"工具栏的数字，蓝色底选中后，逐个点 delete 键删除即可。

14）STR-Q04（结构专业）

问题类别：建模。

提问日期：2020-06-18。

问题描述：为何平面图中一些结构梁与异形柱之间会有 13 mm 左右的缝隙？而三维模型中是正确连接的？

解决方法：与柱顶底连接有关，柱顶要达到 2F 楼层标高、分析模型有效梁顶偏移不作为梁柱连接节点。当梁顶在柱底时，若柱下伸则成功，或上柱底标高上移，或将结构柱直接跨层延伸。

15）STR-Q05（结构专业）

问题类别：建模。

提问日期：2020-06-22。

问题描述：为何部分"基于面"的结构梁留洞，在镜像或复制后，出现洞深不能穿透梁的情况？

解决方法：在开洞套管族中，增加"方向"操作柄，如遇所述现象，通过操作柄翻转套管即可。其成因是宿主构件的表面法线方向可能与洞口族定义时的基面的法线方向不一致。

16）MECH-Q01（暖通专业）

问题类别：设计。

提问日期：2020-06-23。

问题描述：为何模型中的户内建筑留洞与管道中心线不全在统一的标高上？

解决方法：因为暖通设计的留洞标高多以"局结构板底××距离"的方式描述的，而某些管道穿越的相邻房间的楼板构造厚度、降板厚度不一致导致了结构板底标高不一致，因此，暖通设计的最佳表述应是洞口距离"建筑层高线"的距离。如果出现洞底标高不平的情况，可以通过局部斜管或者变角度弯头的方式调节。一般而言，管道采用热熔方式连接可以消除平缓的坡度。

17）INT-Q02（室内专业）

问题类别：建模。

提问日期：2020-06-28。

问题描述：吊顶水平板用吊顶或楼板中的哪个建模更合适？侧板用吊顶或墙中的哪个建模更合适？

解决方法：建议吊顶水平板用吊顶建模，侧板用墙建模。侧板虽可用吊顶建模，也可以设置厚度，但厚度是类型属性，而墙高是实例属性。用墙建模，更容易实现局部差异化控制，可以避免建立过多的吊顶类型。

18）ARCH‑02（建筑专业）

问题类别：专业间协作。

提问日期：2020‑06‑28。

问题描述：在分离完地库和单体模型后，如何快速将单体各专业的模型链接并对齐到地库？

解决方法：可以先用"原点"到"原点"的方式将单体全专业模型链接至地库模型，此时单体各专业的模型是正确对位的，然后再统一将单体全专业的模型平移对齐地库模型的相应参考点即可，无需每次单独链接一个专业再对齐。

19）PLUMB‑03（给排水专业）

问题类别：专业间协作。

提问日期：2020‑07‑10。

问题描述：为何单体不能实时看到地下车库的模型？如何修改±0.000附近的管线？

解决方法：由于地库链接单体采用了"附着"而不是"覆盖"的链接方式，因此单体不再能链接地库，会因"循环链接"而无法实现。可以通过先分离的方式下载地库的建筑、结构或相关专业的模型并链接入单体，在地库中绘制两堵相交的墙体，并升上地面（一般是电梯井筒内侧平齐），这两堵墙体可用于对齐上部结构，但完成调整后，需删除链入的地下车库相关专业模型，避免循环引用。

B.2.14　PM13——风险管理（Project Risk Management）

1. 风险管理计划（Project Risk Management Plan）
参见 C.2.14 示例，此处略。

2. 风险识别工具与技术（Project Risk Identify Tools and Techniques）
参见 C.2.14 示例，此处略。

3. 风险登记册（Project Risk Liber）
风险登记册包括风险编号、风险说明、发生概率、风险等级等各方面信息，具体见表 B‑18。

表 B‑18　风险登记册

风险编号	风险说明	概率	影　响				等级
			范围	质量	进度	成本	
R01	计算机配置可能滞后于 Revit 对硬件的要求	高	高	高	高	高	高
R02	Revit 总结点数不超过 6 个，并发数量对效率的限制	高	高	高	高	高	高

（续表）

风险编号	风险说明	概率	影 响				等级
			范围	质量	进度	成本	
R03	多个人员异地操作同一中心文件副本，导致其中一个人的修改失效	高	中	高	高	中	高
R04	其他项目需要使用本项目人员	中	中	中	高	中	高
R05	人防院地库设计施工图出现较多问题，可能导致模型作出相当程度的修改和返工	高	中	高	高	中	中

注：1. 概率评级：非常高（5分）、高（4分）、中等（3分）、低（1分）、非常低（1分）。

　　2. 影响范围、质量、进度、成本评级：非常高（5分）、高（4分）、中等（3分）、低（2分）、非常低（1分）。

　　3. 风险等级：高（6分）、中（4分）、低（0分）。

B.2.15　PM14──项目签收及总结（Project Delivery Summary）

参见 C.2.15 示例，此处略。

B.3 本工程项目管理经验小结

该项目是笔者作为 BIM 技术负责人，第 2 次采用 PMBOK 管理方法主持的大型工程项目，共需组织协调 6 个专业、10～15 人的团队对 3.3 万 m² 的地下车库以及 2 栋地面单体进行建模工作，具体如图 B-13—图 B-15 所示。

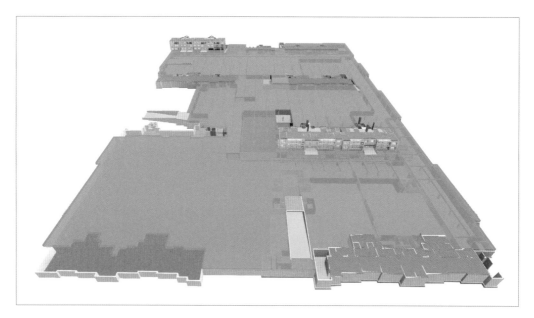

图 B-13　某住宅小区项目地下车库整体 Revit 模型

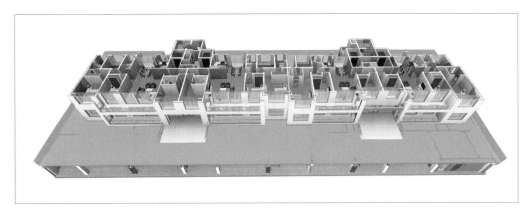

图 B‑14 3 号楼地上二层全专业 Revit 模型

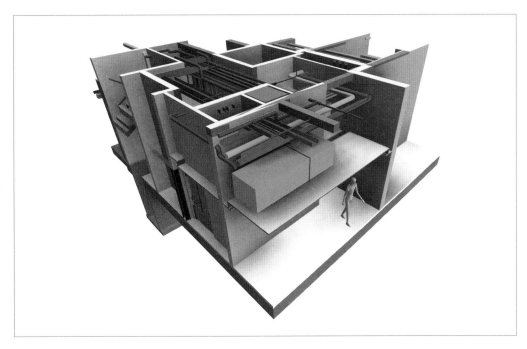

图 B‑15 9 号楼地下一层单元入口附件全专业 Revit 模型

　　该项目的技术难点在于：如何协调 BIM 团队新成员的操作能力与项目进度之间的关系？

　　为解决上述问题，笔者首次采用了实战培训与项目实践相结合的方法，以缓解新手不熟悉软件操作以及项目进度之间的矛盾。笔者除了编写常规的《项目操作指引》外，还编写了《设计院 Revit 软件实战培训计划》，结合本项目的特点，以 PPT 培训课件的形式，对 BIM 团队成员进行了约 14 次软件操作培训，每周 2 次课程，每次课程约 40 min，持续培训 2 个月左右，与项目进度基本重合，使团队成员可以现学现用。该培训课程不追求软件操作的面面俱到和深入研究，而是考虑到团队成员的熟练程度和项目的当前需求特点，尽可能讲授最常用的软件操作方法。以进行中的实际项目为样例，软件应用穿插于其中，增加参训者的直观感受。每次培训后布置作业，作业内容是完成当前项目的建模工作，能在一定程度上缓解团队新成员的畏难心理。

为了令团队新成员能专注于所分工建模的操作中，减少文件层级的技术干扰，需将复杂的模型链接内部逻辑和文档组织方式隐藏在用户界面之外。笔者花费了大量的时间搭建整个模型逻辑架构，包括：建立模型统一基准点及其空间定位、地下地上模型的分工界面、专业之间和专业之内的分工和协作逻辑等工作，为团队各成员的分工协作打下了基础。

本工程的最大收获是搜集了大量的专业间协同问题，以"问题日志"的形式记录下来，为日后的改进工作提供了经验教训，参见 B.2.13 节"PM12——问题日志"。

附录 C

某商业办公建筑群 BIM 设计项目操作指引

C.1 工程信息

工程名称：某商业办公建筑群 BIM 设计项目。

C.2 本项目管理文档

C.2.1 PM00——项目管理文件目录（Project ManageFiles Contents）

参见第 4.4.3 节，此处略。

C.2.2 PM01——项目章程（Project Charter）

1. 项目基本情况（Project Basic Information）

项目客户：某地产公司。

项目名称：地下、地上建筑及室外场地管线综合全专业 Revit 模型。

BIM 项目操作指引手册制作人：易某、陈某。

BIM 项目操作指引手册制作日期：2020-11-04。

BIM 技术负责人（BIM Tech Manager）：易某（建筑、结构、室内）、陈某（给排水、电气、暖通）。

2. 项目描述（Project Basic Information）

本项目属于全专业大型设计任务。项目目标共有 4 个。

（1）锻炼设计院 BIM 团队在复杂地形项目中的建模能力（包括室外管线综合）。

（2）增强设计院 BIM 团队对于 BIM 与施工图设计的协同能力。

（3）学习优秀同行的 BIM 项目实践经验。

（4）为建设方提供可指导现场施工的全专业 BIM 模型，出具地下车库给排水、电气、暖通专业的管线综合施工图。

3. 项目里程碑计划

项目里程碑计划包含里程碑的时间和成果，具体见表 C‐1。（Project Milestones）

表 C‐1　项目里程碑计划

里程碑编号	到期日	成果（每个里程碑召开一次项目例会进行记录）
M01	2020-11-02	预讨论会、成立项目组，确定项目章程（已完成）
M02	2020-11-04	公告召开项目启动会，正式启动项目（已完成）
后续节点详见"里程碑清单（Project Milestones List）"		

4. 评价标准（Project Acceptance Criteria）

（1）建筑、结构、给排水、电气、暖通、室内专业完成达到指导现场施工的深度的模型及管线综合施工图。

（2）能提出优于常规二维设计的价值点。

（3）没有模型错误，没有有害的构件碰撞。

达到上述 3 点要求则项目成功。

5. 项目主要风险点（Project Main Risk Point）

（1）参与者因软件操作不熟练、人员中途变化或计算机性能偏低引起的质量不高，时间成本有所增加。

（2）Revit 总结点数为 6 个并发上限，以至于并非所有人员能同时在公司操作模型（在部分时间，部分人员需能将部分模型的副本携带回家修改）。

（3）设计院层面的项目间协调引起的时间成本。

6. 项目假定与约束条件（Project Assumptions and Constrains）

1）项目假定

（1）假定甲方没有做出建筑平面调整、总平面调整等重大变更。

（2）假定设计院多个项目间能够合理协调时间，避免项目组成员长期超负荷工作。

（3）假定项目组各成员不出现长期缺勤或意外退出。

2）约束条件

（1）项目争取在 2021 年 1 月底结束。

（2）项目组各成员需自行阅读相关工具书或及时交流，解决技术难点。

7. 项目主要干系人（Key stakeholders）

项目主要干系人清单应包括姓名、职位、角色等信息具体可见表 C‐2。

表 C‑2 项目主要干系人清单

姓名	职位	部门	角色
杨某	设计院高管	总经理室	设计院总经理
王某	项目总监	绿建设计中心	本项目施工图项目经理
易某	建筑工程师	绿建设计中心	BIM 技术负责人，土建专业负责人
腾某	建筑工程师	绿建设计中心	建筑专业成员
龚某	结构工程师	绿建设计中心	结构专业负责人
周某	结构工程师	绿建设计中心	结构专业成员
陈某	暖通工程师	绿建设计中心	BIM 技术负责人，机电专业负责人
孙某	暖通工程师	绿建设计中心	暖通专业成员
张某	暖通工程师	绿建设计中心	暖通专业成员
王某	电气工程师	绿建设计中心	电气专业负责人
张某	电气工程师	绿建设计中心	电气专业成员
年某	给排水工程师	绿建设计中心	给排水专业负责人
郝某	给排水工程师	绿建设计中心	给排水专业成员
姜某	室内工程师	绿建设计中心	室内专业负责人
王某	室内工程师	绿建设计中心	室内专业成员
左某	室内工程师	绿建设计中心	室内专业成员
朱某	室内工程师	绿建设计中心	室内专业成员
薛某	职能部门人员	人力行政部	IT 技术支持

C.2.3 PM02——项目干系人管理（Project Stakeholders Management）

1. 项目基本情况（Project Basic Information）
前文已介绍，此处不再赘述。

2. 项目干系人登记册（Key Stakeholders Register）
项目干系人登记册包括多方面内容，如高管、客户、职能部门主管、供应商、项目赞助人、项目经理、项目组成员等的职位、需求、影响力等信息，根据职位、不同专业及部门分类可见表 C‑3—表 C‑7。

C‑3 项目干系人登记册（高管）

姓名	职位	角色	联系信息	需求	期望	影响力
杨某	设计院高管	设计院总经理	（此处略）	设计院具备 BIM 设计能力	各成员保质保量完成本次任务	大
王某	设计中心项目管理室主任	项目总监	（此处略）	设计院 BIM 具备建模能力	各成员保质保量完成本次任务	大

C-4 项目干系人登记册（土建及室内）

姓名	职位	角色	联系信息	需求	期望	影响力
易某	建筑工程师	建筑专业 BIM 负责人	手机：****** Email：** @**	完成既定任务，了解 Revit 基本操作	尽可能不出现重大变更，项目按计划进行	较大
腾某	建筑工程师	项目组成员	（此处略）			中
龚某	结构工程师	结构专业 BIM 负责人	（此处略）			较大
周某	结构工程师	项目组成员	（此处略）			中
姜某	室内设计师	室内专业 BIM 负责人	（此处略）			较大
王某	室内设计师	项目组成员	（此处略）			中
左某	室内设计师	项目组成员	（此处略）			中
朱某	室内设计师	项目组成员	（此处略）			中

C-5 项目干系人登记册（设备专业）

姓名	职位	角色	联系信息	需求	期望	影响力
张某	电气工程师	电气专业 BIM 负责人	（此处略）	完成既定任务，了解 Revit 基本操作	尽可能不出现重大变更，项目按计划进行	中
年某	给排水工程师	给排水专业 BIM 负责人	（此处略）			中
郝某	给排水工程师	项目组成员	（此处略）			中
陈某	暖通工程师	暖通专业 BIM 负责人	（此处略）			较大
孙某	暖通工程师	项目组成员	（此处略）			中
张某	暖通工程师	项目组成员	（此处略）			中

C-6 项目干系人登记册（职能部门）

姓名	职位	角色	联系信息	需求	期望	影响力
薛某	职能部门人员	IT 技术支持	（此处略）		计算机性能满足建模需求	较大

C-7 项目干系人登记册（专业组）

姓名	职位	角色	联系信息	需求	期望	影响力
王某	项目管理室主任	协助提供本项目施工图信息	（此处略）	兼顾 BIM 建模及常规生产任务	部分专业工程师了解 Revit 软件使用	较大
陈某	建筑专业组负责人	暂无	（此处略）	项目参与人员能兼顾生产任务	部分专业工程师了解 Revit 使用	较大
龚某	结构专业组负责人					
张某	给排水专业组负责人					
王某	电气专业组负责人					
陈某	暖通专业组负责人					

3. 项目干系人管理策略

项目干系人管理策略应从角色、影响力、估算作用等方面考量，具体见表 C-8。

表 C-8 项目干系人管理策略汇总

角色	影响力	估算作用	策略
设计院高层	大	设计院总经理	适时口头沟通，定期以小组会议的方式汇报，并做好会议纪要
设计院公司中层管理人及各专业组负责人	较大	具有各专业人员任务调配的权限，了解项目施工图任务的信息	适时口头或书面沟通，争取得到人力资源支持
项目负责人	较大	项目总体协调人	适时口头沟通，以办公交流软件方式发布任务指令
项目组成员	中	建模任务执行人	多口头沟通，更新中心模型时需注写修改说明
职能部门	中	项目辅助支持人	适时口头沟通

C.2.4 PM03——团队合作协议（Team Collaboration Protocol）

1. 团队合作原则（Team Collaboration Principle）

遵循"自力更生、友好互助"的原则。即个人首先尽力完成自身的任务，在团队遭遇风险时，能及时补位承担额外的任务，帮助团队渡过难关。

2. 团队沟通规则（Team Communication）

本项目的沟通方式主要包括：口头讨论、即时聊天群讨论、设计院内部 OA 系统和电子邮件共 4 种方式，其中口头讨论方式可用于各成员的日常技术讨论和交流，不区分专业和层级，属于全通道式，如图 C-1 所示。办公社交群讨论方式分为 3 种群组，分别是轮式、环式和层级式。

（1）轮式群组（图 C-2）是全项目成员群组，该群组只发布项目启动、正式的阶段性汇报、关键里程碑的会议纪要和项目结题等项目信息，不进行具体的技术讨论。为减少各建模成员信息过载的情况，只发布"PM01-项目章程""PM04-文件和工作集管理""PM05-项目范围及精度说明书""PM06-建模和工作分解结构""PM08-项目时间计划"等关键文档，其余项目管理文档存于 NAS 服务器"\\ xxx.xxx.xxx.xxx \ BIM \ LSBIM2020002 \ 项目管理 \ BIM 项目管理系列文档"文件夹中，由各专业负责人引导建模成员阅读。

（2）环式群组（图 C-3）包含两个信息传递层级，一级是由项目经理和各专业负责人组成，主要讨论项目层面跨专业的人员、时间安排和全局性的统一技术措施，定期召开项目协调会和发布会议纪要，建议邀请项目经理参加。二级是分专业群组，只包含某个专业的专业负责人和项目组内的本专业成员，专业负责人在此群组内向本专业成员传达项目指令、进行专业内任务部署和专业层面的技术讨论。

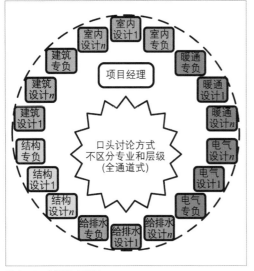

图 C-1 全通道式群组

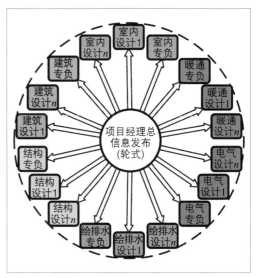

图 C-2 轮式群组

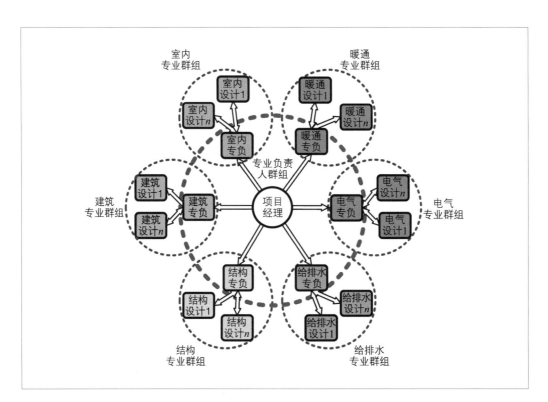

图 C-3 环式群组

（3）层级式群组（图 C-4）包含某个子项的各专业具体参与成员，用于分子项协作交流。该群组一般由建筑专业建立，通常不加入各专业负责人，仅当项目群组遇到具体问题时，再与各专业负责人协商解决，避免专业负责人的信息过载。当遇到本专业不能独立解决的问题时，转到环式群组的一级讨论群寻求解决办法。

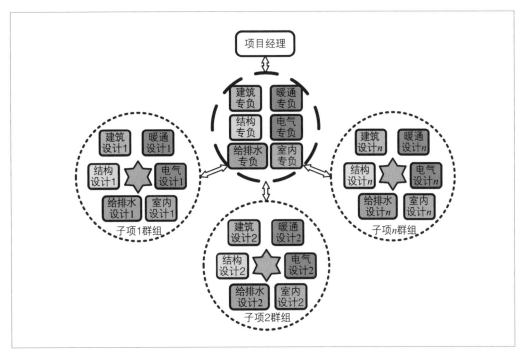

图 C‑4　层级式群组

设计院内部 OA 的沟通方式主要用于院内公开的项目阶段汇报或结题汇报，反馈时效较慢，一般不用于日常项目内协作。

电子邮件的沟通方式主要用于项目经理对外发送业务文档，反馈时效较慢，一般不用于日常项目内协作。

各成员如在建模过程遇到技术问题，可先自行查找文献、帮助文档，通过项目实践让设计人员形成自学习惯也是有益的，如果问题不能自行解决，再与专业负责人讨论，若仍不能解决，可与技术总负责人或项目经理讨论。技术问题反馈路径如图 C‑5 所示。

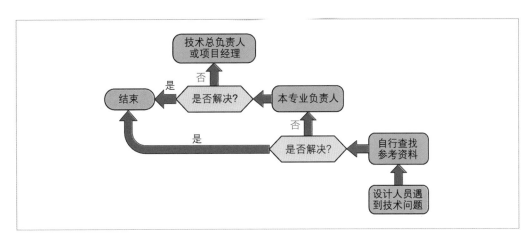

图 C‑5　技术问题分层级解决路径

C. 2. 5　PM04——文件和工作集管理（Files And Worksets Management）

1. NAS 服务器文件路径及文件夹结构（NAS File Path and Folder Structure）

右击"我的电脑"，映射网络驱动器至 NAS 服务器的地址：\\ xxx. xxx. xxx. xxx \
BIM \ LSBIM2020002 \ ［子项名］，操作步骤如图 C-6 所示。各子项文件夹含义、中心
（或链接）文件名如图 C-7 及表 C-9—表 C-10 所示。

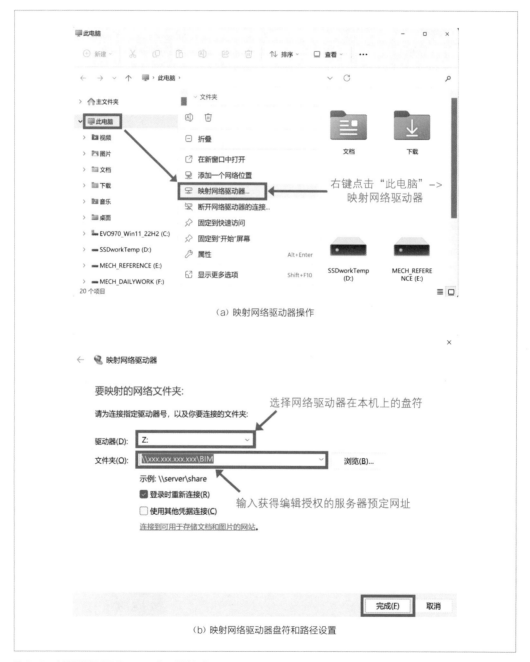

（a）映射网络驱动器操作

（b）映射网络驱动器盘符和路径设置

图 C-6　映射网络驱动器至 NAS 服务器地址操作

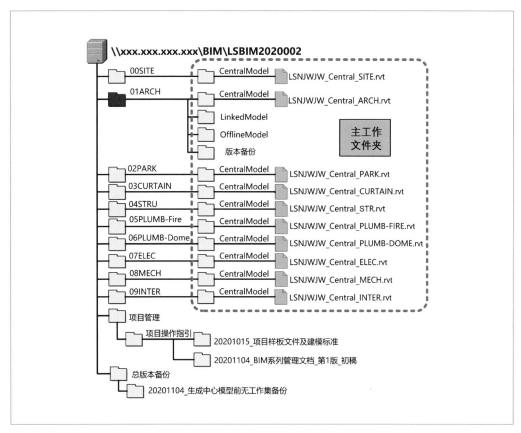

图 C‑7 本工程中心模型在局域网服务器存储的文件夹结构

表 C‑9 地下及地上整体中心模型各子系统的文件存储结构

一级文件夹名	专业分类	分部位建模（详见"建模和工作分解结构 WBS"）		
		建模部位	二级文件夹名	文件名
00SITE	室外场地	室外场地	CentralModel	LSNJWJW_ Central_ SITE. rvt
01ARCH	建筑	±0. 000 上/下	CentralModel	LSNJWJW_ Central_ ARCH. rvt
02PARK	车位	±0. 000 上/下	CentralModel	LSNJWJW_ Central_ PARK. rvt
03CURTAIN	幕墙	±0. 000 上/下	CentralModel	LSNJWJW_ Central_ CURTAIN. rvt
04STRU	结构	±0. 000 上/下	CentralModel	LSNJWJW_ Central_ STR. rvt
05PLUMB‑ Fire	消防喷淋	±0. 000 上/下	CentralModel	LSNJWJW_ Central_ PLUMB‑ FIRE. rvt
06PLUMB‑ Dome	生活给排水	±0. 000 上/下	CentralModel	LSNJWJW_ Central_ PLUMB‑ DOME. rvt
07ELEC	电气	±0. 000 上/下	CentralModel	LSNJWJW_ Central_ ELEC. rvt
08MECH	暖通	±0. 000 上/下	CentralModel	LSNJWJW_ Central_ MECH. rvt
09INTER	室内	±0. 000 上/下	CentralModel	LSNJWJW_ Central_ INTER. rvt

表 C‑10　地下及地上整体链接模型各子系统的文件存储结构

一级文件夹名	专业分类	分部位建模（详见"建模和工作分解结构 WBS"）		
		建模部位	二级文件夹名	文件名
00SITE	室外场地	室外场地	LinkedModel	LSNJWJW_ Linked_ SITE.rvt
01ARCH	建筑	±0.000 上/下	LinkedModel	LSNJWJW_ Linked_ ARCH.rvt
02PARK	车位	±0.000 上/下	LinkedModel	LSNJWJW_ Linked_ PARK.rvt
03CURTAIN	幕墙	±0.000 上/下	LinkedModel	LSNJWJW_ Linked_ CURTAIN.rvt
04STRU	结构	±0.000 上/下	LinkedModel	LSNJWJW_ Linked_ STR.rvt
05PLUMB‑ Fire	地下消防喷淋	±0.000 上/下	LinkedModel	LSNJWJW_ Linked_ PLUMB‑ FIRE.rvt
06PLUMB‑ Dome	生活给排水	±0.000 上/下	LinkedModel	LSNJWJW_ Linked_ PLUMB‑ DOME.rvt
07ELEC	电气	±0.000 上/下	LinkedModel	LSNJWJW_ Linked_ ELEC.rvt
08MECH	暖通	±0.000 上/下	LinkedModel	LSNJWJW_ Linked_ MECH.rvt
09INTER	室内	±0.000 上/下	LinkedModel	LSNJWJW_ Linked_ INTER.rvt

建模用户名设置：各参与建模成员需在"Revit 启动后，打开文件之前"，依次点击左上角"R"→"选项"设置用户名（具体的用户名详见下述"工作集分权及命名规则"）。该用户名不区分大小写，如："Admin""ADMIN""admin"或"adMIN"均表示同一个用户，具体见图 C‑8。

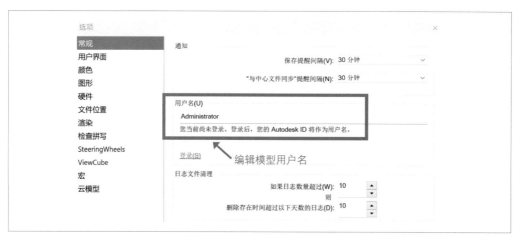

图 C‑8　登录用户名设置

2. 本地文件命名规则（Local Filename Rules）

中心文件的本地副本命名规则：日期+ 子项缩写+ 专业缩写+ 项目名称+ 模型部位+ 设计人名.rvt。例如：

"20201105_ BLDXX_ ARCH_ 某项目地下车库 A 区_ 建筑_ 易某.rvt"

"20201105_ BLDXX_ STR_ 某项目 3 号住宅_ 结构_ 周某 . rvt"

"20201105_ BLDXX_ PLUMB- Sprinker_ 某项目 9 号住宅_ 喷淋水系统_ 年某 . rvt"

"20201105_ BLDXX_ ELEC_ 某项目地下车库_ 供配电系统_ 张某 . rvt"

"20201105_ BLDXX_ MECH_ 某项目地下车库_ 风系统_ 陈某 . rvt"

"20201105_ BLDXX_ INTER_ 某项目 6 号住宅内装_ 姜某 . rvt"

3. 个人文件管理（Personal File Management）

个人需加强文件版本的管理和备份，同一项目采用相似的文件存档结构，以利于项目长期运行和后续接管人的工作延续。建议每周备份一次本人所属子项的 Revit 模型。

4. 模型视图命名规则（Model View Name Rules）

视图名称是指在 Revit "项目浏览器"中的视图名称，包括平面、立面、剖面图，以及三维视图等，采用"专业前缀+ 视图内容"规则命名。在不同的"规程"下细分为楼层平面、天花板平面、三维视图、立面、剖面等，视图名称不采用按图纸命名方式（图纸命名仍按公司标准，如"建施 1- 01A"等），如图 C- 9 所示。

图 C- 9　Revit 项目浏览器中的视图命名规则示意

5. 工作集分权及命名规则（Worksets Separation and Name Rules）

考虑到同一子项可能由不同设计人员修改或是日后长期的后期服务，除项目管理协调工作集外，各单体以子项号为工作集名称和用户名而不采用个人名字，命名规则为"专业前缀+ 地块号+ 子项号"。

6. 工作集分权：全项目含地下车库及地上单体

用户名生成规则："专业缩写+ 分工内容简称"，其间无空格无双引号，例如：建筑专业地下车库 A 分区，则用户名为"ARCHZA"，给排水专业地下车库消防系统，则用户名为"PLUMBFIRE"，依此类推，用户名不区分大小写（详见前述"建模用户名设置"的示例），具体如表 C- 11—表 C- 12 所列（该表同"工作分解结构"）。

表 C‑11　每个中心模型中的项目管理协调角色的工作集分权

共享角色	工作集名称	登录用户名	编辑者	分工说明
项目共享图元	PUBSHARE	ADMIN	项目经理或者建筑专业负责人	创建工作、中心模型及共享图元（轴网、标高等）
链接模型者	LINK	LINK	各专业设计人	用于链接其他部分模型
校审人员	REVISION	REV	各专业校审成员	不建模。仅作图纸、模型审查，圈出修订云线和注解

表 C‑12　地下及地上分部工程建模分工

分部工程	登录用户名	编辑者	建模分工
00‑总平面场地及管线综合模型	SITEARCH	易某	总平面室外场地及景观地坪模型
	SITEPLUMB	年某	室外污水、雨水、消防给水、生活给水、燃气、热力管线系统
	SITEELEC	张某	室外电力管道模型
01‑建筑专业中心模型	ARCHZA	易某	地下二层及地下一层 A 地块及地面单体 1 号、2 号、6 号、7 号、10 号、5 号（改造）：墙体（区分混凝土墙和填充墙）、顶底板（含开洞、集水坑）、楼梯、坡道、电梯、门窗等建筑构件
	ARCHZA	腾某	地面单体 3 号、8 号的上述建筑构件
02‑停车位中心模型	PARK	易某	三维停车位
03‑幕墙中心模型	CURTAIN	黄某	外部幕墙设计单位
04‑结构专业中心模型	STRZA	周某	全项目结构梁、柱
05‑给排水专业喷淋系统模型	PLUMBFIRE	年某	喷淋水系统
06‑消火栓系统及生活水模型	PLUMBDOMESTIC	郝某	消防及生活给水系统、泵房等专用机房内部设备（因为本项目无热水，故将消火栓系统并入生活水的工作范围，与用户名的字面含义不完全对应）
07‑电气专业中心模型	ELECPOWER	孙某（临时代建）	强电系统（后续施工服务和模型修改仍由张某完成）
	ELECINFO	张某	弱电系统、消防电气系统
08‑暖通专业中心模型	REV	陈某	模型校审
	MECHHYDRO	孙某	空调水管系统
	MECHVENT	张某	风管系统及机房设备
09‑室内专业中心模型（暂无）	INTER	姜某	协助建筑专业建立部分模型，包括：地下二层 B 地块的建筑构件、单体 9 号楼、4 号楼（门卫）

项目前期，各成员均将属于自己的工作集设置为"可编辑"，成为该工作集的实际拥有者并在退出时保留权限，避免其他用户误操作。

室内专业存在跨建筑、水、电、风编辑的工作，等到项目中后期，上述专业释放工作权限后再行登录编辑。±0.000以下公共区域的室内设计一般在不同楼栋内，同时操作一个构件的可能性较小，故室内专业统一为一个用户名和工作集，由专业负责人具体分工。

考虑到地上、地下、单体及场地修改的统一性和可行性，本项目除"消防喷淋系统"因数量偏多导致模型响应迟缓而增设地面单体分模型外，其他各专业均地下、地上统一建模。

C.2.6 PM05——项目范围及精度说明书（Project Scope and Precision Guidance）

1. 项目基本情况（Project Basic Information）

同 C.2.2 节"PM01"，此处略。

2. 项目范围简述（Project Scope Summary）

（1）全项目建模内容包括：

地下车库、室外场地及管线综合、单体±0.000以上的建筑、结构、给排水、电气、暖通全专业模型，地下总建筑面积约 44 964 m²（含人防面积），地上 90 607 m²，总建筑面积 136 671 m²。

（2）单体建筑的建模内容包括：

1号、2号、3号、5号、6号、7号、8号、9号、10号商办楼的建筑、结构、给排水、电气、暖通、室内（若有）的全专业模型。外窗、外门、内门采用单扇玻璃门窗族，不用复杂的遮阳卷帘窗族，仅需表达出洞口尺寸和定位。

模型应具有一定的可扩充性，以利于后期培训新成员练习，最后将各楼栋通过共享坐标链接到总图，形成全小区总体模型。

（3）单体不需要建模的内容包括：幕墙系统（由外部幕墙设计公司建模）。

3. 项目范围说明书（Project Scope Guidance）

1）总平面场地及室外管线综合子项

建模范围：需要建立室外场地及管线综合模型，基地总用地面积为 55 924 m²，其中西侧的 A 地块用地面积 45 375 m²，土地使用性质为商办混合用地，东侧 B 地块用地面积为 10 549 m²，土地使用性质为公园绿地，如图 C-11 所示。

2）地下车库子项

建模范围：分为地下一层和地下二层，建筑、结构专业建立完整模型。设备专业分工按照设备系统及专用设备用房分区，全地库建立完整的模型，避免人为分区处的管线接头过多，上下模型不能实时互联校核、相互链接模型数量过多（约 70 个）、空间坐标对齐不便等问题，如图 C-12—图 C-14 所示。

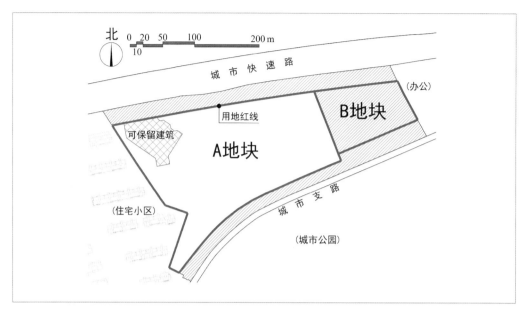

图 C‑10　建设用地分块平面图

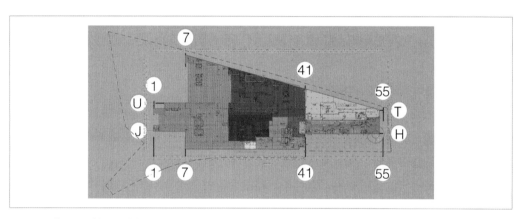

图 C‑11　地下二层底板标高分色图

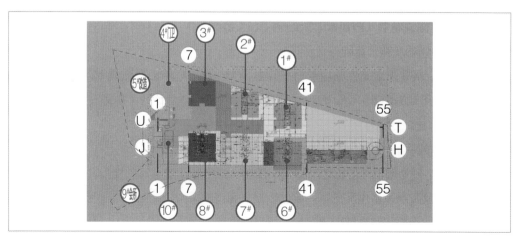

图 C‑12　地下一层及部分地下二层顶板标高分色图

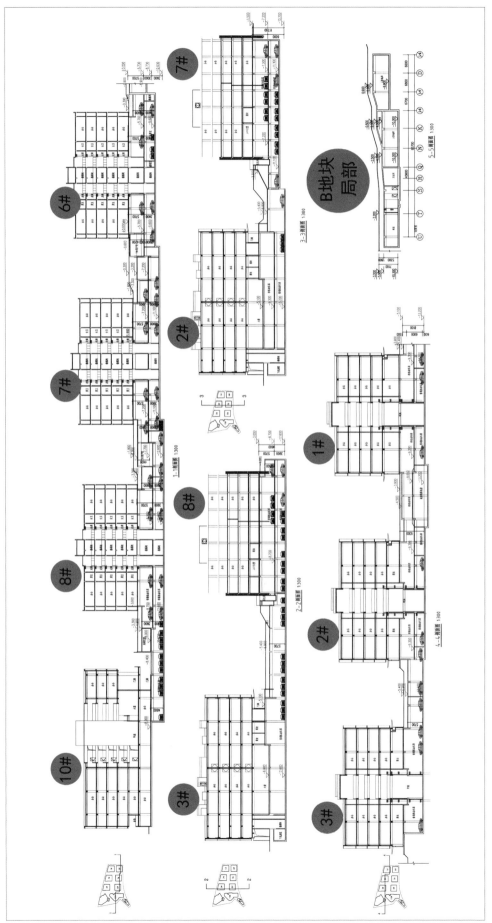

图 C－13　场地整体剖面图

3）与地下车库有直接联系的地面单体子项

建模范围：1号、2号、3号、4号、6号、7号、8号、10号及门卫 M 共 9 个单体与地下车库有直接联系，故与上述地下车库合并为同一个模型建模，每个专业只有 1 个中心模型。"消防喷淋系统"因其管道数量过多，地面以上单体增加 1 号～3 号楼和 7 号～8 号楼 Revit 模型，与地下车库的消防喷淋系统模型不共用，单体建模范围平面分布及剖面示意见图 C‐14。

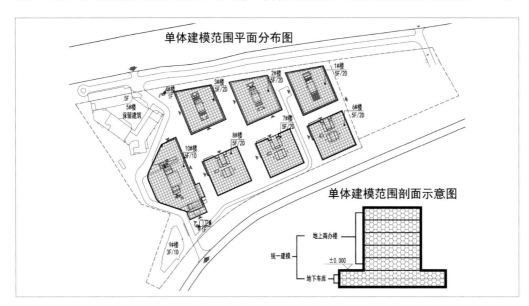

图 C‐14　单体建模范围平面分布及剖面示意图

4）改造 5 号办公楼子项

建模范围：由于该楼栋现状为商业办公建筑，改造后用途未知。

目前，该楼栋与新建地下车库无联系，且可能涉及室内装饰改造，室内模型另外生成中心模型。考虑到单独建模可能遇到室外管线综合协调的问题，故暂以统一建模的方式归入整体模型中，如果后期整体模型文件量大于 100 MB，且各专业视口操作速度明显降低，可以考虑将该子项分离，单独交付建设方。如图 C‐15 所示。

5）9 号办公楼子项

建模范围：与新建地下车库无联系，且可能涉及室内装饰改造，考虑到单独建模可能遇到室外管线综合协调的问题，故暂以统一建模的方式归入整体模型中，如果后期整体模型文件量大于 100 MB，且各专业视口操作速度明显降低，可以考虑将该子项分离，单独交付建设方，具体如图 C‐16 和图 C‐17 所示。

4. 项目精度说明（Project Precision Description）

1）模型交付标准（Model Deliver Standard）

本次模型交付标准采用项目顾问单位编制的标准《某商办项目设计阶段 BIM 应用管理标准 V1.0》，模型精度接近美国 AIA 标准的 LOD300，模型需满足空间占位、主要颜色等精确识别需求的几何表达精度。

图 C‐15　5号楼现状照片

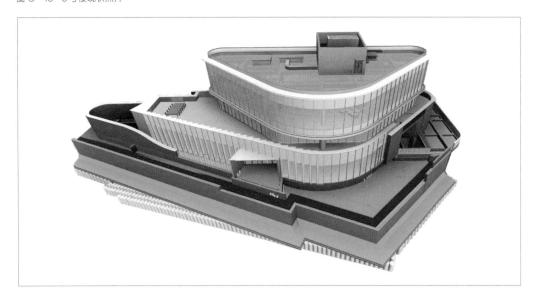

图 C‐16　9号楼 Revit 模型

图 C‐17　9号楼施工过程

2）分专业信息粒度（Specialty Information Granularity）

（1）建筑与室内专业应具备的信息见表 C‑13。

表 C‑13　建筑与室内专业信息粒度汇总

专业	详细等级		LOD300
	序号	子项名称	施工图设计模型
建筑	001	阳台	精确尺寸的模型实体，包含形状、方位和材质信息
	002	空调机位	精确尺寸的模型实体，包含形状、方位和材质信息
	003	空调百叶	精确尺寸的模型实体，包含形状、方位和材质信息
	004	窗百叶	精确尺寸的模型实体形状、方位和材质信息
	005	雨篷	精确尺寸的模型实体，包含形状、方位和材质信息
	006	檐沟	精确尺寸的模型实体，包含形状、方位和材质信息
	007	外立面幕墙	精确尺寸的模型实体，包含形状、方位和材质信息
	008	墙体	模型已包括墙体类型和精确厚度，其他诸如成本、STC 特性已经确定
	009	楼板	楼板的类型、精确厚度
	010	屋顶	屋顶的类型以及其他特性
	011	门	门的精确尺寸、类型的确定
	012	窗	窗的精确尺寸、类型的确定
	013	天花板	材质类型、天花板的精确厚度
	014	扶手	扶手的材质选定
	015	坡道	坡道的精确厚度、坡度的精确厚度
	016	楼梯	楼梯踏步的精确厚度、台阶的精确厚度
	017	红线	具体形状、具体尺寸的模型

（2）结构专业应具备的信息见表 C‑14。

表 C‑14　结构专业信息粒度汇总

专业	详细等级		LOD300
	序号	子项名称	施工图设计模型
结构	001	混凝土结构柱	材质与类型，精确尺寸
	002	混凝土结构梁	材质与类型，精确尺寸
	003	预留洞	精确尺寸，标高信息
	004	剪力墙	墙体的类型、精确厚度、尺寸
	005	楼梯	楼梯的类型、精确厚度、具体形状
	006	楼板	精确厚度、楼板类型
	007	钢节点连接样式	无模型，成本或其他性能系可按单位楼面面积的某个数值计入
	008	基坑	精确形状、尺寸、坐标位置

（3）给排水专业应具备的信息见表 C‑15。

表 C‑15　给排水专业信息粒度汇总

| 专业 | 详细等级 | | LOD300 |
	序号	子项名称	施工图设计模型
给排水	001	给水主管	精确尺寸、管材
	002	污水管及管道坡度	精确尺寸、管材
	003	雨水管	精确尺寸、管材
	004	煤气管	精确尺寸、管材
	005	热力管	精确尺寸、管材
	006	消防水管	精确尺寸、管材
	007	给排水泵及消防泵	类似形状、大概尺寸、位置、用途
	008	水箱	类似形状、大概尺寸、位置、用途
	009	喷淋	精确尺寸、设备编号、位置、用途
	010	消火栓	精确尺寸、设备编号、位置、用途

（4）电气专业应具备的信息见表 C‑16。

表 C‑16　电气专业信息粒度汇总

| 专业 | 详细等级 | | LOD300 |
	序号	子项名称	施工图设计模型
电气	001	强电线槽	精确尺寸、管材
	002	变压器	无模型，成本或其他性能 系可按单位楼面面积的某个数值计入
	003	配电箱	大致尺寸、位置、用途、编号
	004	控制柜	大致尺寸、位置、用途、编号
	005	灯具	无模型，成本或其他性能 系可按单位楼面面积的某个数值计入
	006	插座	无模型，成本或其他性能 系可按单位楼面面积的某个数值计入
	007	弱电线槽	精确尺寸、管材
	008	音箱	无模型，成本或其他性能 系可按单位楼面面积的某个数值计入
	009	信息点	无模型，成本或其他性能 系可按单位楼面面积的某个数值计入
	010	摄像机	无模型，成本或其他性能 系可按单位楼面面积的某个数值计入
	011	探测器	无模型，成本或其他性能 系可按单位楼面面积的某个数值计入
	012	接线箱	无模型，成本或其他性能 系可按单位楼面面积的某个数值计入

（5）暖通专业应具备的信息见表 C‑17。

表 C‑17 暖通专业信息粒度汇总

| 专业 | 详细等级 | | LOD300 |
	序号	子项名称	施工图设计模型
暖通	001	冷热源设备	类似形状、大概尺寸、位置、用途
	002	空调设备	类似形状、大概尺寸、位置、用途
	003	风机	类似形状、大概尺寸、位置、用途
	004	风机盘管	类似形状、大概尺寸、位置、用途
	005	新风风管	具有精确尺寸、定位、管材
	006	回风风管	具有精确尺寸、定位、管材
	007	排风排烟风管	具有精确尺寸、定位、管材
	008	冷热媒水管	具有精确尺寸、定位、管材
	009	水泵	类似形状、大概尺寸、位置、用途
	010	排烟阀、防火阀	具体规格形状，阀门类型，用途
	011	各类阀门	具体规格形状，阀门类型，用途
	012	散流器	类似形状、大概尺寸、位置、用途
	013	排风口	类似形状、大概尺寸、位置、用途
	014	回风口	类似形状、大概尺寸、位置、用途
	015	静压箱	类似形状、大概尺寸、位置、用途

3）分系统图元颜色表（Specialty Element Color Table）

分系统图元颜色表包括多个专业的图件，各个专业系统图元颜色表具体包括建筑构件、管道电气、通风等，以及颜色 RGB 等信息，具体见表 C‑18—表 C‑23。

表 C‑18 建筑系统图元颜色

序号	系统名称	颜色编号（红/绿/蓝）
1	内墙	灰白色 RGB 229/229/229
2	楼板及楼地面	浅紫色 RGB 204/204/255 或按不同标高分色
3	屋面板	草绿色 RGB 000/153/000
4	吊顶板	灰绿色 RGB 000/153/000

表 C-19 结构系统图元颜色

序号	系统名称	颜色编号（红/绿/蓝）
1	梁	灰色 RGB 166/166/166
2	柱	浅灰色 RGB 217/217/217
3	剪力墙	灰黄色 RGB 191/178/173
4	基础	深灰色 RGB 128/128/128
5	桩	浅灰色 RGB 217/217/217

表 C-20 给排水系统图元颜色

序号	系统名称	颜色编号（红/绿/蓝）
1	市政给水管	绿色 RGB 000/255/000
2	加压给水管	
3	消防转输给水管	橙色 RGB 255/128/000
4	污水排水管	棕色 RGB 128/064/064
5	污水通气管	蓝色 RGB 000/000/064
6	雨水排水管	紫色 RGB 128/000/255
7	有压雨水排水管	深绿色 RGB 000/064/000
8	有压污水排水管	金棕色 RGB 255/162/068
9	生活供水管	浅绿色 RGB 128/255/128
10	中水供水管	藏蓝色 RGB 000/064/128

表 C-21 电气系统图元颜色

序号	系统名称	颜色编号（红/绿/蓝）
1	强电	粉红色 RGB 255/127/159
2	弱电	蓝色 RGB 087/187/255
3	电消防-控制	洋红色 RGB 255/000/255
4	电消防-消防	青色 RGB 000/255/255
5	电消防-广播	棕色 RGB 117/146/060
6	照明	黄色 RGB 255/255/000

表 C-22　通风系统图元颜色

序号	系统名称	颜色编号（红/绿/蓝）
1	送风	橘黄色 RGB 247/150/070
2	排烟	绿色 RGB 146/208/080
3	新风	深紫色 RGB 096/073/123
4	回风	深棕色 RGB 099/037/035
5	排风	深橘红色 RGB 255/063/000

表 C-23　空调水系统图元颜色

序号	系统名称	颜色编号（红绿蓝）
1	空调热水回水管	浅紫色 RGB 185/125/255
2	空调热水供水管	
3	空调冷却水供水管	蓝绿色 RGB 000/128/128
4	空调冷却水回水管	
5	空调冷水供水管	
6	空调冷水回水管	
7	空调冷凝水管	深棕色 RGB 128/000/000

C.2.7　PM06——工作分解结构和建模（Project WBS and Modeling）

1. 工作分解结构（Work Breakdown Structure，WBS）

工作分解结构划分依据是项目范围书、需求文件等，不超过 10 层。采用的工具与技术包括分解和专家判断，可用 MS Visio 或其他思维导图设计软件制作，详见图 C-18—图 C-20。

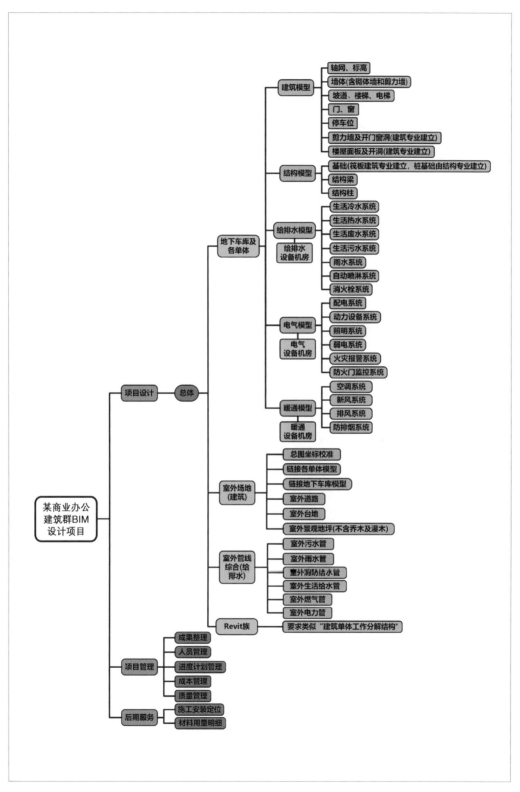

图 C‑18　地下/地上整体模型的工作分解结构

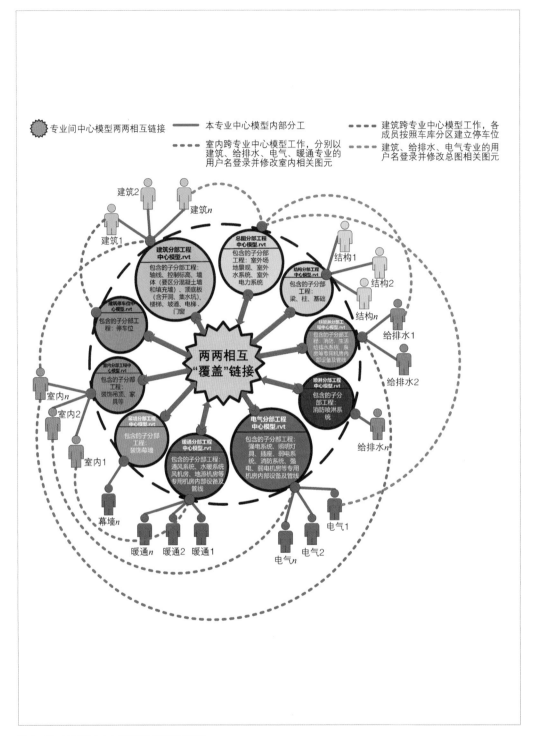

图 C-19　地下/地上中心模型操作逻辑概念图示

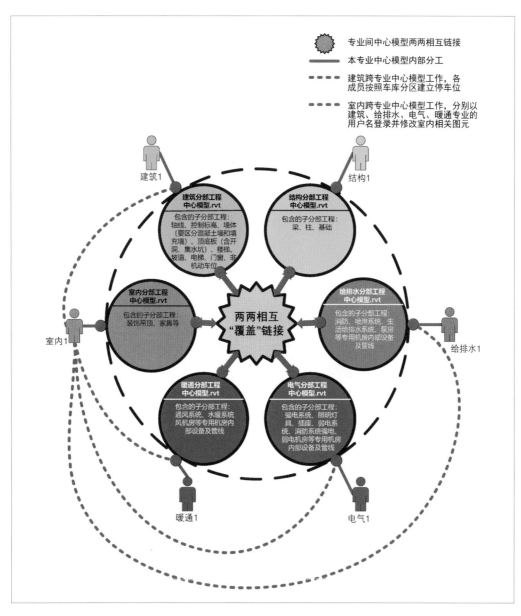

图 C‑20　独立单体中心模型操作逻辑概念图示

2. 建模方法（Modeling Method）

为兼顾建模效率和质量，采用表 C‑24 所列的方式进行建模。

表 C‑24　建模方法

子项名	对应子项	部位	生成模型方式
UC	地下车库	室外地面以下	生成地下地上分专业中心模型，然后各专业之间相互链接实现协同
1号～10号	1号～10号楼单体建筑	全部子项	生成地下地上分专业中心模型，然后各专业之间相互链接实现协同
SITE	室外场地及管线综合	全部子项	链接各子项地上模型和地下车库模型

3. 地上地下分界图（Over Ground and Underground Limit）

地上及地下建模分界剖面示意如图 C‑21 所示。

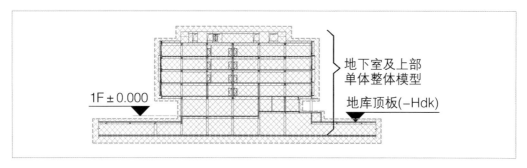

1F±0.000

地下室及上部
单体整体模型

地库顶板(−Hdk)

图 C‑21　地上及地下建模分界剖面示意

4. 软件版本（Software Version）

Revit 软件的文件存储格式特点是不向上兼容的，也不能通过"另存为……"的方式向下兼容，只能是当前版本的软件直接向下兼容。如果低版本模型中存在外部链接模型，则该模型升级为高版本时，其中的链接模型会被临时升级但不会改写现存的被链接模型。

为了便于与外部单位协作，本工程开始阶段并未采用当时最新的 Revit 2021 版，而是采用 Revit 2019 版软件。在项目收尾阶段，与外部单位的协作基本结束后，才升版为最新的 2024 版并归档，如图 C‑22 及第 1.6.4 节部分图所示。从软件版本的更新替代也可以看出，项目的建设周期很长，BIM 技术对于维持项目全生命周期的信息传递起到了重要作用。

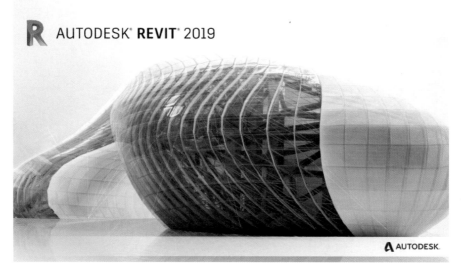

（a）Revit 2019 启动界面

（b）Revit 2019 版模型升级至 2024 版

图 C‑22　项目收尾时 Revit 由 2019 版升级为 2024 版

C.2.8　PM07——里程碑清单（Project Milestones List）

项目里程碑清单包含里程碑的时间和成果，具体见表 C‑25。

表 C‑25　项目里程碑清单

里程碑编号	到期日	成果（每个里程碑召开一次项目例会进行记录）
M01	2020-11-02	协同公司管理层召开项目预讨论会、成立项目组，确定项目章程
M02	2020-11-04	召开项目启动会，正式启动项目
M03	2020-11-16	完成地下二层车库全专业模型初稿
M04	2020-12-02	完成地下一层车库全专业模型初稿
M05	2021-02-01	完成地面单体全专业模型初稿及地下二层地下一层车库碰撞检查
M06	2021-03-24	地下车库碰撞修改初稿
M07	2021-04-08	地下车库管线碰撞优化修改
M08	2021-05-21	至项目现场召开 BIM 建模及施工协调会
M09	2021-06-03	至项目现场召开室内 BIM 模型与室外景观协调会
M10	2021-06-27	交付地下车库 BIM 管线综合施工图 v1.0 版
M11	2021-08-20	交付地下车库 BIM 管线综合施工图 v2.0 版
M12	2021-10-15	交付室外 BIM 管线综合施工图 v1.0 版
M13	2021-11-08	交付地下车库 BIM 管线综合施工图 v2.1 版
M14	2021-12-31	交付单体 9 号楼 BIM 管线综合施工图 v1.0 版
M15	2022-02-18	交付地面单体 BIM 管线综合施工图 v1.0 版

C.2.9　PM08——项目时间计划（Project Time Planning）

时间计划表分为甘特图和日历计划图（Calendar Chart）两种形式，具体采用何种形式，可由项目经理根据需要选用。甘特图的制作软件包括微软公司的 MS Project、Oracle 公司的 Primavera Unifier 等桌面应用程序，也可采用在线平台。由 MS Project 生成的甘特图见附图 3，由 MS Excel 软件制作的日历计划表可见图 C‑23 及图 C‑24 所示，其中的日历计划表需要手动标注工作内容，但优点是直观、易于传递信息。

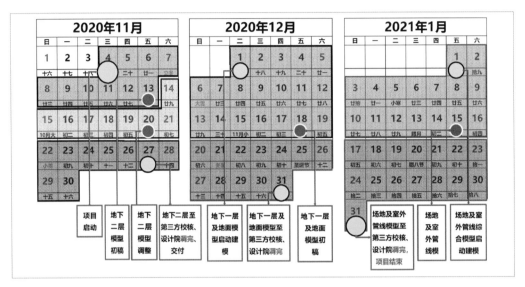

图 C‑23　某商业办公建筑群 BIM 设计项目第 1 阶段日历计划

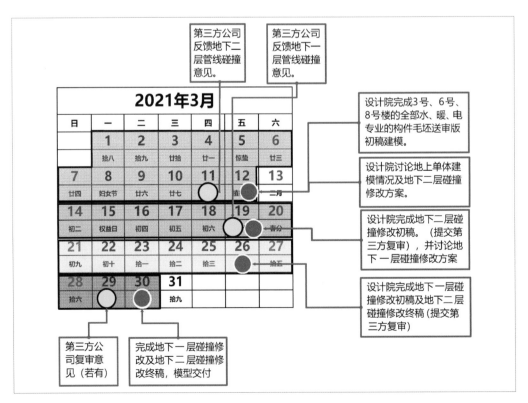

图 C‑24　某商业办公建筑群 BIM 设计项目第 2 阶段日历计划

C.2.10　PM09——人员策划表（Project Member Planning）

BIM 建模人员策划（Modeling Member Planning）见表 C-26。

表 C-26　BIM 建模人员策划信息汇总

子项	BIM 建模专业负责	建筑	结构	给排水	电气	暖通	室内
		易某	龚某	年某	王某	陈某	姜某
室外场地及管线综合	建模	易某	—	年某	张某	—	—
地下车库	建模	易某/腾某/姜某	周某	年某/郝某	张某/孙某	张某	姜某
1 号~10 号楼	建模	易某/腾某/姜某	周某	年某/郝某	张某/孙某	陈某/张某	姜某/
子项合计	12 个						

C.2.11　PM10——质量管理（Project Quality Management）

1. 质量管理计划（Project Quality Management Plan）

采用 PMI 建议的项目管理方法，以表格形式发布项目管理任务给相关的信息接收者付诸实施。

在项目过程各里程碑召开专业负责人群组会议，搜集项目进程信息并形成会议纪要，会后以向全项目成员发布会议纪要的方式进行总体质量管理。

制定统一的文件目录结构、文件命名规则、工作集命名规则、族命名规则、构件颜色设置规则、团队协调机制等统一技术措施，保证建模过程中各专业有序协调。

2. 质量管理工具（Project Quality Management Tools）

质量管理包含以下几项：

（1）PMBOK 配套项目管理实用表格。

（2）项目质量检查表（Project Quality Check List）。

（3）里程碑会议及其会议纪要。

（4）统一技术措施。

3. 项目质量检查表（Project Quality Check List）

项目质量检查表包括检查时间、里程碑编号、成果要求、专业等信息具体如表 C-27 所列。

表 C-27 项目质量检查

检查时间	里程碑编号	里程碑到期日	成果要求	专业	完成情况及说明
2020-11-02	M01	2020-11-02	预讨论会，成立项目组	全专业	完成，形成会议纪要
2020-11-03	无	2020-11-03	接收施工图第1次提资	全专业	完成，各专业进行施工图查阅和校审
2020-11-04	M02	2020-11-04	召开项目启动会	全专业	完成，形成启动会稿件
2020-11-05	无	2020-11-05	生成中心模型	全专业	完成，生成地下车库5个专业的8个中心模型，生成中心模型之间的链接

C.2.12 PM11——变更管理（Project Revision Management）

1. 项目变更计划（Project Revision Plan）

当本项目发生重大变更时（如预算变化、项目结束时间变化、项目范围变化等），首先听取项目总负责人的意见；较大的变更（如专业间协调、统一技术措施等）由专业负责人协商一致后，形成会议纪要并公开发布，并做好相关文档的升级和备份工作；一般局部修订（如项目指引文件勘误、局部调整等）通过办公交流软件向专业负责人群传达，再通过分专业子群发布至各成员。

2. 变更的定义（Definition of Revision）

进度变更：指里程碑清单所列中间时间节点的较大变更或结束时间节点的重大变更。

预算变更：指项目非人力资源支出的重大变更（如计算机升级等）。

范围变更：指建模范围的重大变更（如扩展到其他建筑单体等）。

项目文档变更：指项目管理 PM 系列指引文件的较大变更。

3. 变更控制委员会（Revision Control Committee）

变更控制委员会的信息应包括姓名、角色、责任等内容，见表 C-28。

表 C-28 变更控制委员会信息汇总

姓名	角色	责任
王某	项目总监	获取建设方的意见，判别修订可行性后，反馈信息给 BIM 团队
易某	技术负责人（土建）	全项目 BIM 技术总体协调及土建 BIM 技术协调、主持编写项目层面的指引文件、拟定总体建模措施，包括技术性和项目管理方面（人员、进度、质量等）
陈某	技术负责人（机电）	机电专业 BIM 技术协调，参与编写项目层面的指引文件，包括技术性和项目管理方面（人员、进度、质量等）
龚某	专业负责人（结构）	结构专业内部协调
王某	专业负责人（电气）	电气专业内部协调
年某	专业负责人（给排水）	给排水专业内部协调
姜某	专业负责人（室内）	室内专业内部协调

C.2.13　PM12——问题日志（Project Problem History）

1. 问题管理计划（Problem Management Plan）

由项目组各成员及时搜集设计过程的问题或成功经验，先自行记录，再分专业定期汇总（如每周汇总一次），项目结束时全专业汇总，作为项目总结的一部分。

2. 问题或经验记录（Problem or Experience Record）

STR-Q01（结构专业）

问题类别：建模相关。

提问日期：2020-11-06。

问题描述：能否令链接的 CAD 底图同时满足底图可见、底图不可选和不可标注标高？

解决方法：可以实现，但要牺牲底图在三维空间的可见性（即链接底图在三维空间不可见，仅在链接底图的平面可见）。具体操作如下。

（1）链接 CAD 底图，但要勾选"仅当前视图可见"，其余操作同常规底图链接。

（2）在 Revit 的导入 CAD 底图的平面视图中，选中链接的 CAD 底图，将其属性的"显示顺序"栏设置为"前景"，令链接底图在模型上方出现。

（3）点击屏幕右下角的"链接不可选"，令链接底图不可选。

C.2.14　PM13——风险管理（Project Risk Management）

1. 风险管理计划（Project Risk Management Plan）

结合项目章程、事业环境因素、公司的生产方式，在项目规划阶段进行风险识别，生成风险登记册，以定性风险分析为主，制定应付策略，实现有效控制风险的目标。

2. 风险识别工具与技术（Project Risk Identify Tools and Techniques）

（1）文件审查法：查阅项目过程记录相关文档。

（2）头脑风暴法：罗列大量可能风险并开会讨论。

（3）类比法：通过以往经验或类似项目进行类比。

（4）专家判断法：谨慎的选用有类似项目经验的专家意见。

3. 风险登记册（Project Risk Liber）

风险登记册应包括风险编号、风险说明、风险等级等，具体见表 C-29。

表 C - 29　风险登记册

风险编号	风险说明	概率	影响				等级
			范围	质量	进度	成本	
R01	计算机配置可能滞后于 Revit 对硬件的要求，特别是首次采用地下地上统一——个模型的建模和协作方式	高	高	高	高	高	高
R02	Revit 总结点数不超过 6 个，并发数量对效率的限制	高	高	高	高	高	高
R03	多个人员异地操作同一中心文件副本，导致其中一个人的修改失效	高	中	高	高	中	高
R04	其他项目需要使用本项目人员	中	中	中	高	中	高
R05	合作设计单位在 2020 年 9 月以前设计的施工图需要耗时阅读理解，方能正确建模及修改	高	中	高	高	中	中

注：概率评级：非常高（5分）、高（4分）、中等（3分）、低（2分）、非常低（1分）；

影响范围、质量、进度、成本评级：非常高（5分）、高（4分）、中等（3分）、低（2分）、非常低（1分）；

风险等级：高（6分）、中（4分）、低（0分）。

C. 2. 15　PM14——项目签收及总结（Project Delivery Summary）

1. 项目描述（Project Basic Info）

本项目是设计院提升整体 BIM 技术水平的实战项目。

2. 签收内容（Delivery Content）

签收内容包括项目目标、成功标准、偏差与原因等信息如表 C‑30 所列。

表 C‑30　签收内容信息汇总

内容	项目目标	成功标准	是否满足	偏差与原因
范围	地下车库、单体建筑及室外场地及管线综合的建模	完成地下车库、单体建筑及室外场地及管线综合的建模	是	
时间	2020-11-04—2021-01-30	项目截止日完成建模	否	延期交付 6 个月，原因是项目投资主体改变，新冠疫情，现场停工等不可抗力的影响
成本	非人力资源开支小于￥5 万元（主要用于新增 Revit 软件节点购买）	未超支	是	
质量	达到指导施工深度，无有害碰撞	能正确指导现场施工	是	
其他	无			

C.3　本工程项目管理经验小结

C.3.1　大型复杂工程 BIM 准正向设计

笔者作为该项目的 BIM 技术负责人，组织协调包含 6 个专业的 10 人团队对 4.6 万 m² 地下车库及 9.1 万 m² 的地面建筑进行 BIM 建模工作，并与施工图同步进行管线综合深化设计，出具管线综合施工图交付现场施工。

该项目的技术难点在于：大高差、错层复杂地下车库的施工图设计以及 BIM 模型管线综合协调出图。由于本项目采用施工图与 BIM 同步设计，已经不是简单意义上的"后期翻模 + 碰撞检查"，在整个设计过程中，机电专业跳出传统二维平面设计的惯性思维，常常是先修改模型再反向修改施工图，项目整体设计达到了"准正向设计"的水平。

C.3.2　地下车库建筑施工图设计

项目场地自东南向西北倾斜，设计场地标高由 36.2 m 下降为 29.2 m，累计高差达到 7 m，为了使地面建筑群同行顺畅、高差平缓，减少开挖土方量，节省造价，地下车库的地面标高伴随地面建筑自东南向西北倾斜，由 - 9.600 m 降低为 - 13.200 m，累计高差为 3.6 m；与此同时，地下室顶板也跟随地面单体标高跌落，同一"层"的顶、底板均不在同一标高上，最终形成大高差、错层复杂地下车库。错层地下车库带来的问题包括：地下室底板高差与疏散路线的矛盾、顶板高差与室外管线综合的矛盾、管线标高与地面通行净高的矛盾、设计意图与图纸表达的矛盾等等。

为了令施工图设计更准确，采用了 BIM 建模与施工图同步设计的方式，通过模型来审校施工图设计的正确性，多数情况下先建模验证，再绘二维图纸。按照以往的 BIM 正向设计经验，建筑专业原本可以直接采用正向设计并直接输出基于 BIM 模型的建筑施工图，但却由于项目前期的人员调整和任务交接，导致项目设计周期大为压缩，时间上不允许初始化全地库 BIM 建筑施工图，因此不得不采用二维/三维同步设计的方法，工作量比纯二维设计增大约 1.5 倍。在时间允许的情况下，先修改模型，再修正二维设计图，有效地减少了错漏碰缺。

C.3.3　地下车库 BIM 管线综合协调

该地下车库由于顶底板每隔 30 m 左右，标高便会跌落或抬升 1.5～1.8 m，导致同一个平面剖切视图看到的构件出现错层，容易误判构件的空间定位。为此，可在建模模板中创建"平面区域视图"，为每一个不同标高的区域设定特定的视图剖切深度及可见范围。此举既符合工程的实际情况，又使得同一个平面剖切视图看到的构件是同层的，令项目组各成员可以按照熟知的平面设计方法进行构件定位和调整，提升了团队的协作效率。

本项目的机电专业涉及强电系统、智能化系统、火灾自动报警系统、灯槽系统、生活水系统、消火栓水系统、喷淋水系统、消防水炮系统、加压送风系统、空调水系统、排烟系统共 11 个分系统，为了使各专业同步建模并且分工有序，笔者拟定了管线调整优先度协作表，自顶向下划分不同系统的标高范围、层叠关系和建模优先级，为全专业同步建模和指导现场施工打下基础。

C.3.4 室外场地 BIM 管线综合设计

本项目通过与市政设计单位协作，完成了大高差复杂室外场地管线 BIM 综合优化设计，包括：地下室外墙预留套管空间定位、室外管综与景观设计协调、室外管综与结构挡土墙协调等。

C.3.5 BIM 管线综合出图

本项目采用了"出图专用中心模型"的协同出图方式，用 1 个中心模型统领全部子项的管综施工图，包括地下车库分区标注图、地面以上单体管综标注图、室外管线综合标注图等。该中心模型仅存储图纸标注信息，不存储任何实体模型数据，且是通过外部链接的方式引入模型数据，此举的好处是既能够避免对模型的误操作，也能够极大减少模型的文件量以利于加快出图速度。该项目累计出具 A0 图幅的地下车库管综施工图 80 张、单体管综施工图 50 张、室外管综施工图 10 张。

C.3.6 引入第三方 BIM 审查流程

除了设计院外，该项目还聘请了第三方 BIM 咨询公司进行模型审校，主要是找出碰撞点，提请设计院修改模型后再反馈至施工绘制组，模型修改完成后再行交付成果至建设方。同时，第三方咨询公司也给予设计院建模方面提供了技术支持，包括：模型精度标准、Revit 模型样板文件等，提高了项目推进的效率。

C.3.7 通过图文并茂的问题表单及远程会议解决复杂工程问题

由于新冠疫情的影响，BIM 团队不能长期驻场。为了不影响关键问题的解决，技术团队根据项目设计和施工进度，适时将 BIM 模型反馈的管线碰撞、设计疑问等信息汇总成表单形式，每个问题都配以 BIM 模型截图和解决方案速写示意，然后通过召开远程会议，召集建设方、施工方、专项设计单位（景观公司、幕墙公司等），利用共享计算机屏幕的方式，令各参建方能同时观察到 BIM 模型，并对应问题表单逐一讨论并处理，节约了项目组成员出差时间和费用，取得了很大的成效。要点如下：

（1）由于项目参与方多，设计文件来源多样，因此首先须整理汇总当前模型以及该模型所依据的设计文件版本信息，为后续设计修改提供对比文件，也利于清晰明了地向参建各方传递当前设计进度和文件版本。

（2）在进行问题罗列时，尽量以表格形式呈现，做到图文并茂，问题与处理方案并列对应，以利于会议讨论的结果可以快速记录，避免流水账式的陈述。

（3）生成模型快照时，应先保存模型视图，再截屏或导出图片，避免远程会议讨论时无法快速定位到当前问题。截图前应检查当前视图的各种构件显隐、透明度是否合适，关键标高、尺寸是否已经标注等，为后续绘制解决方案草图生成良好的底图。

（4）绘制解决方案草图时，重点在于简洁、清晰、快速，心到即手到，不必在意线条是否笔直、文字样式是否统一等次要问题。

C.3.8　本工程 Revit 设计模型与施工实景照片对比

本项目主要的 BIM 模型及现场照片如图 C‐25—图 C‐38 所示，分专题 BIM 模型图参见第 3 章。

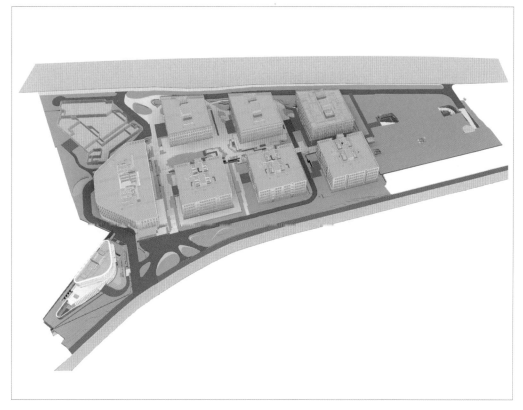

图 C‐25　Revit 设计模型（建筑群建筑及景观总体鸟瞰）

图 C‑26 施工现场实景照片（地下车库施工出正负零）

图 C‑27 Revit 设计模型（10 号楼结构基础及汽车坡道）

图 C‑28 施工现场实景照片（10 号楼基础底板施工）

（a）10 号楼基础承台底模

（b）10 号楼绑扎底板钢筋

图 C‑29 施工现场实景照片（10 号楼基础承台与底板钢筋）

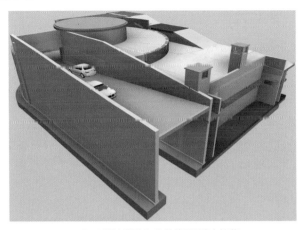

（a）Revit 设计模型 3（B 地块圆形汽车坡道）

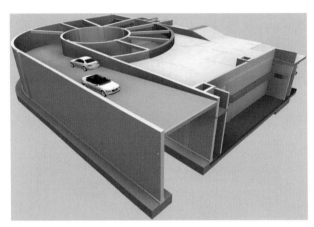

（b）Revit 设计模型 3（B 地块圆形汽车坡道）

（c）施工现场实景 3（B 地块圆形汽车坡道施工）

图 C‑30　Revit 设计模型与施工现场实景（B 地块圆形汽车坡道）

图 C‑31 Revit 设计模型（地下车库电气桥架交叠自避让）

图 C‑32 施工现场实景照片（地下车库电气桥架交叠自避让）

图 C‑33　Revit 设计模型（地下车库电气桥架与重力排水管相互避让）

图 C‑34　施工现场实景照片（地下车库电气桥架与重力排水管相互避让）

图 C‑35　Revit 设计模型（地下车库电气桥架与给排水管相互避让）

图 C‑36　施工现场实景照片（地下车库电气桥架与给排水管相互避让）

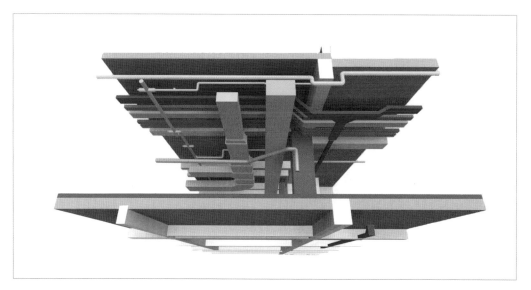

图 C‑37 Revit 设计模型（地下车库消防水管、重力排水管与电气桥架、风管相互避让）

图 C‑38 施工现场实景照片（地下车库的消防水管、重力排水管与电气桥架相互避让，并翻弯预留风管占位）

附录 D

全国及各地 BIM 技术标准目录

D.1 国家标准

(1)《建筑信息模型应用统一标准》(GB/T 51212—2016)

(2)《建筑信息模型施工应用标准》(GB/T 51235—2017)

(3)《建筑信息模型分类和编码标准》(GB/T 51269—2017)

(4)《建筑信息模型设计交付标准》(GB/T 51301—2018)

(5)《制造工业工程设计信息模型应用标准》(GB/T 51362—2019)

(6)《建筑信息模型存储标准》(GB/T 51447—2021)

(7)《建筑工程设计信息模型制图标准》(JGJ/T 448—2018)

D.2 地方标准

D.2.1 安徽省

《民用建筑设计信息模型(D-BIM)交付标准》(DB34/T 5064—2016)

D.2.2 北京市

(1)《民用建筑信息模型设计标准》(DB11/T 1069—2014)

(2)《民用建筑信息模型深化设计建模细度标准》(DB11/T 1610—2018)

(3)《幕墙工程施工过程模型细度标准》(DB11/T 1837—2021)

(4)《建筑电气工程施工过程模型细度标准》(DB11/T 1838—2021)

(5)《建筑给水排水及供暖工程施工过程模型细度标准》(DB11/T 1839—2021)

(6)《通风与空调工程施工过程模型细度标准》(DB11/T 1841—2021)

D.2.3 广东省

(1)《广东省建筑信息模型应用统一标准》(DBJ/T 15—142—2018)

（2）《城市轨道交通建筑信息模型（BIM）建模与交付标准》（DBJ/T 15—160—2019）

（3）《城市轨道交通基于建筑信息模型（BIM）的设备设施管理编码规范》（DBJ/T 15—161—2019）

（4）《民用建筑信息模型（BIM）设计技术规范》（DB4401/T 9—2018）·

（5）《广东省代建项目管理局 BIM 实施导则 2023 修订版》

（6）《广东省代建项目管理局 BIM 实施管理标准 2023 修订版》

D.2.4　广西壮族自治区

《城市综合管廊建筑信息模型（BIM）建模与交付标准》（DBJ/T 45—054—2017）

D.2.5　贵州省

《贵州省建筑信息模型技术应用标准》（DBJ52/T101—2020）

D.2.6　河北省

（1）《建筑信息模型设计应用标准》［DB13（J）/T 284—2018］

（2）《建筑信息模型施工应用标准》［DB13（J）/T 285—2018］

（3）《建筑信息模型交付标准》［DB13（J）/T 8337—2020］

D.2.7　河南省

《城市轨道交通信息模型应用标准》（DBJ41/T 235—2020）

D.2.8　湖北省

《武汉市民用建筑信息模型（BIM）应用标准》（DB4201/T 648—2021）

D.2.9　江苏省

《江苏省民用建筑信息模型设计应用标准》（DGJ32/TJ 210—2016）

D.2.10　辽宁省

（1）《辽宁省施工图建筑信息模型交付数据标准》（DB21/T 3408—2021）

（2）《辽宁省竣工验收建筑信息模型交付数据标准》（DB21/T 3409—2021）

D.2.11　山西省

（1）《公路工程建设领域建筑信息模型（BIM）设计交付标准》（DB14/T 2317—2021）

　　（2）《城市轨道交通建筑信息模型建模标准》（DBJ04/T 412—2020）

　　（3）《城市轨道交通建筑信息模型数字化交付标准》（DBJ04/T 413—2020）

D.2.12　上海市

　　（1）《建筑信息模型应用标准》（DG/TJ 08—2201—2016）

　　（2）《城市轨道交通信息模型技术标准》（DG/TJ 08—2202—2016）

　　（3）《城市轨道交通信息模型交付标准》（DG/TJ 08—2203—2016）

　　（4）《市政道路桥梁信息模型应用标准》（DG/TJ 08—2204—2016）

　　（5）《市政地下空间建筑信息模型应用标准》（DG/TJ 08—2311—2019）

D.2.13　深圳市

　　（1）《房屋建筑工程招标投标建筑信息模型技术应用标准》（SJG 58—2019）

　　（2）《建筑工程信息模型设计交付标准》（SJG 76—2020）

　　（3）《城市道路工程信息模型分类和编码标准》（SJG 88—2021）

　　（4）《道路工程勘察信息模型交付标准》（SJG 89—2021）

　　（5）《市政道路工程信息模型设计交付标准》（SJG 90—2021）

　　（6）《市政桥涵工程信息模型设计交付标准》（SJG 91—2021）

　　（7）《市政隧道工程信息模型设计交付标准》（SJG 92—2021）

　　（8）《综合管廊工程信息模型设计交付标准》（SJG 93—2021）

　　（9）《市政道路管线工程信息模型设计交付标准》（SJG 94—2021）

　　（10）《城市轨道交通工程信息模型表达及交付标准》（SJG 101—2021）

　　（11）《城市轨道交通工程信息模型分类和编码标准》（SJG 102—2021）

　　（12）《深圳市装配式混凝土建筑信息模型技术应用标准》（T/BIAS 8—2020）

D.2.14　四川省

　　（1）《四川省建筑工程设计信息模型交付标准》（DBJ51/T047—2015）

　　（2）《四川省装配式混凝土建筑 BIM 设计施工一体化标准》（DBJ51/T087—2017）

　　（3）《成都市房屋建筑工程建筑信息模型（BIM）设计技术规定（2022 年试用版）》

D.2.15　天津市

　　《天津市城市轨道交通管线综合 BIM 设计标准》（DB/T 29—268—2019）

D.2.16　浙江省

　　（1）《建筑信息模型（BIM）应用统一标准》（DB33/T1154—2018）

（2）《建筑工程管理信息编码标准》（DB33/T1218—2020）

D.2.17　重庆市

《建筑工程信息模型设计交付标准》（DBJ50/T 281—2018）

D.3　行业标准

D.3.1　交通运输部

（1）《公路工程信息模型应用统一标准》（JTG/T 2420—2021）
（2）《公路工程设计信息模型应用标准》（JTG/T 2421—2021）
（3）《公路工程施工信息模型应用标准》（JTG/T 2422—2021）
（4）《公路交通安全设施施工技术规范》（JTG/T 3671—2021）
（5）《水运工程信息模型应用统一标准》（JTS/T 198—1—2019）

D.3.2　民用航空局

《民用运输机场建筑信息模型应用统一标准》（MH/T 5402—2020）

参考文献

［1］中华人民共和国住房和城乡建设部．建筑信息模型应用统一标准：GB/T 51212—2016［S］．北京：中国建筑工业出版社，2017.

［2］Building and Construction Authority．Singapore BIM Guide（Version 2）［M/OL］．https：//www．corenet．gov．sg/media/586132/Singapore-BIM-Guide_ V2．pdf．

［3］The American Institute of Architects．AIA Document G203™-2013［S］．USA，2013.

［4］中国勘察设计协会建筑设计分会，山东同圆设计集团有限公司．全国建筑设计周期定额（2016 版）［EB/OL］．（2017-01-03）［2023-04-20］．http：//www．gov．cn/xinwen/2017-01/03/content_ 5156079．htm．

［5］克里斯·安德森．长尾理论：为什么商业的未来是小众市场［M］．乔江涛，石晓燕，译．北京：中信出版社，2015.

［6］柏慕进业．Autodesk Revit Architecture 2021 官方标准教程［M］．北京：电子工业出版社，2021.

［7］CAD/CAM/CAE 技术联盟．Autodesk Revit MEP 2020 管线综合设计从入门到精通［M］．北京：清华大学出版社，2021.

［8］CAD/CAM/CAE 技术联盟．Autodesk Revit Structure 2020 建筑结构设计从入门到精通［M］．北京：清华大学出版社，2021.

［9］柏慕进业．Autodesk Revit MEP 2021 管线综合设计应用［M］．北京：电子工业出版社，2021.

［10］AIA，RUNDELL R．Calculating BIM's Return on Investment［EB/OL］．（2004-9-21）［2023-04-13］．https：//www．cadalyst．com/aec/calculating-bim039s-return-investment-2858? print= 1.

［11］安迪·格鲁夫．只有偏执狂才能生存（新版特种经理人的培训手册）［M］．安然，张万伟，译．北京：中信出版社，2010：83.

［12］琚娟．基于投资回报率的项目 BIM 应用效益评估方法研究：基于业主视角［J］．建筑经济，2018，39（7）：42-45.

［13］北京盈建科软件股份有限公司．盈建科与东洲际及 GRAPHISOFT 公司达成深度战略合作协议，正式进军建筑设计领域!［EB/OL］．（2021-09-26）［2023-04-16］https：//www．yjk．cn/article/655/.

［14］微步在线．全球勒索软件榜首的 LockBit 是什么来头?［EB/OL］．（2022-12-07）［2023-04-16］．https：//zhuanlan．zhihu．com/p/589918275.

［15］易嘉．基于 Revit 的建筑施工图设计实践——以某幼儿园项目为例［J］．智能建筑与工程机械，2023，2：34-36.

［16］BIM Forum．Level of Development（LOD）Specification 2022 Supplement［EB/OL］．（2023-01-05）

[2023-04-1]. https：//bimforum. org/resource/lod_ level-of-development-lodspecification-2022-supplement/.

[17] BIM Forum. LOD Spec 2019 Part I，DRAFT For PublicComment[EB/OL]. 2019.

[18] 中华人民共和国住房和城乡建设部. 建筑工程设计信息模型交付标准：GB/T 51301—2018[S]. 北京：中国建筑工业出版社，2018.

[19] 中华人民共和国住房和城乡建设部. 房屋建筑制图统一标准：GB/T 50001—2017[S]. 北京：中国建筑工业出版社，2017.

[20] 中华人民共和国住房和城乡建设部，中华人民共和国国家质量监督检验检疫总局. 总图制图标准：GB/T 50103—2010[S]. 北京：中国建筑工业出版社，2011.

[21] 中华人民共和国住房和城乡建设部，中华人民共和国国家质量监督检验检疫总局. 建筑制图标准：GB/T 50104—2010[S]. 北京：中国建筑工业出版社，2011.

[22] 中华人民共和国住房和城乡建设部，中华人民共和国国家质量监督检验检疫总局. 建筑结构制图标准：GB/T 50105—2010[S]. 北京：中国建筑工业出版社，2011.

[23] 中华人民共和国住房和城乡建设部，中华人民共和国国家质量监督检验检疫总局. 建筑给水排水制图标准：GB/T 50106—2010[S]. 北京：中国建筑工业出版社，2010.

[24] 中华人民共和国住房和城乡建设部，中华人民共和国国家质量监督检验检疫总局. 暖通空调制图标准：GB/T 50114—2010[S]. 北京：中国建筑工业出版社，2011.

[25] 中华人民共和国住房和城乡建设部. 建筑工程设计信息模型制图标准：JGJ/T 448—2018[S]. 北京：中国建筑工业出版社，2018.

[26] 易嘉. BIM 技术在大型地下室管线综合中的应用[C] //第十届 BIM 技术国际交流会：BIM 赋能建筑业高质量发展论文集，2023：5.

[27] 中华人民共和国住房和城乡建设部. 民用建筑电气设计标准（共二册）：GB 51348—2019[S]. 北京：中国建筑工业出版社，2019.

[28] 中华人民共和国住房和城乡建设部. 自动喷水灭火系统设计规范：GB 50084—2017[S]. 北京：中国计划出版社，2017.

[29] 易嘉. BIM 技术在大高差室外场地管线综合中的应用[J]. 城市建筑空间，2023，30(S1)：301-303.

[30] 中华人民共和国住房和城乡建设部. 城市工程管线综合规划规范：GB 50289—2016[S]. 北京：中国建筑工业出版社，2016.

[31] 中华人民共和国住房和城乡建设部. 导光管采光系统技术规程：JGJ/T 374—2015[S]. 北京：中国建筑工业出版社，2016.

[32] 易嘉. 基于 BIM 理念的建筑结构一体化设计的实践[C] //第 5 届中国绿色建筑青年论坛论文集，哈尔滨：哈尔滨工业大学出版社，2013：225.

[33] 中国有色工程有限公司. 混凝土结构构造手册[M]. 5 版. 北京：中国建筑工业出版社，2016.

[34] Project Management Institute. 项目管理知识体系指南（PMBOK 指南）[M]. 7 版. USA：Project Management Institute，2022.

[35] PROJECT MANAGEMENT INSTITUTE. PMI Lexicon of Project Management Terms[R]. USA：Project Management Institute，2017.

[36] 易嘉. 曼哈顿计划对建筑工程项目管理的启示[J]. 项目管理技术，2023，6（增刊）（上）：

118-122.

［37］莱斯利・R・罗格夫斯. 现在可以说了：美国制造首批原子弹的故事［M］. 钟毅，何伟，译. 北京：原子能出版社，1991.

［38］TIMOTHY F B，TRAJTENBERG M. General Purpose Technologies："Engines of Growth"？［EB/OL］. https：//www. nber. org/system/files/working_ papers/w4148/w4148. pdf.

［39］RICHARD G L，KENNETH I C，CLIFFORD T. Economic transformations：General Purpose Technologies and Long-Term Economic Growth［M］. New York：Oxford University Press，2005：132.

［40］易嘉. 计算机软件开发对建筑工程项目管理的启示［J］. 科技创新与应用，2023，22：133-137.

［41］弗雷德里克・布鲁克斯. 人月神话［M］. UMLChina 翻译组，汪颖，译. 北京：清华大学出版社，2007.

［42］Project Management Institute. 项目管理知识体系指南（PMBOK指南）［M］. 6版. 北京：电子工业出版社，2018.

［43］易嘉. 绿色建筑节能设计研究与工程实践［M］. 哈尔滨：哈尔滨出版社，2023：136.

［44］中华人民共和国住房和城乡建设部. 绿色建筑评价标准：GB/T 50378—2019［S］. 北京：中国建筑工业出版社，2019.

［45］王清勤，韩继红，曾捷. 绿色建筑评价标准技术细则 2019［M］. 北京：中国建筑工业出版社，2020：151-152.

［46］凯文・凯利. 科技想要什么［M］. 熊祥，译. 北京：中信出版社，2011.

［47］吴伯凡. 孤独的狂欢：数字时代的交往［M］. 北京：中国人民大学出版社，1998：298-300.

后 记

　　本书的写作目的源自对技术和教育的初心，即：我们应该如何看待和学习 BIM 技术？为何建筑工程中应该优先采用 BIM 技术？

　　正如英国现代著名数学家、哲学家、教育家阿尔弗雷德·诺尔司·怀特海（Alfred North Whitehead，1861—1947 年）在《教育的目的》一书中所指出：教育的发展阶段可分为浪漫阶段、精确阶段和综合阶段。学生在高校里大多经历着 BIM 技术学习的"浪漫阶段"（The Stage of Romance），通过 Rhino、SketchUp 等参数化设计软件生成各种天马行空的建筑方案模型，令人眼前一亮，但是建筑毕竟不仅是几张效果图或者毕业设计作品展板，也不仅是一张华丽的表皮，而是最后要实实在在矗立于大地上的实体，并为其使用者创造舒适、可靠的三维空间。因此，要从理想迈进现实，就必须经过 BIM 技术学习的"精确阶段"（the Stage of Precision）和"综合阶段"（the Stage of Generalization）的磨炼，将建筑方案、建筑结构、建筑物理、建筑材料和构造、机电管线等有机地融合在一座建筑中。我希望通过本书中实际的工程案例，令新晋工程师能以工匠精神看待 BIM 技术，同时结合自身的专业知识，去切实提高工程建设的质量，而不只是将其视为一种展示的木偶。

　　本书的写作宗旨是工程经验的传授和技术图景的描绘，截至本书成稿，笔者已经累计完成了 20 套不同的建筑单专业 BIM 模型施工图，每套模型施工图一直跟随项目建造过程调整、修改直至竣工交付；此外，笔者也带领 BIM 团队完成了 3 个大型地下车库的全专业管线综合设计，上述实践都为建设方带来了可观的效益。光阴似箭，在整理设计图纸、模型的时候，俨然发觉有些设计模型竟是由 10 年前的软件版本所生成，已经变为"古董模型"了，因此，我觉得有必要尽快把这些年绿色建筑 BIM 设计走过的路记录下来，既是对自己工作的阶段性总结，也能为新晋工程师提供参考。

　　在新冠疫情肆虐的 3 年（2020—2023 年）间，外出活动减少了很多，也令笔者有机会将历年的工程经验总结、固化成书。很幸运能在疫情过后重返同济大学校园，再睹樱花大道的芳容，以及那片百花齐放的建筑世界。

2023 年冬至收稿于　上海　同济园

同济大学四平路校区樱花大道（作者摄于 2018 年 3 月 26 日）

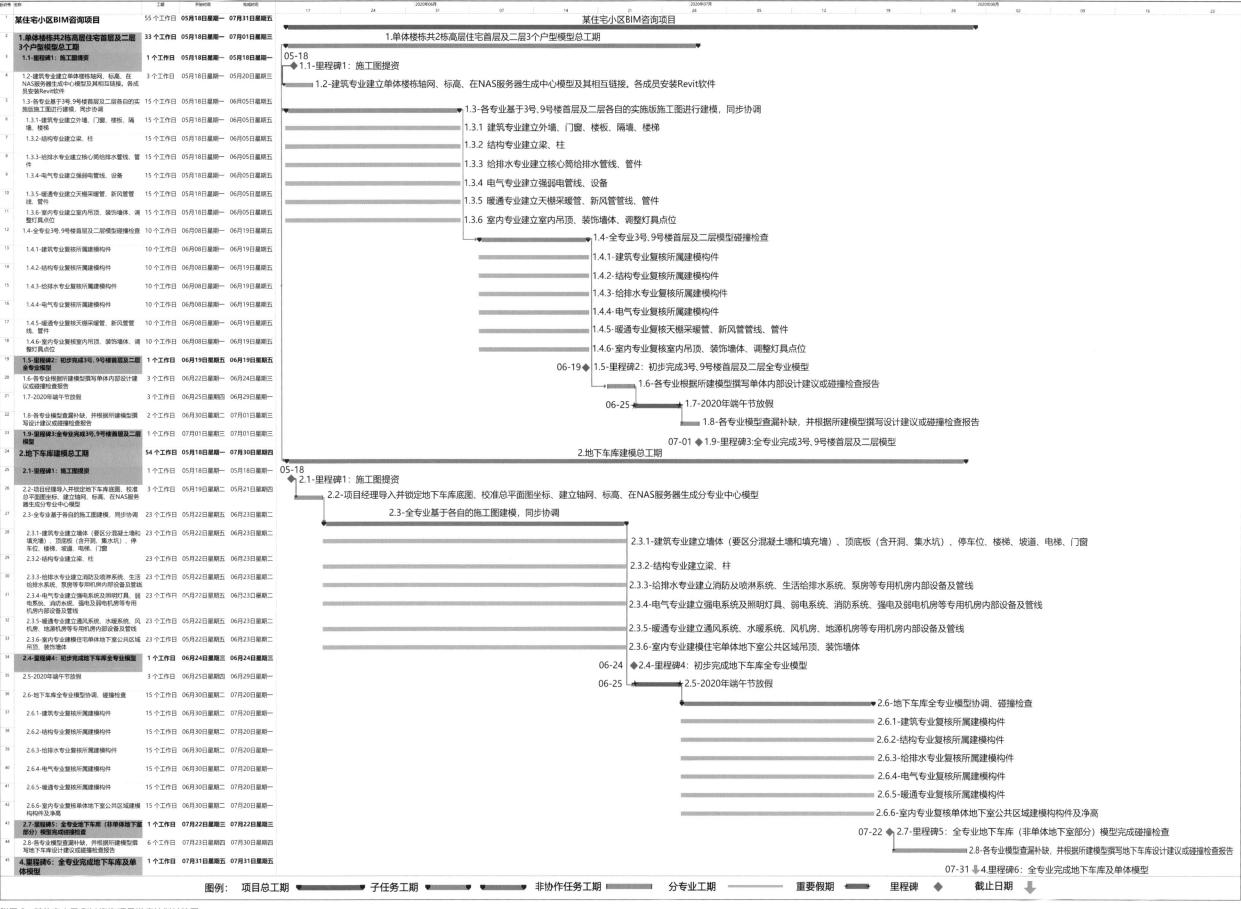

附图 2　某住宅小区 BIM 咨询项目进度计划甘特图

标识号	名称	工期	开始时间	完成时间	甘特图
1	**1 某住宅小区BIM项目总体时间计划**	**80 个工作日**	**01月02日 星期二**	**04月28日 星期六**	某住宅小区BIM项目总体时间计划
2	**2 [地下车库Revit施工模型总工期]**	**60 个工作日**	**01月02日 星期二**	**03月30日 星期五**	[地下车库Revit施工模型总工期]
3	2.1 里程碑1：全专业接受人防施工图提资、全专业接受单体子项提资，专业负责人M01预讨论会	0 个工作日	01月02日 星期二	01月02日 星期二	01-02 里程碑1：全专业接受人防施工图提资、全专业接受单体子项提资，专业负责人M01预讨论会
4	2.2项目经理导入并锁定地下车库底图、校准总平面图坐标、建立轴网、标高、在NAS服务器生成分专业中心文件	7 个工作日	01月02日 星期二	01月10日 星期三	项目经理导入并锁定地下车库底图、校准总平面图坐标、建立轴网、标高、在NAS服务器生成分专业中心文件
5	**2.3 全专业在人防施工图底图上开始建模设计，同步协调，形成初步模型**	**25 个工作日**	**01月11日 星期四**	**02月14日 星期三**	全专业在人防施工图底图上开始建模设计，同步协调，形成初步模型
6	2.3.1 建筑专业建立墙体（要区分混凝土墙和填充墙）、顶底板（含开洞、集水坑）、停车位、楼梯、坡道、电梯、门窗	25 个工作日	01月11日 星期四	02月14日 星期三	建筑专业建立墙体（要区分混凝土墙和填充墙）、顶底板（含开洞、集水坑）、停车位、楼梯、坡道、电梯、门窗
7	2.3.2 结构专业建立梁、柱、基础	25 个工作日	01月11日 星期四	02月14日 星期三	结构专业建立梁、柱、基础
8	2.3.3 给排水专业建立消防及喷淋系统、生活给排水系统、泵房等专用机房内部设备及管线	25 个工作日	01月11日 星期四	02月14日 星期三	给排水专业建立消防及喷淋系统、生活给排水系统、泵房等专用机房内部设备及管线
9	2.3.4 电气专业建立强电系统及照明灯具、插座、弱电系统、消防系统、强电及弱电机房等专用机房内部设备及管线	25 个工作日	01月11日 星期四	02月14日 星期三	电气专业建立强电系统及照明灯具、插座、弱电系统、消防系统、强电及弱电机房等专用机房内部设备及管线
10	2.3.5 暖通专业建立通风系统、水暖系统、风机房、地源机房等专用机房内部设备及管线	25 个工作日	01月11日 星期四	02月14日 星期三	暖通专业建立通风系统、水暖系统、风机房、地源机房等专用机房内部设备及管线
11	2.3.6 室内专业下载既有模型查阅，辅助住宅单体地下室公共区域设计	25 个工作日	01月11日 星期四	02月14日 星期三	室内专业下载既有模型查阅，辅助住宅单体地下室公共区域设计
12	2.4 建筑专业导入5号、1号楼施工图底图，建立轴网、标高、在NAS服务器生成中心文件	32 个工作日	01月02日 星期二	02月14日 星期三	建筑专业导入5号、1号楼施工图底图，建立轴网、标高、在NAS服务器生成中心文件
13	2.5 里程碑2：地下车库全专业初步模型、5号、1号楼地上建筑模型完成	0 个工作日	02月14日 星期三	02月14日 星期三	02-14 里程碑2：地下车库全专业初步模型、5号、1号楼地上建筑模型完成
14	2.6 2018年春节放假	2 个工作日	02月15日 星期四	02月21日 星期三	2018年春节放假
15	**2.7 地下车库全专业模型协调、碰撞检查**	**28 个工作日**	**02月22日 星期四**	**03月30日 星期五**	地下车库全专业模型协调、碰撞检查
16	2.7.1 建筑专业复核所属建模构件	28 个工作日	02月22日 星期四	03月30日 星期五	建筑专业复核所属建模构件
17	2.7.2 结构专业复核复核所属建模构件	28 个工作日	02月22日 星期四	03月30日 星期五	结构专业复核复核所属建模构件
18	2.7.3 给排水专业复核复核所属建模构件	28 个工作日	02月22日 星期四	03月30日 星期五	给排水专业复核复核所属建模构件
19	2.7.4 电气专复核复核所属建模构件	28 个工作日	02月22日 星期四	03月30日 星期五	电气专复核复核所属建模构件
20	2.7.5 暖通专复核复核所属建模构件	28 个工作日	02月22日 星期四	03月30日 星期五	暖通专复核复核所属建模构件
21	2.7.6 室内专业复核复核单体地下室公共区域净高	28 个工作日	02月22日 星期四	03月30日 星期五	室内专业复核复核单体地下室公共区域净高
22	2.8 里程碑3：全专业地下车库（非单体地下室部分）Revit模型完成碰撞检查	0 个工作日	03月30日 星期五	03月30日 星期五	03-30 里程碑3：全专业地下车库（非单体地下室部分）Revit模型完成碰撞检查

图例：　项目总工期 ━━━►　子任务工期 ┃━━━┃　分专业工期 ━━━　重要假期 ◼━◼　里程碑 ◆　截止日期 ⬇

附图 1　某住宅小区地下车库 BIM 项目进度计划甘特图

附图 3　某商业办公建筑群 BIM 项目进度计划甘特图